高等学校计算机专业核心课
名师精品·系列教材

程序设计基础

实验和学习指导

（C语言）

微课版

苏小红 张羽 袁永峰 李东 **编著**

THE PRACTICE AND LEARNING
GUIDANCE OF THE C
PROGRAMMING LANGUAGE

U0196226

人民邮电出版社
北京

图书在版编目（CIP）数据

程序设计基础实验和学习指导：C语言：微课版 /
苏小红等编著. -- 北京 : 人民邮电出版社，2023.7（2023.10重印）
高等学校计算机专业核心课名师精品系列教材
ISBN 978-7-115-61674-6

Ⅰ. ①程… Ⅱ. ①苏… Ⅲ. ①C语言－程序设计－高
等学校－教材 Ⅳ. ①TP312.8

中国国家版本馆CIP数据核字(2023)第072835号

内 容 提 要

本书是工业和信息化部"十四五"规划教材《程序设计基础（C 语言）（慕课版）》的配套实验教材。全书由 3 个单元组成，包括：集成开发环境简介（第 1 单元），习题解答（第 2 单元），典型实验案例（第 3 单元）。其中，第 1 单元介绍了程序调试方法、Visual Studio、Code::Blocks、VS Code 三种目前流行的集成开发环境，如何在这些集成开发环境下编译、运行和调试 C 语言源代码、如何使用 Windows 多媒体库和 EasyX 图形库，以及如何在鲲鹏计算平台上使用 DevKit 应用开发套件编译运行 C 语言程序。第 2 单元习题解答包括主教材中全部习题及解答。第 3 单元典型实验案例包括菜单驱动的学生成绩管理、螺旋矩阵生成、幸运大抽奖、文本文件中的词频统计、文曲星猜数游戏、飞机大战游戏、迷宫游戏、贪吃蛇游戏、菜单驱动的链表管理共 9 个典型的实验案例，可作为课程设计内容。主教材和本实验教材均为任课老师免费提供了电子课件及例题源代码。

本书可作为高校各专业 C 语言程序设计课程的配套实验教材、ACM 程序设计大赛和全国计算机等级考试参考用书。

◆ 编 著 苏小红 张 羽 袁永峰 李 东
责任编辑 刘 博
责任印制 王 郁 陈 犇
◆ 人民邮电出版社出版发行   北京市丰台区成寿寺路 11 号
邮编 100164   电子邮件 315@ptpress.com.cn
网址 https://www.ptpress.com.cn
三河市中晟雅豪印务有限公司印刷
◆ 开本：787×1092 1/16
印张：17.75   2023 年 7 月第 1 版
字数：470 千字   2023 年 10 月河北第 2 次印刷

定价：59.80 元

读者服务热线：(010)81055256 印装质量热线：(010)81055316
反盗版热线：(010)81055315
广告经营许可证：京东市监广登字 20170147 号

前　言

习近平总书记在党的二十大报告中指出"育人的根本在于立德。全面贯彻党的教育方针，落实立德树人根本任务，培养德智体美劳全面发展的社会主义建设者和接班人"。教材是推进和落实立德树人根本任务的关键环节，是解决"培养什么人、怎样培养人、为谁培养人"这一根本问题的重要载体。在这一时代背景下，本书应运而生。全书从多视角深度挖掘课程中蕴含的文化基因、思想价值和精神内涵，优化内容供给，将其转化为具体生动的、学生易于和乐于接受、喜闻乐见的载体，以潜移默化的方式为教材渲染上"培根铸魂""启智增慧"的底色，力图打造一本有温度、有内涵、有情怀的教材，使其成为青年成长、成才的助推器。

本书是工业和信息化部"十四五"规划教材《程序设计基础（C 语言）（慕课版）》（ISBN 978-7-115-60083-7）的配套实验教材。全书包括集成开发环境简介、习题解答、典型实验案例 3 个单元的内容。

第 1 单元为集成开发环境简介，包括程序调试方法和 Visual Studio、Code::Blocks、VS Code 三种目前流行的集成开发环境，以及如何在这些集成开发环境下编译、运行和调试 C 语言源代码，如何使用 Windows 多媒体库和 EasyX 图形库等内容。此外，还特别介绍了国产化的鲲鹏计算平台软件开发和鲲鹏应用开发套件 DevKit。

第 2 单元为习题解答，包括主教材中全部习题及解答，其中部分习题还给出了多种编程求解方法。

第 3 单元为典型实验案例，包括菜单驱动的学生成绩管理、菜单驱动的链表管理、螺旋矩阵生成、幸运大抽奖、文本文件的词频统计等综合应用实例，以及文曲星猜数游戏、飞机大战游戏、迷宫游戏、贪吃蛇游戏 4 个典型的趣味游戏实验案例。其中，飞机大战游戏和迷宫游戏还给出了多任务版本，以循序渐进的任务驱动方式，指导读者完成实验程序设计。这些案例兼具趣味性和实用性，可作为课程设计内容。在头歌平台上有对应本教材实验的实践课程，教师可以用作 SPOC，学生可以进行实验闯关训练。

主教材和本实验教材均为任课教师免费提供了电子课件，并同时提供例题、习题和实验题的源程序。本书可作为高校各专业 C 语言教材教辅用书、ACM 程序设计大赛和全国计算机等级考试参考书。

为配合本教材练习，我们还研制了面向学生自主学习的作业和实验在线评测系统（购买《程序设计基础（C 语言）（慕课版）》可以从书后的刮刮卡中获得登录该平台的免费账号），与其配套使用的两个系统包括 C 语言试卷和题库管理系统以及远程在线考试系统，有需要的任课教师可直接与本书作者联系（sxh@hit.edu.cn）和咨询。

　　本书由苏小红教授主编，张羽、袁永峰、李东参与了集成开发环境简介和部分习题答案的编写。

　　限于编者水平，书中疏漏之处在所难免，恳请读者批评指正，我们将在人邮教育社区（www.ryjiaoyu.com）和教材网站（https://sse.hit.edu.cn/book/）上及时发布勘误信息，以求对读者负责。有索取教材相关资料者，也可登录人邮教育社区下载，如对本书有任何意见或建议，可直接与作者联系，作者的 E-mail 地址：sxh@hit.edu.cn。欢迎读者给我们发送电子邮件或在网站上留言，对教材提出宝贵意见。

编者

2023 年 6 月于哈尔滨工业大学计算学部

目 录

第1单元
集成开发环境简介

1.1　程序调试方法

　　集成开发环境（Integrated Development Environment，IDE）是用于提供程序开发环境的应用程序，是一个集成了代码编写功能、分析功能、编译功能、测试功能、调试功能的软件开发工具集，一般包括代码编辑器、编译器、调试器和图形用户界面等工具。"工欲善其事，必先利其器"。显然，高效便捷、得心应手的集成开发环境将有助于提高编码和调试的效率，改善编程体验。通常，安装集成开发环境时，除了安装编译器外，还要安装调试器，以支持程序的调试。常用的调试方法包括设置断点（Breakpoint）、单步跟踪、监视窗。

　　设置断点，是指设置程序运行时希望暂停的代码行。断点所在行的代码是指下一行将要被执行的代码，称为当前代码行。可以在一个程序中设置多个断点，每次运行到断点所在的代码行时，程序就会暂停执行。例如，将某一行代码设置为断点后，则程序运行到这一行代码时将暂停运行，断点所指向的语句行不会被执行，而是下一步待执行的语句行。设置断点的目的是为了方便我们观察程序在执行完该断点前的所有语句后的变量和参数值的变化情况，以便查找或排除程序出现异常的原因。

　　通常将设置断点与单步跟踪配合使用。例如，当程序暂停到断点处以后，如果希望断点后面的代码逐条语句或逐个函数地执行，即每执行完一条语句或一个函数，程序就暂停执行，以便逐条语句或逐个函数检查程序的执行结果，那么就需要对程序进行单步跟踪。对程序进行单步跟踪执行有如下6种选择。

　　（1）单步执行（Step over）：执行一行代码，然后暂停。当存在函数调用语句时，使用单步执行会把整个函数视为一次执行（即不会进入该函数中去执行函数内部的语句），直接得到函数调用结果。该方式常用在多模块调试时期，可以直接跳过已测试完毕的模块，或者直接通过函数执行后的值来确定该测试模块中是否存在错误。

　　（2）单步进入（Step into）：如果此行中有函数调用语句，则进入当前所调用的函数内部执行，并在该函数的第一行代码处暂停；如果此行中没有函数调用，其作用等价于单步执行。该方式可以跟踪程序的每步执行过程，优点是容易直接定位错误，缺点是调试速度较慢。所以通常先进行单步执行来快速跳过没有出现错误的部分，在锁定发生错误的模块后再使用单步进入来跟踪进入函数内部找出错误所在的行。单步进入一般只能进入用户自己编写的函数。如果编译器提供了库函数的代码，也可以跟踪到库函数里执行。

　　（3）运行出函数（Step out）：如果只想调试函数中的部分代码，调试完后就跳出该函数，则可以使用该方法。

（4）运行到光标所在行（Run to cursor）：将光标定位在某行代码上并调用该命令，程序会执行直到抵达断点或光标定位的那行代码时暂停。如果我们想重点观察某一行（或多行）代码，但不想从第一行启动，也不想设置断点时，则可以采用这种方式。这种方式比较灵活，可以一次执行一行，也可以一次执行多行；可以直接跳过函数，也可以进入函数内部。

（5）继续运行（Continue）：继续运行程序，当遇到下一个断点时暂停。

（6）停止调试（Stop）：程序运行终止，停止调试，回到编辑状态。

当程序暂停时，如何观察变量的值呢？监视窗往往用来和前两种调试方法配合使用，每运行到需要观察的语句行时，就可以用监视窗来查看某个变量的当前值，以观察程序执行了哪些操作，以及执行这些操作后产生了哪些结果。因此，通过观察变量的值的变化可以方便地找出程序中的错误。

1.2　经典的集成开发环境介绍

本节主要介绍当前在 Windows 平台下最流行的 Microsoft Visual Studio、Code::Blocks 和 Visual Studio Code 三种 C 语言集成开发环境。虽然 Dev-C++在初学者中也较为常用，但是由于其很容易掌握，并且调试功能较弱，因此这里不做介绍。

1.2.1　Visual Studio 集成开发环境的使用和调试方法

Microsoft Visual Studio（简称 VS）是由美国微软公司开发的 Windows 平台应用程序的集成开发环境，它同时支持 C++和 C 语言的编程。其专业版功能强大，但价格高。从 2013 年开始推出的免费社区版，即 Visual Studio Community，在功能方面与专业版相同，其安装程序可从微软官网直接下载。本节将介绍如何在 Visual Studio Community 2022（简称 VS 2022）下开发和调试 C 语言程序。

1.2.1.1　VS 2022 的安装

首先到微软官方网站下载免费社区版的安装文件 Visual Studio Setup.exe，按下面步骤进行安装。

第 1 步：双击运行 Visual Studio Setup.exe，开始安装。稍等片刻，出现图 1-1 所示的界面。

图 1-1　运行 Visual Studio Setup.exe 后的界面

第 2 步：单击<继续>按钮，显示图 1-2 所示的选择编程语言界面，在该界面勾选<使用 C++ 的桌面开发>选项，其他的可不选，然后单击<安装>按钮。

图 1-2　选择编程语言

第 3 步：单击<安装>按钮后出现图 1-3 所示的安装界面，开始安装。由于在线安装时间较长，大约需要 1 小时，因此安装期间务必保持网络畅通。

图 1-3　安装界面

第 4 步：安装完毕出现图 1-4 所示的登录界面。

图 1-4　登录界面

图 1-5　登录窗口

如果没有微软账户，可以单击<创建账户>按钮，或者可以直接单击<登录>按钮，将弹出图 1-5 所示的登录界面。此时，需要输入 Outlook 邮箱，以及账户的密码。如果没有 Outlook 邮箱，可以单击<创建一个>超链接来申请一个新的 Outlook 邮箱，然后按界面提示进行相应的操作。

程序初次启动时，会出现图 1-6（a）所示的主题选择界面，可以选择自己喜欢的主题，也可以不做任何选择，使用默认主题，单击<启动 Visual Studio>按钮启动程序。以后也可以随时通过<工具>下拉菜单下的<主题>选项来更改这些设置，如图 1-6（b）所示。

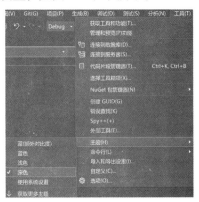

（a）初次启动时弹出的主题设置界面　　（b）修改主题设置界面

图 1-6　主题设置

程序启动后的界面如图 1-7 所示，在此界面下就可以进行程序开发了。

图 1-7　VS 2022 启动界面

1.2.1.2　创建项目

解决方案（Solution）是 VS 2022 中最大的管理单位，一个解决方案可以包含多个项目（Project），每个项目可以包含多个代码文件。下面我们创建一个名为 Demo 的解决方案，包含一个名为 Test1 的项目。

第 1 步：在图 1-7 所示的启动界面中，单击窗口右下角的<继续但无需代码>选项按钮，将出现如图 1-8 所示的界面，选择<文件>→<新建>→<项目>菜单选项，即可进入图 1-9 所示的界面。也可以在图 1-7 所示的启动界面中单击<创建新项目>选项，直接进入图 1-9 所示的界面。

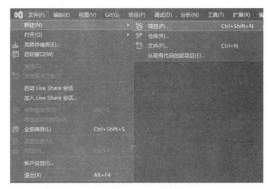

图 1-8 新建项目

第 2 步：创建新项目。在图 1-9 所示的界面中，选择<空项目>选项和 C++按钮，单击<下一步>按钮。

图 1-9 创建新项目

第 3 步：配置新项目。在图 1-10 所示的窗口中，设定项目名称、保存位置、解决方案名称。在本例中，项目名称为"Test1"、解决方案名称为"Demo"、保存路径为"D:\C_Programming\"，单击<创建>按钮，即可完成项目的创建。

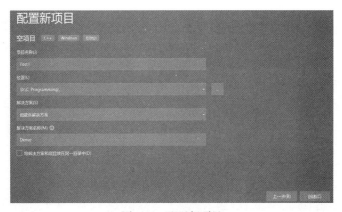

图 1-10 配置新项目

图 1-11　创建项目后的<解决方案资源管理器>窗口

第 4 步：在项目中添加代码文件。在完成项目创建后，进入图 1-11 所示的界面。在 D 盘的 C_Programming 目录下可以看到，出现了新建的与解决方案同名的文件夹"Demo"，在该文件夹下包含一个解决方案文件"Demo.sln"，以及一个和项目 Test1 对应的子文件夹"Test1"。但是，由于之前选择的是创建"空项目"，因此该文件夹下没有任何代码文件。

第 5 步：在项目 Test1 中添加代码文件。在图 1-11 中的"解决方案资源管理器"窗口内的<源文件>上单击鼠标右键，选择<添加>→<新建项>选项后，进入图 1-12 所示的界面。也可以通过在项目名称 Test1 上单击鼠标右键后，选择<添加>→<新建项>进行操作。

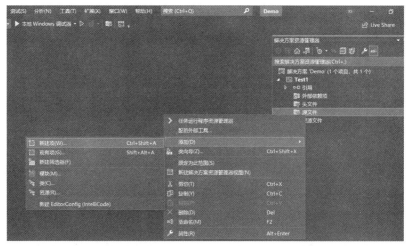

图 1-12　为项目添加新建项

第 6 步：设定添加项的类型和名称。在图 1-13 所示的界面中，选择<C++文件(.cpp)>选项，并在下方的文本输入框中输入源文件名为"test.c"，然后单击<添加>按钮，完成新代码文件的添加。

注意：在创建 C 语言项目时，文件名一定要以".c"作为扩展名，否则系统将按默认扩展名".cpp"保存。

图 1-13　设定新建项目为 C 语言源代码的文件

第 7 步：编辑源代码。在添加空文件 test.c 后，即可在编辑器窗口中输入源代码了，界面如图 1-14 所示。

图 1-14 在解决方案 Demo 中添加代码文件 test.c 后的编辑界面

除了文本编辑功能外，VS 2022 编辑器还提供了以下专门为编写代码而开发的功能：

- 关键字高亮显示；
- 代码提示；
- 智能缩进；
- 按组合键 Ctrl+]自动寻找配套的括号；
- 按组合键 Ctrl+K+C 快捷注释选中代码；
- 按组合键 Ctrl+K+U 取消注释选中代码。

如果事先已经创建并编辑了代码文件 test.c，则可通过<添加>→<现有项>将源代码文件或头文件添加到项目中。

修改代码字体和字体大小的方法：在编辑器的右上角找到形似齿轮的<设置>按钮⚙️，单击<设置>按钮，弹出图 1-15 所示的下拉列表，单击其中的<选项>选项，进入图 1-16 所示的界面。在<环境>选项区域中找到<字体和颜色>选项，就可以根据自己的喜好调整字体和字体大小了。这里，我们将<字体>设置为<Consolas>，字体<大小>设置为<18>。

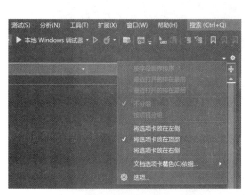

图 1-15 单击<设置>→<选项>选项将进入
修改字体和字体大小界面

图 1-16 修改字体和字体大小

1.2.1.3 编译和运行

【例 1.1】以下程序预期实现"计算数组 a 中所有元素和"的功能。

```
1    #define N 5
2    int  Add(int a[], int n);
3    int main(void)
4    {
5        int a[N] = {5,4,3,2,1};
6        sum = Add(a, N);
7        printf("sum =%d\n", sum);
```

```
8        return 0;
9    }
10   int Add(int a[],  int n)
11   {
12       int sum;
13       for (int i=0; i<n; i++)
14       {
15         sum -= a[i];
16       }
17       return sum;
18   }
```

将这个示例代码输入 test.c 文件中，然后单击选择菜单栏中的<生成>选项卡→<编译>选项进行编译或按组合键 Ctrl+F7，开始编译源程序。如果修改了程序且希望重新编译整个项目的所有源代码，也可以单击选择菜单栏中的<生成>选项卡→<重新生成解决方案>选项，如图 1-17 所示。

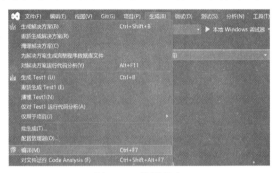

图 1-17　编译程序

完成程序编译后，在 VS 2022 的输出窗口内显示图 1-18 所示的编译错误和警告信息。

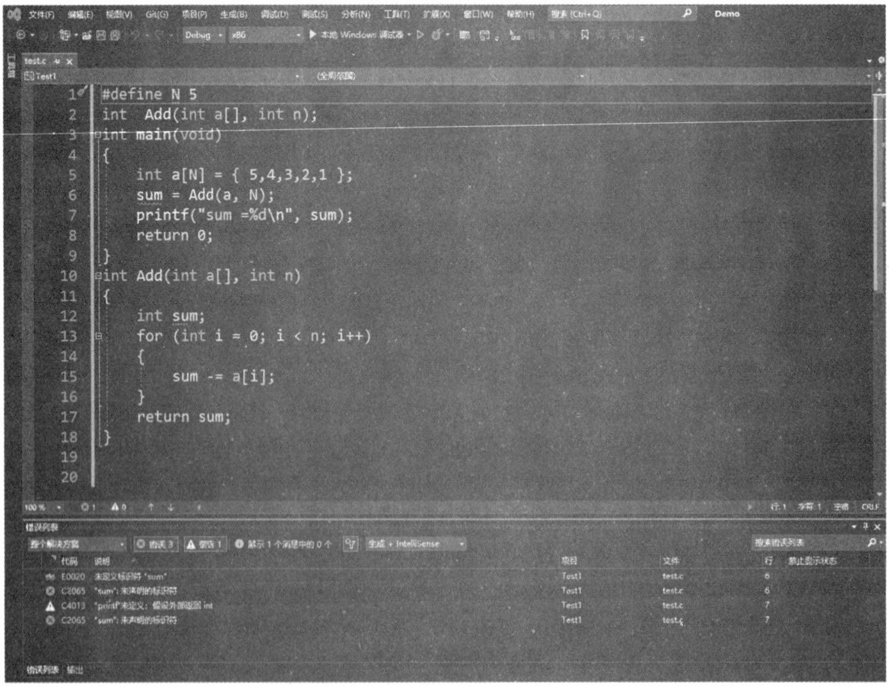

图 1-18　程序编译时在输出窗口显示编译错误和警告信息

　　在错误列表窗口中的消息区内显示了所有错误和警告信息及其发生的位置与可能的原因。双击错误提示信息，光标会立即跳转到发生错误的代码行。

　　错误列表第 1 行的警告信息提示第 6 行的变量 sum 是一个未定义的标识符，在第 6 行的变量 sum 前加上变量类型声明，即修改为

```
int sum = Add(a, N);
```

　　其实，将鼠标指针放到显示（红色）波浪线的标识符 sum 上，也能显示标识符 sum 未定义的提示信息，如图 1-19 所示。

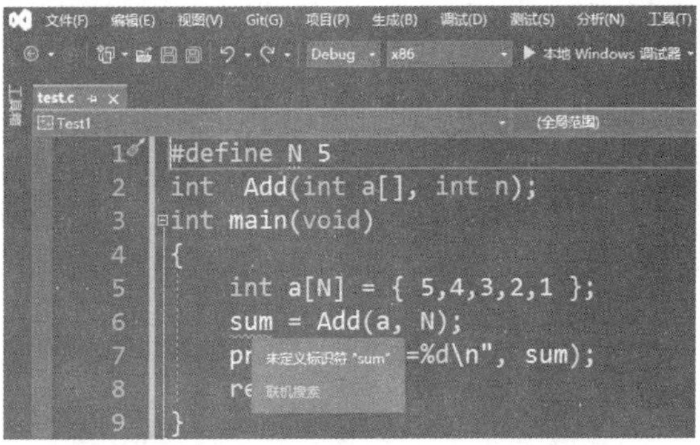

图 1-19　在代码上显示错误提示信息

　　错误列表第 3 行的错误信息提示 printf 是一个未定义的标识符，在代码首行前插入一行 "#include<stdio.h>"。此时，重新编译程序，在 VS 2022 的输出窗口内显示图 1-20 所示的编译错误和警告信息。

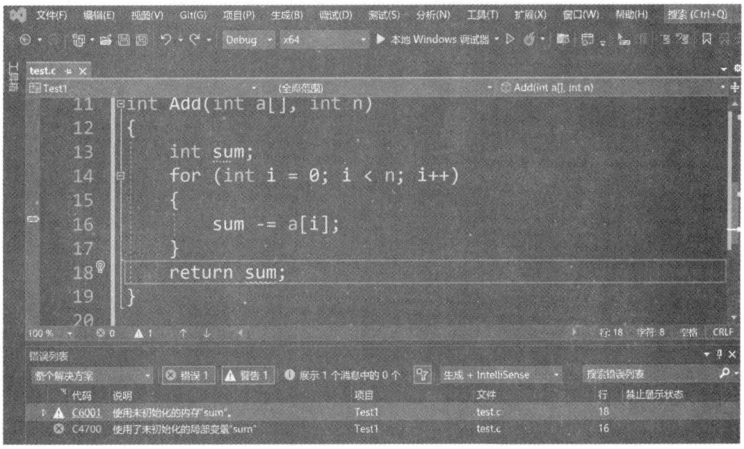

图 1-20　在 VS 2022 的输出窗口内显示编译错误和警告信息

　　错误列表第 1 行的警告信息显示第 18 行使用了未初始化的内存 sum，第 2 行的错误信息显示第 16 行使用了未初始化的局部变量 sum。此时，还可以看到第 18 行的行标号位置有个小的灯泡提示符，将鼠标轻轻放到其上面，可以出现一个快速操作提示，如图 1-21 所示。

　　单击这个小灯泡，可以出现图 1-22 所示的提示信息，提示第 13 行的变量定义语句中的变量 sum 未初始化。

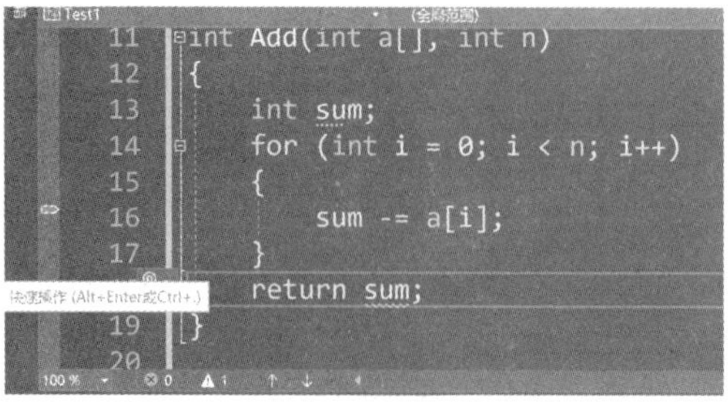

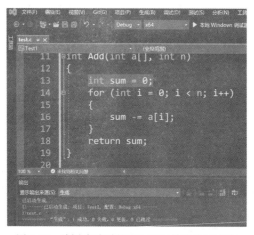

图 1-21   在代码上显示快速操作提示 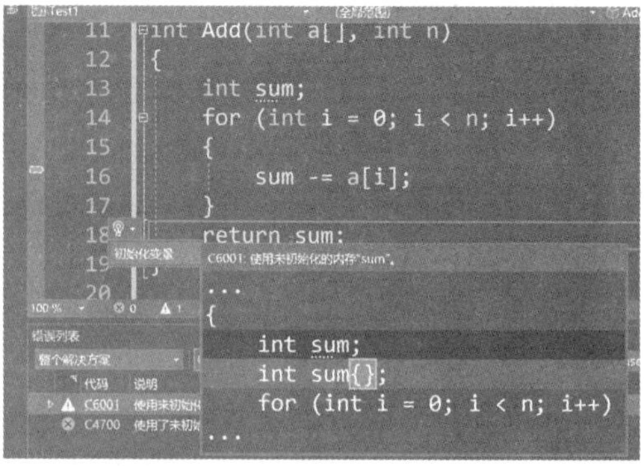　　　　图 1-22   在代码上显示的快速操作提示信息内容

将第 13 行语句修改为

```
int sum = 0;
```

后，重新编译程序，此时在 VS 2022 的输出窗口会显示图 1-23 所示的编译成功信息。

图 1-23   编译成功时的 VS 2022 输出窗口内容

单击工具栏中的<本地 Windows 调试器>按钮或按组合键 Ctrl+F5，即可运行程序。运行后，会出现一个黑色的控制台窗口，在窗口中显示程序运行结果，如图 1-24 所示。

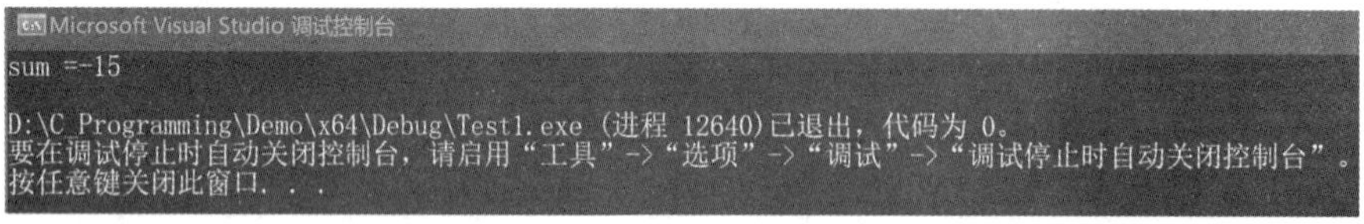

图 1-24   显示程序运行结果

注意：由于 scanf()不能限制输入字符串的长度，因此 VS 2022 将其视为不安全的函数，改用能限制输入字符串长度的 scanf_s()来输入数据，但是 scanf_s()并不是标准 C 提供的函数，只能在 VS 2022 中使用。因此，若要在 VS 2022 中继续使用 scanf()，则只需在源文件的第一行加上下面的宏定义即可。

```
#define _CRT_SECURE_NO_WARNINGS 1
```

1.2.1.4   调试程序

在程序编译、链接和运行的过程中，不可避免地会发生各种各样的错误（bug），通过人工或借助工具对程序查找和修正程序错误的过程，就是程序调试（Debug）。程序调试是软件设计开发过程中的重要环节，也是程序员必须掌握的技能。

常见的程序错误主要有编译错误、链接错误、运行时错误 3 种类型。编译错误，是指在编译阶段能发现的错误，主要为语法错误，如标识符未定义、语句缺少分号等。在编译器给出的错误提示信息中，一般都能指出错误发生的语句行位置和错误的内容，根据这些提示信息，程序员可以很容易地修改错误。链接错误，是指由缺少程序所调用的函数库或者缺少包含库函数的头文件等原因导致的。运行时错误，是指在程序运行过程中发生的错误，如使用了错误的算法而导致计算结果错误、因类型转换导致数值溢出、因循环测试条件错误导致死循环、因数组越界或使用未初始化的指针导致非法内存访问等，这类错误称为运行时错误。

利用集成开发环境的调试工具跟踪程序的执行，了解程序在运行过程中的状态变化情况，如关键变量的数值等，可以帮助我们快速定位并修改错误。

在默认情况下，VS 2022 中的程序都是采用调试模式进行编译的。如图 1-25 所示，单击<Debug>右侧的下三角按钮图标，在弹出的下拉列表中有<Debug>、<Release>和<配置管理器>选项。每个选项代表 VS 2022 工作模式的默认参数设定。用户可以根据需要通过<菜单>→<项目>→<属性>对默认的设定进行修改和调整。Debug 模式表示将 VS 2022 设定为调试程序的工作模式，该模式下生成的编译结果包含调试信息，便于程序调试，但程序运行速度慢。而 Release 模式会在程序编译过程中对程序进行优化处理，尽管程序优化后生成的可执行文件的功能不变，但与源程序的代码往往不一致，也没有调试信息，不适合调试程序。因此，在程序开发阶段，需要频繁调试程序时，通常使用 Debug 模式编译程序，而完成调试工作后，需要将软件交付给用户时，则采用 Release 模式编译程序。

图 1-25　设置编译模式

注意：在图 1-25 所示的界面中，将菜单栏下方<Debug>旁边的"解决方案平台"设置为"x64"表示将程序编译成 64 位程序，这是 VS 2022 的默认值。如果需要编译生成 32 位的可执行程序，在编译前需要从<Debug>旁边的"解决方案平台"下拉列表中选择"x86"即可。

如 1.1 节所述，通常可以使用设置断点、单步执行、在监视窗中观察变量值等手段对程序进行调试。下面以例 1.1 的错误代码为例来详细介绍基本的程序调试方法。由图 1-24 可见，虽然程序编译并运行成功，但结果为"-15"，是错误的，正确的输出结果应为 1+2+3+4+5=15。

（1）设置断点

在某一条语句位置设置断点的目的就是让程序运行到某一条可执行语句后暂停执行。例如，若要让程序在执行到第 7 行语句时暂停执行，则可以将光标移至第 7 行，按快捷键 F9，于是该行语句的左侧就会出现一个红色的圆点，表示设置断点成功。直接在该行语句左侧深灰色一栏的位置单击鼠标左键，也可以设置断点。断点设置成功后的界面如图 1-26 所示。

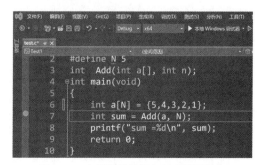

图 1-26　在需暂停的语句行上设置断点

按快捷键 F5 开始调试程序，遇到断点就暂停，进入跟踪状态，如图 1-27 所示。

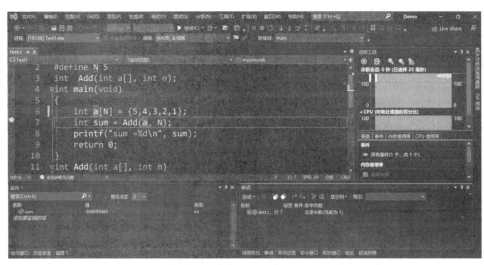

图 1-27　在需暂停的语句行上设置断点后调试运行的状态

注意：此时断点所在的代码行并未执行，而是程序下一条待执行的语句。由图 1-27 可见，程序在第 7 行暂停，此时左下角的自动窗口中的局部变量 sum 的值仍是"–858993460"。这是因为第 7 行的语句尚未执行，sum 还未被赋值，因此其数值是一个和编译器有关的随机值，在这里是"–858993460"。

此时，可以发现在菜单栏下面出现了如下的调试按钮：

- ▶ 按钮表示开始或继续调试，对应快捷键 F5；
- ■ 按钮表示停止调试，对应组合键 Shift+F5；
- ↻ 按钮表示重新开始，对应组合键 Ctrl+ Shift+F5；
- ↧ 按钮表示单步进入或逐语句执行，可以跟踪进入函数内部进行调试，对应快捷键 F11；
- ↷ 按钮表示单步执行或逐过程执行；可以直接得到函数结果，对应快捷键 F10；
- ↥ 按钮表示跳出函数，对应组合键 Shift+F11。

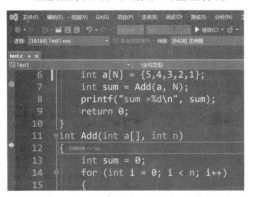

图 1-28　单步进入函数调用跟踪函数执行

（2）在监视窗中观察变量值

如图 1-28 所示，在中断程序后，VS 2022 中有如下监视窗口。

① 自动窗口：显示在当前代码行和前面代码行中使用的变量的值，如果有函数，还会显示函数的返回值。

② 局部变量窗口：显示对于当前上下文（通常是当前正在执行的函数）而言位于本地的变量。

③ 监视窗口：可以添加需要观察的变量。通过这个窗口，可以在程序中断时，手工修改变量的数值。在源代码窗口中，在需要监视数值的变量名上，通过<鼠标右键>→<添加监视>，即可将该变量添加到监视窗口。

此外，还有调用堆栈、断点、异常设置、命令窗口、即时窗口、输出、错误列表等窗口。

（3）单步跟踪进入函数调用

调试程序时，首先要分析出可疑函数，然后跟踪至该函数内部，在函数内部调试程序。在本例中，只有一个函数 Add()，Add(a, N)是函数调用语句，若要进一步分析为何执行完该函数得到的结果是错误的，则需进入 Add()函数内部跟踪程序的执行情况，当程序暂停在第 7 行的函数调用语句时，按 ⬚ 按钮或按快捷键 F11 即可单步进入 Add()函数内部（见图 1-28），此时黄色箭头暂停在了函数Add()的函数体的第1行上（即第 12 行）。

本例中，进入 Add()函数后，按 ⬚ 按钮或按快捷键 F10 单步跟踪，如图 1-29 所示，当跟踪至第 17 行，即执行完第 16 行的 sum 求和语句时，通过在自动窗口中观察变量的值，发现循环第一次求和的值不正确，原因是程序要计算数组元素的和，而这里将运算符"+"误写成了"-"，因此导致程序计算结果错误。

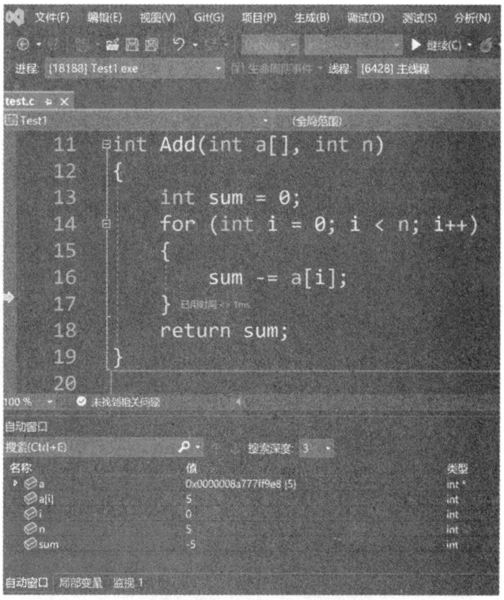

将"-="修改为"+="后，按 ■ 按钮停止调试，删除断点，按 ▶ 重新运行程序，程序运行结果如图 1-30 所示，修改后程序的输出结果和预期结果相同，表明程序中的 bug 已被修正。

图 1-29　跟踪到函数内部调试

图 1-30　程序修改后的运行结果

（4）控制调试的步伐

对于循环内的语句，可以以手动单步执行的方式，每执行一次循环就观察一次变量的值的变化；但如果循环的次数是成百上千甚至上万次，那么显然单步执行的效率就太低了。为了提高调试效率，可以从以下方式中任选一种方式来控制调试的步伐。

① 按 ▶ 按钮或按快捷键 F5：程序一直运行到结束或再次遇到断点。

② 将光标移到循环语句之后的"return sum;"这一行时：按组合键 Ctrl+F10，表示要"运行到光标所在的行"，则黄色箭头停到"return sum;"处，此时可以直接观察循环结束后的计算结果。

③ 按 ⬚ 按钮或按组合键 Shift+F11：表示要"运行出函数"，直接回到主调函数的函数调用语句位置，此时可以观察函数调用结束后的返回值。

④ 设置条件断点：条件断点，是指给断点设置条件，仅当该条件满足时，这个断点才会生效，暂停程序的运行，用于仅观察在某次循环执行时的计算结果。

例如：在第 16 行设置断点，并期望在"i==4"时，断点才生效，暂停程序运行。首先，将光标移动到第 16 行，按快捷键 F9 设定断点。然后，鼠标右键单击第 16 行左端的实心圆点形的断点图标。在图 1-31 所示的弹出的菜单中有多种操作和属性设置，选择<条件>选项，进入条件断点设置界面；或者将鼠标移动到断点的红色圆点图标后，单击窗口出现的齿轮形浮动图标，进入条件断点设置界面。

条件断点设置界面如图 1-32 所示，在窗口中输入条件"i==4"，条件值设置为默认值"true"，单击<关闭>按钮完成条件设置。此时，断点图标从红色的实心圆点变成内带黑色加号的红色实心圆点。

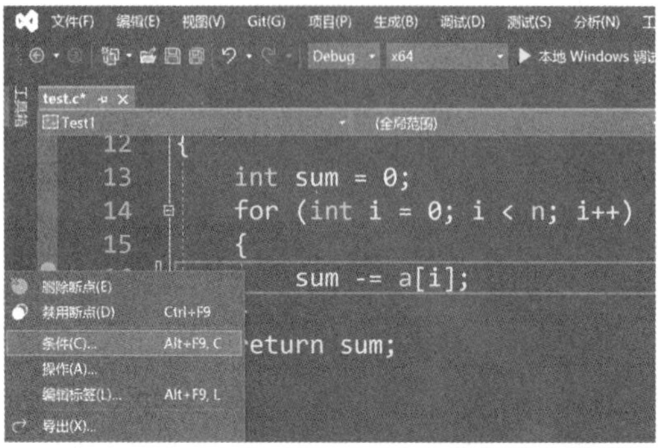

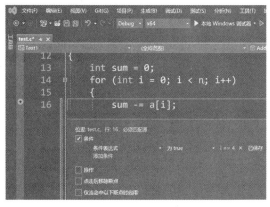

图 1-31　设置断点属性　　　　图 1-32　设置条件断点

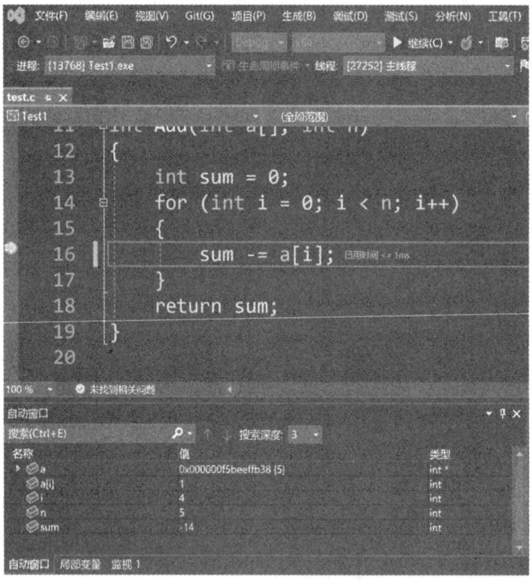

然后重新调试运行，当程序在第 16 行的条件断点暂停时的情况如图 1-33 所示，通过观察自动窗口中变量 sum 的值可以发现，i=4 时，sum 的值为"-14"，是错误的。

条件断点在调试循环程序时非常有用。试想一个循环 1000 次的程序，如果每次循环都中断，是无法承受的工作。而通过观察循环程序的特点，用可能导致程序异常的变量数值、边界数值等，对断点设置一定的条件，仅在该条件为"真/true"的时候才暂停，调试将变得更高效、更直接。

1.2.1.5　多文件项目开发

当程序规模比较大时，往往需要将宏定义、函数原型声明、源代码分别保存在不同类型的多个文件中。多文件项目的调试方法与普通单文件项目并无区别，只是在调试过程中，需要注意变量、函数、宏的重复定义、外部声明等问题。下面以例 1.1 的代码为例，介绍如何在 VS 2022 中进行多文件项目开发。

图 1-33　条件断点暂停时的结果

首先，创建一个项目并添加文件。这里，可以在已有的解决方案"Demo"中添加一个新的项目 Test2。如图 1-34 所示，选择<文件>→<添加>→<新建项目>菜单选项，进入图 1-35 所示的窗口后，选择项目类型<空项目>和"C++"语言，单击<下一步>按钮，进入图 1-36 所示的窗

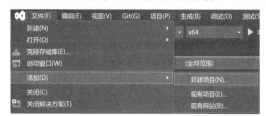

图 1-34　在已有的解决方案中添加一个新的项目

口后，选择解决方案"Demo"所在的文件位置，输入新项目的名称"Test2"，然后单击<创建>按
钮。于是，在解决方案管理器中可以看到，解决方案"Demo"下面出现了图 1-37 所示的两个项
目，分别是之前创建的 Test1 和新创建的 Test2。

图 1-35　添加新项目

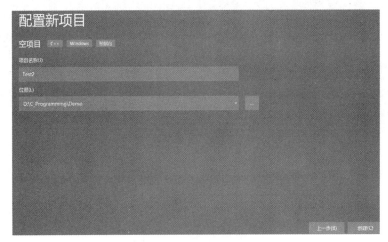

图 1-36　配置新项目

图 1-37　解决方案资源管理器中的两个项目

然后，在项目 Test2 中添加不同类型的文件。

（1）添加.h 文件：const.h

在解决方案资源管理器中的项目 Test2 上单击鼠标右键，如图 1-38 所示，在弹出的菜单中单击选择<添加>→<新建项>选项。进入图 1-39 所示的界面后，选择"头文件(.h)"，在名称位置输入"const.h"，然后单击<添加>按钮，即可完成添加 const.h 的操作。

图 1-38　在项目 Test2 中添加新建项

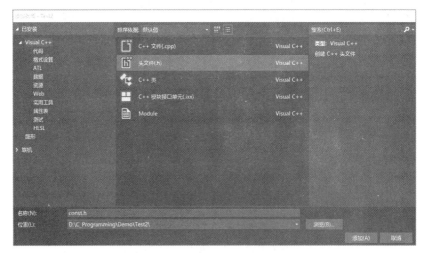

图 1-39　在项目 Test2 中添加头文件 const.h

编辑 const.h 文件，该文件内容如下：

```
#pragma once
#define MAXSIZE 5
#define PI 3.1415926
```

在大型项目中，不同的文件之间包含关系复杂，最终可能会导致一个代码文件直接、间接包含了某个头文件两次或者更多次（超过 1 次），进而产生"重复宏定义"的编译错误。在 VS 2022 中，只要在头文件的最开始加上"#pragma once"这条 C/C++编译预处理命令，即可保证头文件只被包含一次。

注意：#pragma once 是与编译器相关的，有的编译器支持，有的编译器则不支持，具体情况请查看编译器 API 文档。

利用条件编译预处理命令#ifndef… #else…#endif 将.h 文件的全部内容括起来，也可以避免头文件被包含多次，它在所有支持 C/C++语言的编译器上都是有效的，所以如果需要程序跨平台运行，则推荐使用这种方式。例如，本例可以将 const.h 文件内容修改为

```
#ifndef _CONST_H
#define _CONST_H
```

```
#define MAXSIZE 5
#define PI 3.1415926
#endif
```

在头文件中添加条件编译预处理命令后，相当于告知编译器：如果没有定义过宏_CONST_H，则先定义该宏，然后定义 MAXSIZE 和 PI。如果已经定义了_CONST_H，则#ifndef 条件不成立，该文件的内容相当于空文件，这样就不会导致重复定义宏了。这里，需要保证_CONST_H命名的唯一性，即不会和其他头文件中的宏名重复。因此，通常按照被包含的头文件的文件名给宏进行命名，以避免因其他头文件使用相同的宏常量而引起冲突。

建议尽量将所有宏定义放到一个文件中，在需要使用宏定义的代码文件（.h、.c）中，只要增加如下的文件包含编译预处理命令即可，形式如下：

```
#include "const.h"
```

（2）添加头文件 MyMath.h

将加法相关的函数原型写到该文件中，内容如下：

```
#include "const.h"
int Add(int a[], int n);
float Norm(int a[], int n);
```

于是，当函数 Add()和函数 Norm()在其他源代码文件中被调用时，只需在调用该函数的源代码文件中增加如下的编译预处理命令即可：

```
#include "MyMath.h"
```

（3）添加源代码文件 MyMath.c

该文件负责实现 MyMath.h 中声明的函数，其内容如下：

```
#include <math.h>
#include "MyMath.h"
//功能：计算一维整型数组元素总和
//参数：a 是一维数组，n 是数组长度（元素个数）
//返回值：整型的数组元素总和数值
int Add(int a[], int n)
{
    int sum = 0;
    for (int i=0; i<n; i++)
    {
        sum += a[i];
    }
    return sum;
}
//功能：计算向量的模
//参数：a 表示向量（一维数组），n 是向量的维数（数组长度、元素个数）
//返回值：浮点型的向量模数值
float Norm(int a[], int n)
{
    float result = 0;
    for (int i=0; i<n; i++)
    {
        result += a[i] * a[i];
    }
    return sqrt(result);
}
```

在 C 语言中使用#include 编译预处理命令的方式主要有如下两种。

第一种，在文件包含命令#include 后面用< >将头文件名括起来。程序编译时自动到编译器指定的标准头文件目录内查找头文件，这个目录的名字通常被命名为"include"，该目录下有很多.h

文件，包括我们熟悉的 stdio.h、math.h 等。这种方式主要用于包含 C 语言提供的标准库函数的头文件。

第二种，在文件包含命令#include 后用双引号" "将头文件名括起来。用这种格式时，编译器先查找当前目录（即与源文件相同的目录）是否有指定名称的头文件，然后从标准头文件目录中查找。这种方式主要用于包含用户自定义函数的头文件。

（4）添加头文件 Area.h

将与面积计算相关的函数的原型写在该文件中，内容如下：

```
#include "const.h"
float CircleArea(float r);
float SphereArea(float r);
```

（5）添加源代码文件 Area.c

该文件给出 Area.h 中各函数的完整定义，其内容如下：

```
#include "Area.h"
int iCallAreaTimes = 0;
//功能：计算圆的面积
//参数：r 是圆的半径
//返回值：浮点型的面积数值
float CircleArea(float r)
{
    iCallAreaTimes++;
    return PI * r * r;
}
//功能：计算球体的表面积
//参数：r 是球的半径
//返回值：浮点型的面积数值
float SphereArea(float r)
{
    iCallAreaTimes++;
    return 4 * PI * r * r;
}
```

（6）添加源代码文件 test.c

该文件为主函数所在的源代码文件，其内容如下：

```
#include "const.h"
#include "Area.h"
#include "MyMath.h"
#include <stdio.h>
extern int iCallAreaTimes;
int main(void)
{
    int a[MAXSIZE] = {5, 4, 3, 2, 1 };
    int sum = Add(a, MAXSIZE);
    printf("sum =%d\n", sum);
    printf("Area=%f,iCallAreaTimes=%d\n", CircleArea(1.2), iCallAreaTimes);
    printf("iCallAreaTimes=%d,Area=%f\n", iCallAreaTimes, SphereArea(2));
    return 0;
}
```

由于主函数中使用了宏 MAXSIZE、函数 Add()、CircleArea()，因此需要在 test.c 中包含定义它们的相应头文件。此外，主函数中还使用了 Area.c 中定义的全局变量 iCallAreaTimes。对于文件 test.c 来说，变量 iCallAreaTimes 是外部（extern）变量，即在别的文件(Area.c)中定义的变量。

因此, 需要在程序前部添加如下的外部变量声明语句:

```
extern int iCallAreaTimes;
```

注意: 该语句仅为变量声明语句, 而非变量定义, 也
不能指定变量的初始值。

在添加完上述文件后, 在<解决方案资源管理器>的项
目 Test2 中可以看到刚刚添加的 3 个.h 文件和 3 个.c 文件,
如图 1-40 所示。

由于项目包含多个文件, 在编程和调试过程中, 会涉
及多个文件的修改。在程序编译时, 仅对修改的文件进行
编译, 可以节省编译时间。但在项目规模不大时, 全部重
新编译的速度也比较快。如果仅编译修改的文件, 在调试
运行时, 编译器有时会提醒项目过期或者出现断点无法停
止的问题, 此时还需要重新进行完整的编译。因此, 在多
文件项目编译时, 推荐采用"重新生成"的方法, 对整个
项目进行完整的编译。

图 1-40　在<解决方案资源管理器>的
项目 Test2 中的程序文件

在<解决方案资源管理器>中的项目 Test2 上, 单击鼠标右键, 选择<重新生成>选项, 如图 1-41
所示。也可以先在<解决方案资源管理器>中将预编译的项目设定为启动项目: 在项目名称 Test2
上单击鼠标右键, 在图 1-41 所示的弹出菜单上选择<设为启动项目>选项, 然后在 VS 2022 的主菜
单中单击选择<生成>→<重新生成解决方案>选项, 如图 1-42 所示。

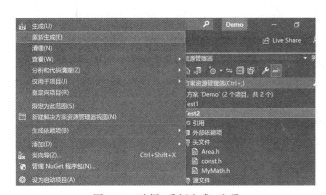

图 1-41　选择<重新生成>选项

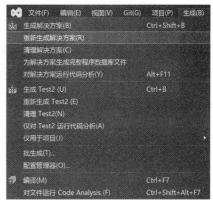

图 1-42　选择<重新生成解决方案>选项

1.2.1.6　在 VS 2022 下使用 Windows 多媒体库

首先, 在 VS 2022 下配置多媒体库 WinMM.lib 中导入多媒体库 WinMM.lib。如图 1-43(a)
所示, 选择<调试>→<Test1 调试属性>菜单, 进入图 1-43(b)所示的窗口后, 选择<链接器>→
<输入>, 用鼠标左键单击右侧窗口中的附加依赖项后面的文本, 待出现一个倒置的^(即)后,
单击, 出现图 1-43(c)所示的下拉列表<编辑>后, 单击<编辑>, 进入图 1-43(d)所示的弹出窗
口, 在上面的文本框内输入"WinMM.lib", 单击<确定>按钮, 进入图 1-43(e)所示的界面。至
此, 完成多媒体库 WinMM.lib 的导入。

（a）设置调试属性　　　　　　　　　　（b）设置附加依赖项第 1 步

（c）设置附加依赖项第 2 步

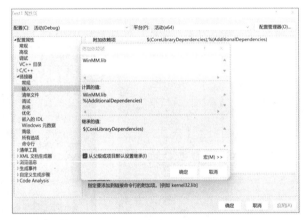

（d）设置附加依赖项第 3 步

（e）设置附加依赖项第 4 步

图 1-43　设置附加依赖项导入多媒体库

然后，要将待播放的声音文件 first blood.wav 与源代码文件 test.c 置于同一个目录下，如图 1-44 所示。

图 1-44　将声音文件和源代码文件放置在同一个目录下

下面，就让我们通过一个实例来检验一下是否可以在 VS 2022 中成功播放声音文件吧! 首先，来看一下如何调用 PlaySound()函数以播放.wav 格式的声音。

【例 1.2】以下程序的功能是调用 PlaySound()函数播放.wav 格式的声音文件 first blood.wav。

```
1    #include <stdio.h>
2    #include <windows.h>
3    int main(void)
4    {
5        PlaySound(L"first blood.wav", NULL, SND_ASYNC | SND_ASYNC);
6        system("PAUSE");
7        return 0;
8    }
```

.wav 格式的音频文件,需要使用在头文件 windows.h 中定义的库函数 PlaySound()来播放音乐,使用该函数播放音乐的方式有两种:一种是异步方式播放;另一种是同步方式播放。若设置函数的参数为 SND_ASYNC（表示异步方式播放）,则音乐将和后面的操作同时进行。若设置函数的参数为 SND_SYNC（表示同步方式播放）,则先播放完音乐后,再执行后面的操作。使用异步方式播放时,还可以在参数中加上 SND_LOOP,表示重复播放音乐,注意它必须与 SND_ASYNC 标识一起使用。例如,本例中第 5 行语句表示异步循环播放 first blood.wav。

注意:在 VS 2022 下调用 PlaySound()函数时,应在其第一个实参"first blood.wav"前面加上大写字母 "L",表示它是一个指向 unicode 编码字符串的 32 位指针类型 LPCSTR,其所指向的字符串是 wchar 型（即宽字节字符串类型）,而不是 char 型。LPCSTR 是 Win32 和 VC++所使用的一种字符串数据类型。LPCSTR 被定义成是一个指向以'\0'结尾的常量字符的指针。

PlaySound()函数只能播放.wav 格式的声音文件,若要播放.mp3 格式的声音文件,则应使用 mciSendString()函数,配置多媒体库 WinMM.lib 的方法和注意事项与上面的相同。

【例 1.3】以下程序的功能是调用 mciSendString()函数播放.mp3 格式的声音文件 start.mp3。

```
1    #include <stdio.h>
2    #include <windows.h>
3    #include <MMSystem.h>
4    int main(void)
5    {
6        mciSendString(L"open start.mp3 alias BGM", NULL, 0, NULL);    //设定播放文件别名
7        mciSendString(L"play BGM repeat", NULL, 0, NULL);             //循环播放
8        system("PAUSE");
9        mciSendString(L"close BGM", NULL, 0, NULL);                   //停止播放
10       return 0;
11   }
```

在上面这个主函数中，播放.mp3 格式的音乐需要使用在头文件 MMSystem.h 中定义的库函数 mciSendString()，它表示向媒体控制接口 MCI（Media Control Interface）设备发送一个命令字符串。如果这个命令字符串是"open"，则表示要打开一个文件。如果这个命令字符串是"play"，则表示播放文件，若在参数中再加上"repeat"，则表示循环播放音乐。如果这个命令字符串是"close"，则表示要关闭即停止播放文件。例如，本例中第 6 条语句表示打开音频文件"start.mp3"，并使用 BGM 作为这个音频文件的别名，后面对 BGM 的操作就相当于是对 start.mp3 的操作。第 7 条语句表示循环播放这个".mp3"文件。第 9 条语句表示停止播放这个".mp3"文件。

注意：在调用以上外部库函数时，除了要在 IDE 中设置导入外部库外，还要保证这些音乐文件放置到源文件所在的当前目录下。

1.2.1.7 在 VS 2022 下使用 EasyX 图形库

EasyX 是一个 C++的图形库，主要用于图形和游戏编程。关于 EasyX 图形库函数的使用，读者可以查阅相关手册和文档。本节主要介绍如何安装使用 EasyX 图形库。

图 1-45　EasyX 安装界面

首先，到 EasyX 网站下载与所用的 VS 2022 版本对应的安装文件，例如对于 VS 2022 可以选择 EasyX_20220901，下载后的文件名为"EasyX_20220901.exe"。运行该文件开始安装，安装程序运行后出现图 1-45 所示的安装界面。

然后，单击<下一步>按钮，出现图 1-46 所示的安装向导界面。选择 Visual C++ 2022 右侧的<安装>按钮进行安装。出现<安装成功>对话框后，表示使用 EasyX 开发程序所用的头文件和库文件已被成功安装到了 VS 2022 相应的目录下，单击图 1-46 中的<关闭>按钮结束安装。

图 1-46　安装向导

在安装完 EasyX 后，下面用一个简单的绘图程序来检验一下 EasyX 是否可以正常使用。

【例 1.4】调用 EasyX 库函数在屏幕上画一个里面带十字的圆。

如前所述，在 VS 2022 中创建一个"Windows 控制台应用程序"类型的项目 Test3，向项目中加入一个新文件 circle.cpp（注意，这里一定是添加 C++源代码文件），文件内容如下：

```
1   #include <stdio.h>
2   #include <graphics.h>
3   int main(void)
4   {
5       initgraph(640, 480);                //初始化绘图窗口大小为 640*480，窗口左上角是原点(0,0)
6       line(200, 240, 440, 240);           //画一条从(200,240)到(400,240)的水平线
7       line(320, 120, 320, 360);           //画一条从(320,120)到(320,360)的垂直线
8       circle(320, 240, 120);              //画一个以坐标(320,240)为圆心、以 120 为半径的圆
9       getchar();                          //暂停
10      closegraph();                       //关闭绘图屏幕
```

```
11      return 0;
12  }
```

按快捷键 F5 编译运行该程序，程序运行后在屏幕上画了一个里面带十字的圆，如图 1-47 所示。

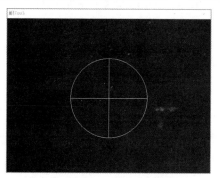

图 1-47　例 1.4 程序运行结果

注意：必须包含头文件<graphics.h>，它是与绘图函数相关的头文件，如果不包含这个头文件，那么将会提示编译错误。

1.2.2　Code::Blocks 集成开发环境的使用和调试方法

VS 2022 对于初学者来说可能属于重量级的 IDE，而 Code::Blocks 则比较适合初学者。Code::Blocks 是一个"轻量级"的开放源代码的跨平台 C/C++ IDE。Code::Blocks 支持 20 多种主流编译器，如 GCC、Visual C++、Inter C++等，同样也支持语法高亮显示、代码自动缩进等实用功能。下面，以开源的 GCC 编译器和 GDB 调试器为例，介绍 Code::Blocks 的使用。

1.2.2.1　Code::Blocks 的安装

首先，到 Code::Blocks 官方网站下载安装文件，虽然目前最新的 Code::Blocks 版本是codeblocks-20.03，但考虑到该版本的调试功能不如 codeblocks-17.12，因此本书仅介绍 codeblocks-17.12的安装和使用。Code::Blocks 官方网站提供了 Windows、Linux（多种发行版）及 mac OS X 等系统下的安装文件。对于 Windows 操作系统，需要下载 Windows 版本的 Code::Blocks。请务必下载自带完整 MinGW 环境的安装程序，如 codeblocks-17.12mingw-setup.exe。如果下载时未选择带有 MinGW 的版本，则还需要额外安装才能使用编译执行功能。Code::Blocks（简称 CB）的安装过程如下。

第 1 步：双击安装文件 codeblocks-17.12mingw-setup.exe，出现图 1-48（a）所示的界面，单击<I Agree>按钮后，进入图 1-48（b）所示的界面。

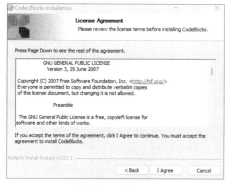

（a）许可证协议界面

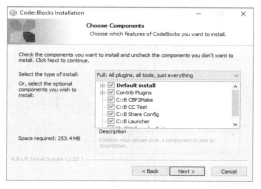

（b）选择组件界面

图 1-48　完整安装选项界面

注意：一定选择默认的"完整 Full:All plugins"安装，避免安装后的软件中缺少必需的插件。

第 2 步：在图 1-48（b）所示的界面单击<Next>按钮，进入图 1-49 所示的选择安装路径界面。

注意：安装时不要按照图 1-49（a）所示的默认带空格的路径 C:\Program Files(x86)\CodeBlocks，而应选择不包含空格或汉字的路径安装，可单击<Browse>修改安装路径。例如，选择 C 盘的根目录安装，如图 1-49（b）所示。这是因为 MinGW 里的一些命令行工具，对中文目录或带空格的目录的支持有问题，可能导致后续无法正常使用。

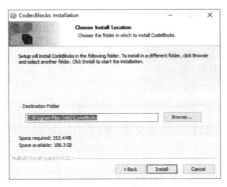 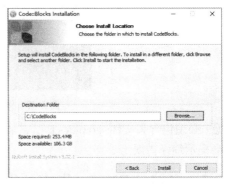

（a）不能选择的安装路径　　　　　　　　　　　（b）可以选择的安装路径

图 1-49　选择安装路径界面

图 1-50　Code::Blocks 启动界面

此外，迈克菲等某些杀毒软件可能会与本软件发生冲突，因此建议安装之前卸载该软件。

第 3 步：安装结束后，双击桌面上的 Code::Blocks 启动图标启动 CB。启动时，将会看到图 1-50 所示的启动界面。

1.2.2.2　创建项目

第 1 步：启动 CB 之后，会进入图 1-51 所示的启动界面。

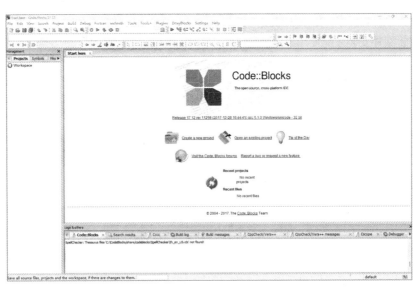

图 1-51　CB 的启动界面

单击<Create a new project>图标后，进入图 1-52 所示的新项目类型选择界面。

第 2 步：在图 1-52 所示的新项目类型选择界面选择<Console application>图标，创建控制台应用程序。也可以通过单击选择主菜单<File>→<New>→<Project>选项（见图 1-53）来创建控制台应用程序，同样也会弹出图 1-52 所示的新项目类型选择界面。

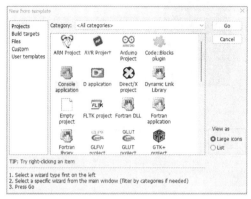
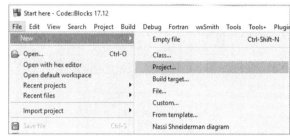

图 1-52　新项目类型选择　　　　　　　　　图 1-53　在 CB 中创建新项目

在图 1-52 所示的新项目类型选择界面，单击<Go>按钮，即可进入创建控制台应用程序的向导，如图 1-54 所示，在单击<Next>按钮之前可以勾选<Skip this page next time>，这样下次创建新项目时可以跳过该界面。

按照向导的提示，单击<Next>按钮后将出现图 1-55 所示的选择编程语言类型界面，选择<C>选项，创建 C 语言程序。继续按照向导的提示，单击<Next>按钮，将出现图 1-56 所示的输入项目名称界面。

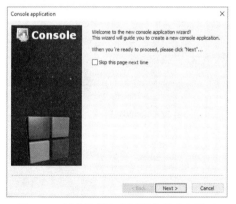
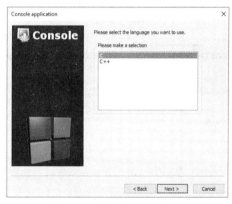

图 1-54　创建控制台应用程序的欢迎界面　　　图 1-55　选择编程语言类型

在图 1-56 所示的界面，首先选择保存项目的目录，例如 D:\C_Programming，然后输入项目名称"test"，表示项目 test 将创建在 D 盘的 C_Programming 目录中。这里，.cbp 是 Code::Blocks 项目文件名的默认后缀。

继续按照向导的提示单击<Next>按钮，将出现图 1-57 所示的选择编译器类型界面。选择编译器为<GNU GCC Compiler>，其他保持默认值。单击<Finish>按钮结束向导。

此时，在 CB 左侧的项目管理窗口中可以看到新创建的项目 test，在 test 项目下的 Sources 中自动添加了源代码文件 main.c。双击 main.c 可以发现，CB 已经默认生成了一个最简单的向屏幕输出"Hello World!"的程序，如图 1-58 所示。

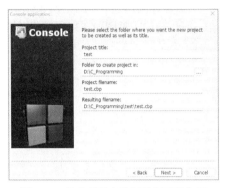
图 1-56　输入项目名称以及创建的位置

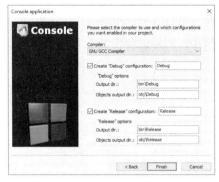
图 1-57　选择编译器类型

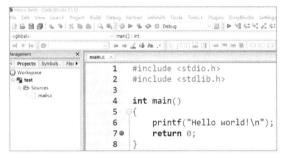
图 1-58　代码编辑界面

修改代码字体和字体大小的方法：在主菜单项<Settings>中选择<Editor>选项，进入图 1-59 所示的<General settings>界面，单击<Choose>按钮，进入图 1-60 所示的<字体>界面，设置完字体和字体大小后，单击<确定>按钮即可。

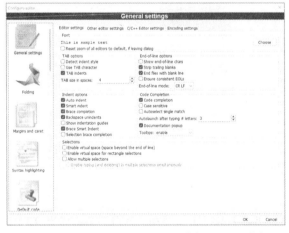
图 1-59　在<General settings>界面单击<Choose>按钮

图 1-60　设置字体和字体大小

1.2.2.3　编译和运行

在 Code::Blocks 中编译并运行程序的方法有如下几种。

（1）单击按钮栏的"编译"按钮 ⚙，然后单击"运行"按钮 ▷。

（2）直接单击"编译运行"按钮 ⚙。

（3）在主菜单项<Build>中单击选择<Build and run>选项。

（4）使用快捷键 F9。

在 Code::Blocks 配置正确的情况下，运行图 1-58 所示的示例程序，会出现图 1-61 所示的运行结果。

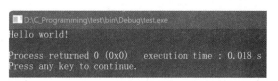

图 1-61　程序运行结果

如果示例程序不能正常运行，需要先检查是否安装了带 GCC 编译器和 GDB 调试器的 Code::Blocks 版本，下载的软件名中需包含 MinGW。

如果确认已经安装了带编译器和调试器的版本，则需要检查编译器的配置是否正确。注意：如果曾多次卸载 Code::Blocks 并将其安装到不同的目录下，则有可能发生配置不正确的问题。由于自动卸载时可能无法完全卸载，因此需要到 C 盘下找到这个文件路径："用户/××用户名（××表示具有用户名称）/AppData/Roaming"。AppData 是一个隐藏文件夹，需要在<文件夹选项>中选中"显示隐藏的文件、文件夹和驱动器"单选项。手动删除这个文件夹下的 CodeBlocks 文件夹后，再按如下步骤检查编译器的设置是否正确。

第 1 步：打开 Code::Blocks，单击主菜单项<Settings>，选择<Compiler>选项，弹出图 1-62 所示的界面。

第 2 步：在图 1-62 所示的界面中，选择左侧的<Global compiler settings>，在右侧的<Selected compiler>中选择<GNU GCC Compiler>，并单击选择<Toolchain executables>选项卡，查看编译器的根目录是否为实际的安装目录。如果不是，则找到 Code::Blocks 安装目录下自带的编译器目录（即 MinGW 所在的路径），将其复制进去，或者单击其右侧的 … 按钮选择编译器安装的目录。因为前面提到 Code::Blocks 被安装到了 C 盘的根目录，所以编译器的目录应为 C:\ CodeBlocks\MinGW。如果读者安装的目录不是 C 盘根目录，那么这里需要做相应的修改。

第 3 步：重新编译程序，看编译器有没有报错，若没有报错，则说明已配置成功。

如果程序需要使用 C99 标准的部分特性，则需要按图 1-63 所示进行设置。单击主菜单项中的<Settings>，单击选择<Compiler>选项。选择左侧的<Global compiler settings>图标选项，在右侧的<Compiler Flags>中勾选 C99 复选项。

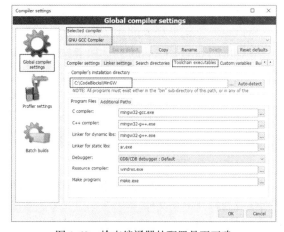

图 1-62　检查编译器的配置是否正确

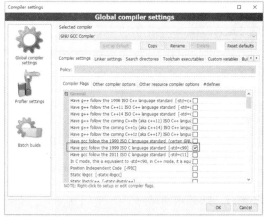

图 1-63　设置使用 C99 标准编译

如果在 Windows 系统中程序输出中文时出现乱码，则很可能是因为编码方式不一致导致的。

解决方法有如下两种。

（1）如图 1-64 所示，单击主菜单项<Settings>，单击选择<Editor>选项，单击<Encoding settings>，可以看到默认的编码方式是 WINDOWS-936（其实就是 GBK）。此时可以把文件打开的编码方式修改为 UTF-8，如图 1-65 所示。修改完设置后必须重新保存文件才有效，这意味着以后保存的文件都是 UTF-8 编码方式的。

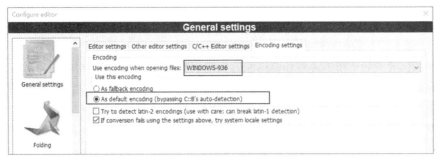

图 1-64　默认的编码方式是 WINDOWS-936

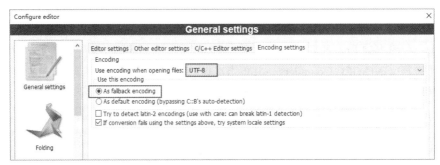

图 1-65　把文件打开的编码方式修改为 UTF-8

图 1-66　设置让编译器使用 GBK 编码编译程序

（2）仍使用 WINDOWS-936 编码方式打开和保存文件，但是让编译器使用 GBK 编码编译程序，即保持图 1-64 中的设置不变，仍勾选作为默认的编码格式，但是单击主菜单项中的<Settings>，选择<Compiler>选项，然后单击选择<Other compiler options>选项卡，如图 1-66 所示，在其下面的文本框中输入图中两行内容，然后单击<OK>按钮重新保存文件，就可以让编译器使用 GBK 编码编译程序了。

```
-finput-charset=GBK
-fexec-charset=GBK
```

1.2.2.4　调试程序

若要利用 Code::Blocks 的调试工具进行程序调试，则必须创建一个项目（Project），不能只创建或者打开一个文件。

Code::Blocks 的调试工具按钮，如图 1-67 所示。从左至右各按钮的功能分别如下。

- ▶ Debug/Continue：Debug 表示开始调试，

图 1-67　Code::Blocks 调试工具按钮

Continue 表示继续调试。若程序中断在某个断点处，单击该按钮后，程序会继续执行，直到遇到下一个断点或程序执行结束，对应快捷键 F8。

- 🔖 Run to cursor：执行程序并且在光标所在行中断程序的执行。在未设置断点但又想在某代码行处中断执行时，可以将光标移动到想要中断的那一行代码上，然后使用此功能，对应快捷键 F4。
- 🔖 Next line：执行一行代码，然后在下一行中断程序的执行，若本行语句中含有函数调用，则不会进入函数内部执行，而是直接跳过，直接返回函数的调用结果，对应快捷键 F7。
- 🔖 Step into：转入函数内部去执行，当需要调试函数内部的代码时，则需要使用此功能，对应组合键 Shift+F7。
- 🔖 Step out：跳出正在执行的函数，返回到函数调用语句位置继续执行，对应组合键 Ctrl+F7。
- 🔖 Next instruction：执行下一条指令。相对于 Next line 而言，其执行单位更小，对应组合键 Alt+F7。
- 🔖 Step into instruction：步入下一条指令内部去执行，对应组合键 Alt+Shift+F7。
- ⏸ Break debugger：暂停调试。
- ❌ Stop debugger：中止调试。当已经发现错误、不再需要继续调试程序时，可使用此功能，对应组合键 Shift+F8。
- 🔖 与调试相关的观察窗口：如想查看 CPU 的寄存器状态，函数调用栈的调用情况及变量的当前值等信息，可以打开相关的窗口。
- ℹ 信息窗口：打开一些比较琐碎的程序执行时的相关信息窗口。

下面使用 1.2.1 节中的例 1.1 来介绍 Code::Blocks 的使用与调试。首先编译程序，此时会在 Code::Blocks 的 Build message 窗口内显示图 1-68 所示的编译错误和警告信息。

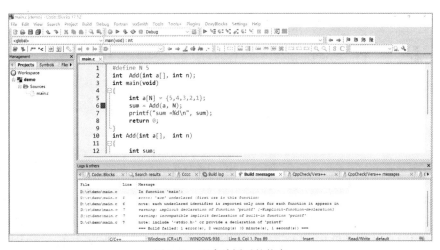

图 1-68　程序编译后的状态

单击错误提示信息，会在发生错误的代码行号右侧空白处出现一个红色的方块。根据错误信息的提示，第 6 行的变量 sum 是一个未定义的标识符，将第 6 行语句修改为

```
sum = Add(a, N);
```

然后重新编译程序，会在 Build message 窗口内显示图 1-69 所示的警告信息。

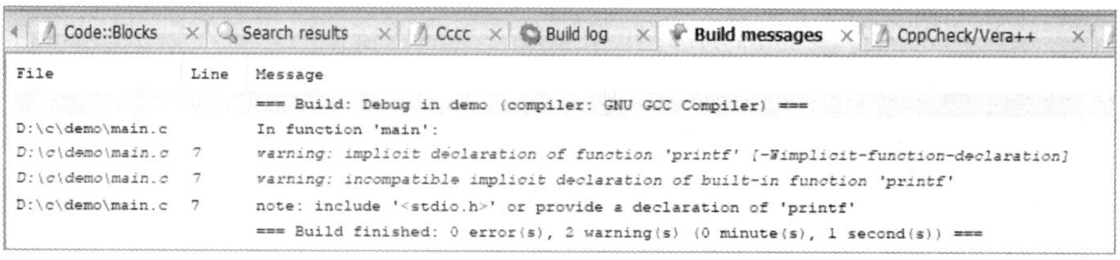

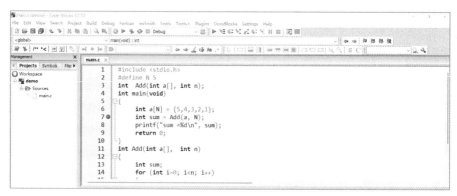

图 1-69　Code::Blocks 错误提示窗口中显示的警告信息

根据提示，程序中使用了内置的函数 printf()，但是因为没有包含相应的头文件 stdio.h，导致该函数缺少函数声明，需要在程序的第 1 行加上下面的文件包含编译预处理命令：

```
#include <stdio.h>
```

此时，再重新编译程序，显示图 1-70 所示的信息，表示程序编译成功。

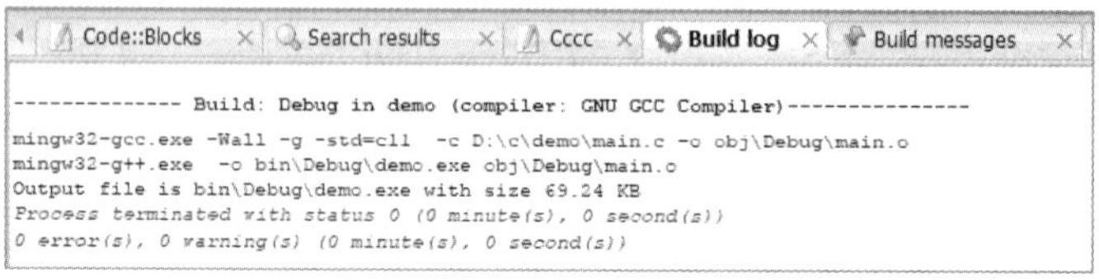

图 1-70　程序编译成功后显示的信息

接下来，介绍在 Code::Blocks 中如何使用调试工具调试程序。

（1）设置断点

在代码行号的右侧空白处单击鼠标左键，或在光标所在行位置按快捷键 F5，则会出现图 1-71 所示的红色圆点，表示在该行成功设置了断点。再次单击该红色圆点，即可取消断点。

图 1-71　设置断点

图 1-72　设置编译方式

（2）开始调试

在开始调试前，先查看<Build target>的选项是否为<Debug>，如果是<Release>非调试模式，则需要将其修改为<Debug>，方法如图 1-72 所示。

如图 1-73 所示，单击选择主菜单项<Debug>下的<Start/Continue>选项，或使用快捷键 F8，或直接单击<调试工具>按钮栏中的▶图标按钮开始调试。

此时，程序会在遇到的第一个断点处中断，等待进一步的操作。如图 1-74 所示，在标记断点的红色圆点内出现一个黄色的小三角。

图 1-73　启动调试功能

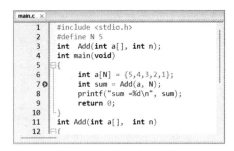

图 1-74　调试程序暂停

（3）观察变量

单击图 1-75 所示的<调试工具>按钮栏中的图标按钮调试观察窗口，选择<Watches>选项，此时会出现图 1-76 所示的变量观察窗口，其中显示各个局部变量当前的值。

图 1-75　启动变量观察窗口

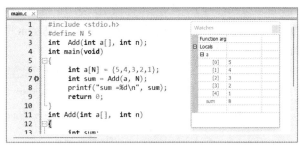

图 1-76　变量观察窗口

然后，通过单步执行就可以观察各变量在每一步执行后值的变化情况了。当程序在第 7 条语句暂停执行时，显示 sum 的值为 8，由于尚未给 sum 赋值，显然此时的 sum 值是一个随机数，换个编译器或计算机有可能得到不同的值。由于第 6 行语句已经被执行完毕，因此可以看到数组 a 的数组元素已经按预期被初始化为 5、4、3、2、1。由于当前待执行的第 7 行语句中存在函数调用，为了排查被调用的函数是否存在缺陷（bug），所以需要进入该函数内部去执行，为了进入第 7 行中的 Add()函数内部去执行，可以按组合键 Shift+F7 或图标按钮，于是黄色箭头暂停在函数 Add()内的第一条可执行语句（即第 14 行），如图 1-77 所示。此时，观察到监视窗内变量 sum 和 i 的值都是一个随机值，因为它们都尚未赋初值。

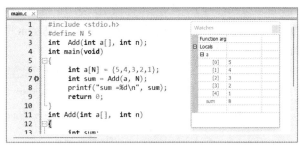

图 1-77　进入 Add()函数内部调试

由于当前待执行的第 14 行语句中没有函数调用，因此可以改成按快捷键 F7 或图标按钮进行逐条语句单步执行。黄色箭头指向下一条待执行的语句 "sum -= a[i];"。通过监视窗可以看到，变量 i 已经被赋值，为了观察数组 a[i]的值，可以在观察窗中手动输入 a[i]，按 Enter 键后，将显示 a[i]的值为"5"，但变量 sum 仍未被赋值，其值是一个和编译器有关的随机值，如图 1-78 所示。这样，我们就发现了第 13 行的变量 sum 未被初始化的错误。

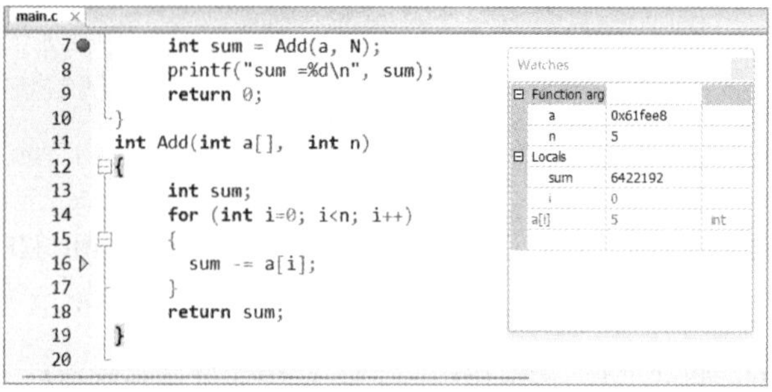

图 1-78　在观察窗口内查看变量 i、sum 和数组元素 a[i]的值的变化

继续按快捷键 F7 或 图标按钮，第 16 行语句执行完毕，此时发现执行完第一次循环后 sum 的值减少了 5，并不是我们预期的将 a[0]累加到 sum 中后的值"5"，原因是程序要计算数组元素的和，而第 16 行的语句将运算符"+"误写成了"-"，因此导致程序计算结果错误，如图 1-79 所示。

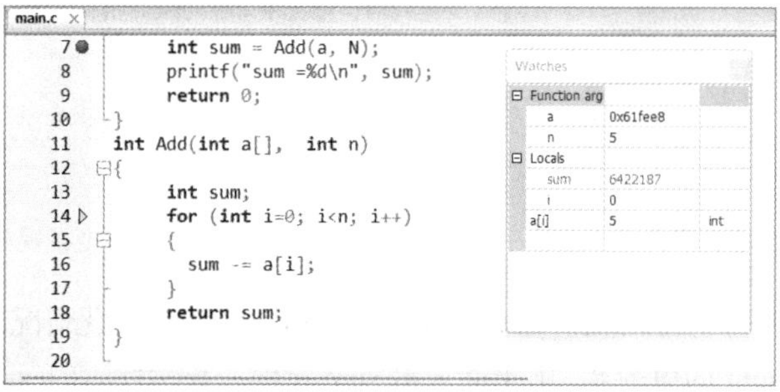

图 1-79　在观察窗口内观察变量 sum 值的变化

此时，已经不再需要继续调试程序了，可以按 Shift+F8 组合键或者 图标按钮终止程序调试。

图 1-80　设置命令行参数

修正以上两个错误后，重新执行程序，可得到正确的输出结果。

（4）命令行参数程序调试

有些程序在运行时需要通过命令行方式将参数传递给程序，如何在 Code::Blocks 中调试带有命令行参数的程序呢？

第 1 步：将不带参数的主函数修改为带参数的形式，即修改为

```
int main(int argc, char* argv[])
```

第 2 步：单击选择<Project>菜单下的<Set program's arguments>选项，打开命令行参数设置对话框来设置项目运行所需的命令行参数，如图 1-80 所示，在<Program arguments>文本输入框中输入一个参数"test"。

第 3 步：为了方便查看参数的值，需要在第 6 行设置断点，如图 1-81 所示。此时按快捷键 F8 开始执行程序，程序停留在第 6 行的断点处。此时启动变量观察窗口，并且添加两个参数 argv[0]和 argv[1]，如图 1-81 所示，可以看到其中 argc 的值为"2"，即有两个命令行参数，其中第一个参数 argv[0]为可执行程序的完整目录，而第二个参数 argv[1]即为用户输入的 test 参数。

```
main.c ×
 1    #include <stdio.h>
 2    #define N 5
 3    int  Add(int a[], int n);
 4    int main(int argc, char* argv[])
 5    {
 6        int a[N] = {5,4,3,2,1};
 7        int sum = Add(a, N);
 8        printf("sum =%d\n", sum);
 9        return 0;
10    }
11    int Add(int a[],  int n)
12    {
13        int sum = 0;
14        for (int i=0; i<n; i++)
```

图 1-81　修改 main 函数、设置断点并观察参数值

（5）程序不能正常调试的解决办法

如果程序不能正常调试，则需先检查程序所保存的目录名中是否有中文或空格，在确认程序所保存的目录名中没有中文或空格后，再检查调试器配置是否正确，调试器配置错误常常发生在多次卸载和安装 Code::Blocks 之后。

首先，单击下拉菜单<Settings>，选择<Debugger>选项。

然后，在弹出的图 1-82 所示的界面中选择左侧的 Default，在右上方的 Executable path 文本输入框中查看调试器的根目录是否为实际安装的根目录。如果不是，则找到 Code::Blocks 安装目录下的自带调试器目录，将找到的调试器根目录复制进去，或者单击其右侧的 ... 按钮选择调试器安装的目录。

图 1-82　查看调试器中的根目录是否配置正确

1.2.2.5　多文件项目开发

本小节先介绍如何将已经写好的代码文件添加到项目中，然后介绍如何在项目中增加全新的代码文件。

（1）创建一个空项目

首先创建一个新的控制台项目 Test3，手动删除 Code::Blocks 自动添加的源代码文件 main.c，因为我们不用这个文件。在 Code::Blocks 左侧的管理器（Management）中，打开项目 Test3 的源文件夹 Sources，在文件名 main.c 上单击鼠标右键，选择<Remove file from project>选项即可，如图 1-83 所示。或者在 Code::Blocks 的管理器（Management）中单击文件名 main.c 后，直接按<Delete>键删除文件。这样得到一个不包含任何代码文件的空项目。

图 1-83　将文件从项目中删除

（2）将已有文件添加到项目中

将已有文件添加到项目中的方法如下。

第 1 步：将 1.2.1 节介绍 VS 2022 时所写的代码文件复制到项目 Test3 所在的文件夹中。

第 2 步：鼠标右键单击项目 Test3，选择<Add Files>选项，如图 1-84 所示。

第 3 步：选择要添加的代码文件，如图 1-85 所示。

图 1-84　鼠标右键单击项目 Test3 后弹出的菜单　　　图 1-85　在项目中添加代码文件

第 4 步：在图 1-86 所示的界面中（选中两个复选框），单击<OK>按钮完成代码文件的添加。

完成代码文件添加后，在 Code::Blocks 的管理器中打开项目 Test3 的目录树，可以看到刚才添加的全部代码文件，如图 1-87 所示。

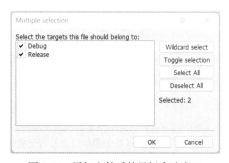

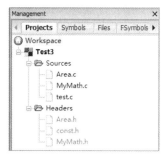

图 1-86　添加文件后的目标多选窗口　　　　图 1-87　完成文件添加后，Test3 的文件目录树

（3）为项目添加新文件

向项目中添加新文件（.h 文件或.c 文件）的方法如下。

第 1 步：如图 1-88（a）所示，单击按钮栏中最左侧的<添加新文件>图标按钮 ，在弹出的下拉菜单中选择<File>选项。也可以如图 1-88（b）所示，单击主菜单<File>→<New>选项，在弹出的下拉菜单中选择<File>选项。

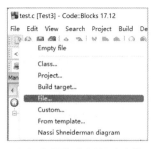

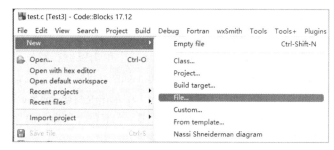

（a）通过图标按钮添加新文件　　　　　　　（b）通过菜单选项添加新文件

图 1-88　选择在项目中添加文件

第 2 步：在弹出的窗体中选择要添加的新文件类型。如图 1-89 所示，根据需要添加的新文件类型，可以选择头文件<C/C++ header><C/C++ source><Empty file>等。例如，若要添加.c 文件，

则需选择<C/C++ source>，单击<Go>按钮。

第 3 步：在弹出的语言选择窗体中选择<C>选项，单击<Next>按钮，如图 1-90 所示。

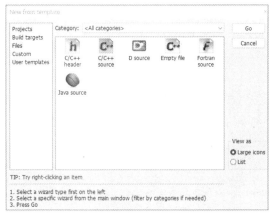
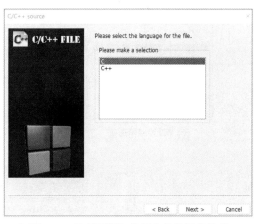

图 1-89　选择要添加的文件类型　　　　　　图 1-90　选择要添加的新文件的语言类型

第 4 步：在接下来弹出的图 1-91 所示的窗体中的文件路径文本输入框中输入完整的文件路径，如 D:\c\Test3\newfile.c，并勾选<Add file to active project>复选框下的<Debug>和<Release>复选框，然后单击<Finish>按钮。

第 5 步：如图 1-92 所示，在项目 Test3 的目录树中可以看到刚才添加的新的代码文件 newfile.c，在右侧的编辑窗口中可以对该文件进行编辑。

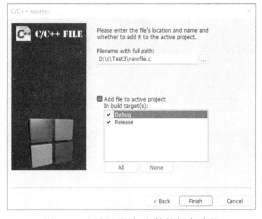
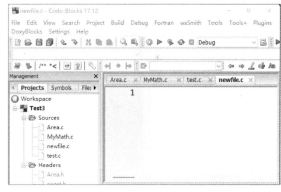

图 1-91　选择要添加文件的保存路径　　　　　图 1-92　对新添加的文件进行编辑

1.2.2.6　在 Code::Blocks 下使用 Windows 多媒体库

在 Code::Blocks 下配置多媒体库 WinMM.lib 的方法比较简单，步骤如下。

第 1 步：将 WinMM.lib 复制到 Code::Blocks 安装目录的 MinGW 下的 lib 文件夹下。

第 2 步：在 Code::Blocks 导入多媒体库 WinMM.lib。如图 1-93（a）所示，打开主菜单<Project>，选择其中的<Build options>选项，进入图 1-93（b）所示的窗口后，依次单击<Linker settings>选项卡→<Add>按钮，弹出图 1-93（c）所示的窗口，单击窗口最右侧的图标按钮，弹出图 1-93（d）所示的窗口，选择文件 WinMM.lib 后单击<打开>按钮，进入图 1-93（e）所示的页面，单击<否>按钮表示将其设置为绝对路径。在接下来弹出的界面中，依次单击<OK>按钮，即可完成多媒体库 WinMM.lib 的导入。

（a）设置编译选项　　　　　　　　　　（b）设置链接库

（c）外部库文件

（d）选择要链接的库文件

（e）路径设置选择

图 1-93　在 Code::Blocks 中导入多媒体库的操作步骤

第 3 步：将待播放的声音文件 first blood.wav 与源代码文件 test.c 置于在同一个目录下。

仍以例 1.2 中的程序来检验是否可以在 Code::Blocks 下利用 PlaySound()函数播放.wav 格式的声音。但在 Code::Blocks 下调用 PlaySound()函数时，无需在其第一个实参"first blood.wav"前面加上大写字母 L。因此，该程序需要做如下修改：

```
1   #include<stdio.h>
2   #include <windows.h>
3   int main(void)
4   {
5       PlaySound("first blood.wav", NULL, SND_ASYNC | SND_ASYNC);
6       system("PAUSE");
7       return 0;
8   }
```

下面，仍以例 1.3 的程序来检验是否可以在 Code::Blocks 下利用 mciSendString()函数播放.mp3 格式的声音文件 start.mp3。同理，在 Code::Blocks 下调用 mciSendString ()函数时，无需在其第一个实参前面加上大写字母 L。因此，该程序需要做如下修改：

```
1   #include<stdio.h>
2   #include <windows.h>
3   #include <MMSystem.h>
4   int main(void)
5   {
6       mciSendString("open start.mp3 alias BGM", NULL, 0, NULL);  //设定播放文件别名
7       mciSendString("play BGM repeat", NULL, 0, NULL);           //循环播放
8       system("PAUSE");
9       mciSendString("close BGM", NULL, 0, NULL);                 //停止播放
10      return 0;
11  }
```

1.2.2.7　在 Code::Blocks 下使用 EasyX 图形库

1.2.1 节介绍了如何在 VS 2022 下安装和使用支持 VC 6~VC 2022 的 EasyX_20220901。本节介绍如何在 Code::Blocks 下安装支持 MinGW 编译器（如 Dev-Cpp、CLion、Code::Blocks、CFree 等）的 EasyX 图形库。

假设 Code::Blocks 的版本为 17.12，安装路径为 D:\CodeBlocks，则可以按如下步骤在 Code::Blocks 下安装 EasyX for MinGW：

1. 安装库文件

首先，到 EasyX 网站下载能够将 EasyX 适配到 MinGW 上的库文件 easyx4mingw_20220901.zip，然后解压缩。将 include 文件夹下的 easyx.h 和 graphics.h 复制到 D:\CodeBlocks\MinGW\include\文件夹里。将 lib32\libeasyx.a 复制到 D:\CodeBlocks\MinGW\lib\文件夹里。

注意：因为 Code::Blocks 17.12 自带的是 32 位 MinGW，所以需要复制 lib32 下面的 libeasyx.a。如果使用 Code::Blocks 20.03，则其自带的是 64 位 MinGW，就需要复制 lib64 下面的 libeasyx.a。

2. 增加编译时的链接选项

（1）创建新项目。打开菜单<File>→<New>→<Project>，选择<Console application>，单击 Go 按钮进入项目向导。

注意：编程语言一定要选择 C++（不能选择 C），这里假设将项目名称设为 easy-demo，路径为 D:\c\，其他选项不用修改。

（2）设置链接库。打开菜单<Project>→<Build options>，在左侧选择项目名称 easy-demo，在右侧单击<Linker settings>选项卡，如图 1-94 所示。在<Other linker options>下的文本输入框里输

入 "-leasyx"，这样可以在编译时链接 libeasyx.a 库文件。每个项目都要这样设置一次，然后编译即可。

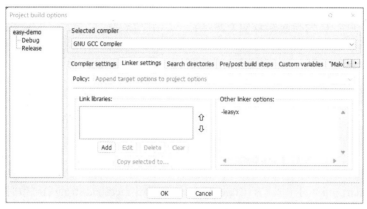

图 1-94   设置链接库

（3）单击工具栏中 Build and run 按钮或按快捷键 F9 编译执行，通过观察程序运行结果来验证 EasyX 在 Code::Blocks 下是否配置成功。

读者可以通过运行例 1.4 的绘图程序，如果程序的运行结果如图 1-47 所示，则表明 EasyX 在 Code::Blocks 下配置成功。

1.2.3   VS Code 集成开发环境的使用和调试方法

Visual Studio Code（简称 VS Code）是微软公司 2015 年发布的一款免费的跨平台（Windows、macOS 和 Linux）IDE。它具有免费、轻量、插件丰富、调试功能强大等特点，能帮助开发人员根据实际需求定制编辑器，且包含 40000 多个可用扩展，这些扩展来自编辑器中内置的 VS Code Marketplace，可帮助程序员更高效地开发代码、集成特定语言的调试器，开发人员可以通过 VS Code Marketplace 直接在 VS Code 内查找和安装扩展。用户只要输入一个搜索词，如 "C++" 或 "Python"，即可返回一个匹配的扩展列表，其中显示各扩展的下载次数和用户评级。本节将介绍 VS Code 的安装及如何使用 VS Code 进行 C 语言编程。

1.2.3.1   安装 Visual Studio Code

VS Code 的安装文件可以从微软官网上下载。安装步骤如下：

第 1 步：双击下载后的安装包文件（如 VSCodeUserSetup-x64-1.74.0.exe）即可启动安装过程，安装的初始界面如图 1-95 所示。选中<我同意此协议>单选项，单击<下一步>按钮，进入安装路径设置窗口，如图 1-96 所示。

第 2 步：在图 1-96 中，单击<浏览>按钮，选择 VS Code 的安装路径。

第 3 步：选择好安装路径后，单击<下一步>按钮，出现图 1-97 所示的窗口，窗口显示了目前设定的安装信息，如果确认无误，则单击<安装>按钮，即可开始安装过程。

第 4 步：安装成功后的界面如图 1-98 所示，选中<运行 Visual Studio Code>复选框，单击<完成>按钮完成安装。

第 5 步：运行 VS Code。首次运行 VS Code 的初始界面如图 1-99 所示。至此，我们已经成功地安装了 VS Code。

图 1-95　VS Code 安装初始界面　　　　　　图 1-96　VS Code 安装路径设置

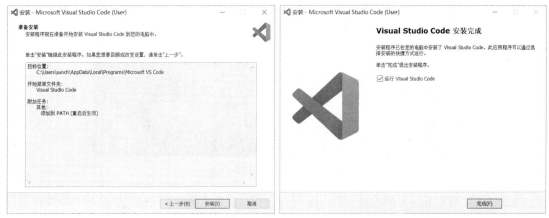

图 1-97　VS Code 安装开始　　　　　　　　图 1-98　VS Code 安装完成

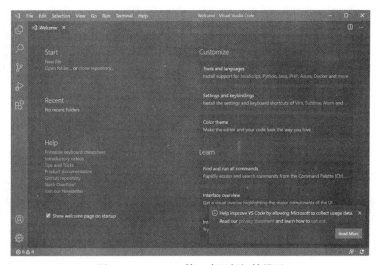

图 1-99　VS Code 第一次运行初始界面

因为 VS Code 没有内置对 C/C++语言编程的支持，所以在使用 VS Code 进行 C/C++语言编程前，需要先安装 VS Code 的 C/C++扩展包，并完成相关配置，使其能够很好地支持 C/C++编程。

1.2.3.2　在 VS Code 中配置 C 语言开发环境

在安装完 VS Code 后，还要配置 C/C++ 语言的开发环境，这里采用 MinGW，可以从 MinGW 官网下载 MinGW 安装包 mingw-get-setup.exe。双击它，按照向导的提示进行安装。安装完 MinGW 后，还需要配置环境变量。为了方便初学者，我们将 MinGW 的安装和配置过程做成了一键安装 MinGW 的安装包，读者可以从人邮教育社区下载。

接下来，开始启动 VS Code，进入图 1-100 所示的界面，选择左侧圈中图标按钮后，出现图 1-101 所示的扩展包安装界面。

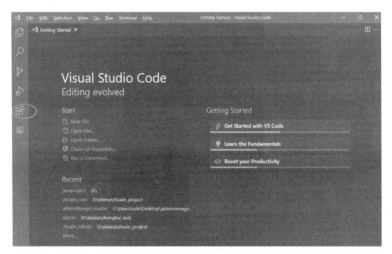

图 1-100　VS Code 启动界面

在图 1-101 所示界面左侧的搜索栏内输入"C++"，搜索相应的扩展包，单击<安装>按钮进行安装，安装完成后<安装>按钮会变成<卸载>按钮。

图 1-101　安装 C/C++ 扩展包

如图 1-102（a）所示，在主菜单下选择<文件>→<首选项>→<颜色>选项，单击需要切换的主题即可。例如：在图 1-102（b）中选择<浅色>选项，于是 VS Code 主题样式就会变为浅色。

（a）在<文件>菜单下找到<首选项>→<颜色>选项　　　　　（b）选择当前的主题样式

图 1-102　修改主题样式

1.2.3.3　创建文件夹

安装好扩展包后，重启 VS Code。如图 1-103 所示，通过单击主菜单<文件>→<打开文件夹>选项来打开一个 C 语言源程序文件夹，例如：C_Programming。

注意：利用 VS Code 编写 C 语言程序时，一定要先创建或者打开一个文件夹。

打开文件夹 C_Programming 后，如图 1-104 所示。单击主菜单<文件>→<新建文件>选项，新建一个 C 语言文件（假设其文件名为 hello.c），并将其保存在文件夹 C_Programming 下。

图 1-103　打开 C 语言程序文件夹　　　　　　　图 1-104　新建 C 语言文件

在编辑窗口中输入代码，编辑文件 hello.c，如图 1-105 所示。

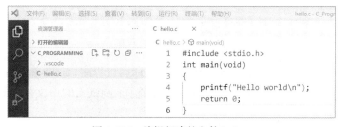

图 1-105　编辑新建的文件 hello.c

1.2.3.4　编译和运行

如图 1-106（a）所示，单击左侧列表中的⯈按钮图标，即可编译运行 C 语言源代码。在图 1-106（b）所示的界面中单击<运行和调试>按钮，会在 VS Code 右上角出现一个供选择的搜索框，如图 1-106（c）所示。选择<C++(GDB/LLDB)>选项后，继续在图 1-106（d）所示的界面中选择<C/C++:gcc.exe 生成和调试活动文件>，程序开始编译。

（a）编译运行源代码的第 1 步：单击 图标按钮

（b）编译运行源代码的第 2 步：单击<运行和调试>按钮

（c）编译运行源代码的第 3 步：选择<C++(GDB/LLDB)>

（d）编译运行源代码的第 4 步：选择<C/C++:gcc.exe 生成和调试活动文件>

图 1-106　编译运行程序

也可以直接按快捷键 F5 或按组合键 Ctrl+F5 来编译运行程序，或者单击右上角图标栏中 ▷ 图标右侧的 ⌄ 图标按钮，在图 1-107 所示的下拉菜单中选择<调试 C/C++文件>或者<运行 C/C++文件>选项来编译运行程序。

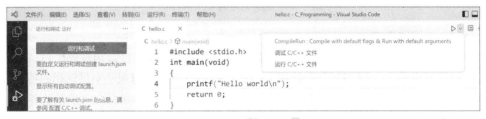

图 1-107　通过单击图标栏中 ▷ 右侧的 ⌄ 来编译运行程序

程序编译成功后，会在图 1-108 所示的调试控制台窗口中输出程序运行结果"Hello world"。

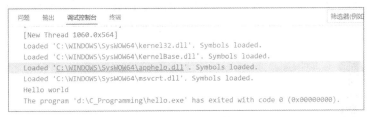

图 1-108 显示运行结果

如果希望在图 1-109 所示的命令行窗口中显示运行结果，则可以在图 1-107 所示的下拉菜单中选择<CompileRun:Compile with default flags & Run with default arguments>选项即可。

图 1-109 命令行窗口中显示运行结果

1.2.3.5 调试程序

（1）设置断点

仍以例 1.1 的代码为例（假设该 c 文件名为 test1.c），在 IDE 下方的终端窗口会提示下面的编译错误和警告信息。

```
test1.c: In function 'main':
test1.c:6:6: error: 'sum' undeclared (first use in this function)
    sum = Add(a, N);
    ^~~
test1.c:6:6: note: each undeclared identifier is reported only once for each function
it appears in
test1.c:7:6: warning: implicit declaration of function 'printf' [-Wimplicit-function-
declaration]
    printf("sum =%d\n", sum);
    ^~~~~~
test1.c:7:6: warning: incompatible implicit declaration of built-in function 'printf'
test1.c:7:6: note: include '<stdio.h>' or provide a declaration of 'printf'
```

这些信息提示第 6 行的变量 sum 未定义，并且函数 printf 使用了隐含的函数声明，表示没有包含相应的头文件。修改第 6 行的语句并加入文件包含编译预处理指令#include <stdio.h>后，程序给出了错误的运行结果。下面采用设置断点的方式调试程序。

在第 7 行代码的行号左边单击鼠标，便会出现图 1-110 所示的断点（行号前面出现一个红色的小圆点），在相同位置再次单击，断点便会消失。可以给同一段程序添加多个断点。设置完断点后就可以开始调试操作了。

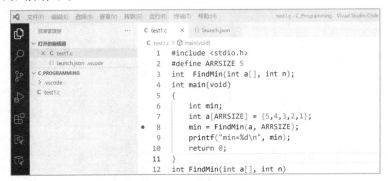

图 1-110 添加断点

（2）开始调试

在编译运行该 C 文件时，由于程序中设置了断点，因此程序在第 8 行的断点处暂停执行。图 1-111 中的黄色箭头所指的行就是下一步待执行的代码行。

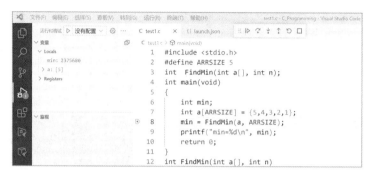

图 1-111　程序执行暂停在断点处

在窗口左上角的<变量>下面列出了程序当前执行阶段的局部变量的名称及当前值。可以看到，因为尚未对变量 min 进行初始化，所以 min 的值为一个与编译器相关的随机值。

此时，在窗口的右上角还出现了一排与调试相关的按钮 ▷ ⤴ ⤵ ↓ ↑ ↺ ☐。这些按钮的基本调试功能如下：

- ▷ 图标按钮表示开始或继续调试，对应快捷键 F5；
- ⤴ 图标按钮表示单步执行或逐过程执行；可以直接得到函数返回结果，对应快捷键 F10；
- ↓ 图标按钮表示单步进入或逐语句执行，可以跟踪进入函数内部调试，对应快捷键 F11；
- ↑ 图标按钮表示跳出函数，对应组合键 Shift+F11；
- ↺ 图标按钮表示重新开始，对应组合键 Ctrl+ Shift+F5；
- ☐ 图标按钮表示停止调试，组合键 Shift+F5。

可以看到，这些调试按钮的基本功能与 VS 2022 中的类似。因此，这一节改动较多，其他不再逐一列举。

1.2.3.6　多文件项目开发

在 VS Code 中创建项目并添加已有代码文件的方法如下：

第 1 步：如图 1-112 所示，在 VS Code 中单击<Open Folder>按钮来选择 C++项目路径。

第 2 步：选好路径后，单击鼠标右键在弹出的下拉列表中选择<New Folder>选项来添加一个新文件包，如图 1-113 所示。

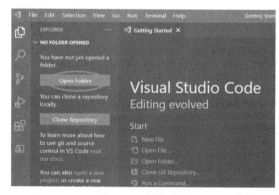

图 1-112　添加项目

图 1-113　项目中新建文件包

第 3 步：为新创建的文件包命名，这里命名为"demo"，如图 1-114 所示。

第 4 步：右键单击新建的文件包，在弹出的下拉列表中选择<New File>选项（见图 1-115），在该文件包下新建一个 C++文件。

图 1-114　为新创建的文件包命名

图 1-115　新建文件

第 5 步：为新创建的 C++文件命名，这里命名为"a.cpp"，如图 1-116 所示。

第 6 步：可以用相同的方式在 demo 文件包下添加一个 C++文件 b.cpp，如图 1-117 所示。

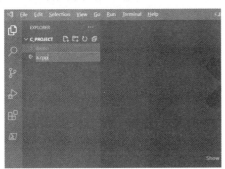

图 1-116　新创建 C++文件命名

图 1-117　新建 b.cpp 文件

若要删除 C++文件，则先单击鼠标右键选中要删除的 C++文件，在弹出的下拉列表中选择<Delete>选项，如图 1-118 所示。

选择<Delete>选项后，会弹出确认删除该文件的提示框，选择<Move to Recycle Bin>按钮确认删除，如图 1-119 所示。

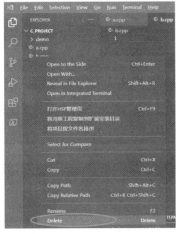

图 1-118　删除 C++文件

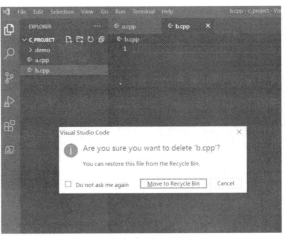

图 1-119　确认删除

1.2.3.7 在 VS Code 中使用多媒体库

若要在 VS Code 中使用 Windows 的多媒体库播放声音文件，则需要先将 WinMM.lib 复制到 C:\MinGW\lib 文件夹下，同时将待播放的音乐放在和 C 文件相同的目录下，然后在 VS Code 中编译生成 task.json 文件，在其中 args 的最后添加一个逗号及参数"-lwinmm"即可。具体地，task.json 文件内容如下：

```
{
    "tasks": [
        {
            "type": "cppbuild",
            "label": "C/C++: gcc.exe 生成活动文件",
            "command": "C:\\MinGW\\bin\\gcc.exe",
            "args": [
                "-fdiagnostics-color=always",
                "-g",
                "${file}",
                "-o",
                "${fileDirname}\\${fileBasenameNoExtension}.exe",
                "-lwinmm"     /*增加这个参数，使用 windows 多媒体库*/
            ],
            "options": {
                "cwd": "${fileDirname}"
            },
            "problemMatcher": [
                "$gcc"
            ],
            "group": "build",
            "detail": "调试器生成的任务。"
        }
    ],
    "version": "2.0.0"
}
```

示例代码同 1.2.2 节，与在 Code::Blocks 下播放声音文件一样，无须在函数 PlaySound()和 mciSendString()的第一个实参前面加上大写字母 L。

1.2.3.8 在 VS Code 中使用 DevKit 鲲鹏开发套件编译运行 C 程序

2021 年 9 月，华为在华为全联接大会上发布了全新操作系统 openEuler，它是由华为基于 Linux 内核自主研发的服务器操作系统，可以较好地支持 ARM 架构鲲鹏芯片的服务器。openEuler 是一个开源、免费的 Linux 发行版平台，是面向数字基础设施的开源操作系统。本节重点介绍如何在鲲鹏架构的华为云 openEuler 系统环境中进行编辑、编译及运行 C 语言程序。

华为云账号申请
与删除

（1）华为云实验环境搭建——账号申请及弹性云服务器配置

在华为云上配置一台符合实验需求的"鲲鹏架构+openEuler"虚拟服务器，步骤如下。

第 1 步：注册华为云账号。首先在图 1-120 所示的华为云网站上申请一个华为云账号。注册完毕即可拥有一个华为云的身份标识号码（Identification number，ID 号），然后就可以在华为云上配置和购买虚拟服务器了。

18 岁以上成人可以利用自己的手机号码进行实名注册，18 岁以下用户可以利用监护人的手机号码进行注册并完成实名认证，完善图 1-121 所示的信息。注册完毕即可拥有一个华为云的 ID，接下来可以在华为云上配置和购买虚拟服务器了。

图 1-120　华为云网站首页

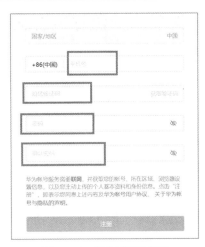

图 1-121　华为云申请界面

第 2 步：配置并购买弹性云服务器 ECS。如图 1-122 所示，登录华为云，先在菜单栏中选择<产品>，在<产品>页面下选择<计算>选项，在<计算>页面内可以看到计算相关的服务，选择<弹性云服务器 ECS>后，进入图 1-123 所示的弹性云服务器 ECS 购买页面，单击<立即购买>按钮后，进入图 1-124 所示的<购买弹性云服务器>的<基础配置>页面。

图 1-122　华为云产品<计算>页面

图 1-123　弹性云服务器购买页面

在图 1-124 所示配置页面的上半部分，按照推荐的服务器所在的区域选择区域选项，通常选择离自己较近的区域作为服务器所在的区域，例如，选择<华北-北京四>。对于计费模式选项，选择<按需计费>。对于下面的可用区域选项，选择<随机分配>。在<CPU 架构>中选择<鲲鹏计算>，在<规格>设置中可根据需求进行选择。本例由于计算量及数据量并不大，因此仅做一般配置，CPU 选择<8vCPUs>，内存选择<32GiB>。选择完毕，<当前规格>中可显示"鲲鹏通用计算增强型 ｜ kc1.2xlarge.4 ｜ 8vCPUs ｜ 32GiB"。

图 1-124　<购买弹性云服务器>的<基础配置>页面（上半部分）

弹性云服务器的基础配置页面的下半部分设置如图 1-125 所示，在<镜像>中选择<Huawei Cloud EulerOS>下拉选项后再选择该系统下的<Huawei Cloud EulerOS2.0 标准版 64 位 ARM 版 (40GB)>下拉选项，对于<系统盘>选项，则选择<通用型 SSD><40GiB>。单击当前页面右下角的 <下一步：网络配置>按钮进入图 1-126 所示的服务器<网络配置>页面。

图 1-125　弹性云服务器的基础配置页面（下半部分）

图 1-126　弹性云服务器的网络配置页面（上半部分）

如图 1-126 所示，对于网络选项，选择已创建的网络和子网，如 vpc-default(192.168.×.×)。对于安全组，则选择安全组下拉菜单中默认的选项。

弹性云服务器的<网络配置>页面的下半部分如图 1-127 所示，<弹性公网 IP>选择<现在购买>，<线路>选择<全动态 BGP>，<公网带宽>选择<按流量计费>。鉴于初次编写的程序比较短小，对于带宽流量的需求不大，这里选择的计费方式为<按流量计费>。同样<带宽大小>可以根据所要编写程序的需求及未来的使用状况进行选择，本实验中暂且选择<100>Mbit/s 的带宽。

单击<下一步:高级配置>按钮进入图 1-128 所示的<高级配置>页面。

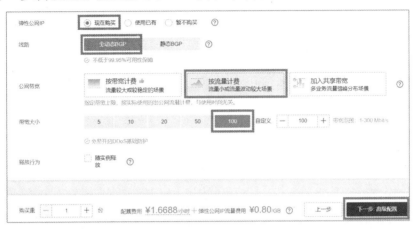

图 1-127 弹性云服务器的<网络配置>页面（下半部分）

图 1-128 弹性云服务器的<高级配置>

如图 1-128 所示，云服务器名称可以定义成比较好识别的名称，以备将来申请多个云服务器时方便区分。该服务器的登录凭证选择<密码>，用户名系统默认为"root"，密码可自行设置。用户名和密码是后续登录服务器的必要信息，每次登录都需要输入，所以请一定记住。<云备份>选项选择<暂不购买>。单击<下一步：确认配置>按钮进入图 1-129 所示的<配置确认>页面。

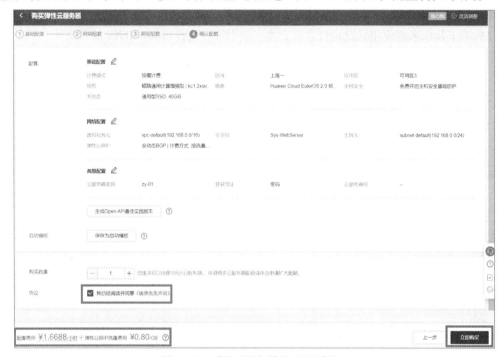

图 1-129 弹性云服务器的<配置确认>

此时会显示出前面几个阶段选择的各种配置信息，核对无误后，单击<协议>右边的<镜像免责声明>超链接，阅读关于使用镜像的条款，勾选<我已经阅读并同意>复选框。在该页面的最后会有对所做配置的费用体现，确认无误后单击<立即购买>即可。

至此，一个支持鲲鹏架构的 openEuler 操作系统的云服务器就配置完成了。

PuTTY 及 gbd cmake

（2）与华为云建立通道——PuTTY 的安装与使用

当配置好鲲鹏架构的虚拟服务器后，用户还需要在自己的机器上安装能远程与云服务器建立联系的客户端，在远程登录后，才能够操作自己所购买的云服务器，并使用云服务器的资源。

首先，需要在本地机器上安装一个 SSH 客户端软件。SSH 客户端就是通过安全外壳协议（Secure Shell，SSH）、安全文件传输协议（SSH File Transfer Protocol，SFTP）远程管理 Linux 服务器的软件。目前，利用这种协议的服务器登录工具有很多，如 PuTTY、Xshell、Xftp 等都是 SSH 客户端，利用它们就可以在本地 Windows 系统下连接并操作远程的 Linux 服务器。这里选择 PuTTY 作为客户端访问云服务器。PuTTY 软件可以通过下载得到，根据自己的机器类型进行选择即可。利用 PuTTY 成功登录华为云的虚拟服务器的过程如下。

① 下载后安装在机器上，会看到桌面上出现图标，双击该图标运行，进行登录连接，将出现图 1-130 所示的 PuTTY 登录界面。

② 如图 1-130 所示，在 PuTTY 登录界面中的"1"处填写弹性服务器的 IP 地址，该 IP 地址可

以在图 1-131 所示的华为云的控制台中找到。进入华为云信息界面中的<控制台>下<弹性云服务器>中找到弹性公网的 IP 地址。单击复制直接将其粘贴到图 1-130 中 PuTTY 登录界面的 "1" 处,在 "2" 处单击选择<SSH>单选按钮确认连接方式,单击 "3" 处的<Open>按钮进入图 1-132 所示的界面。

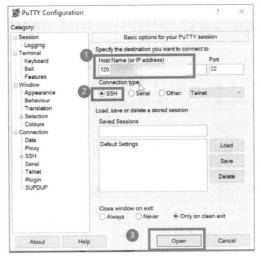

图 1-130 PuTTY 登录界面

图 1-131 弹性服务器 IP 地址

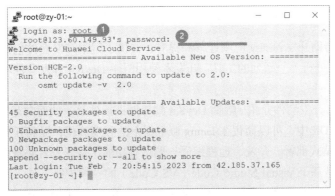

图 1-132 PuTTY 操作界面

③ 在图 1-132 的 PuTTY 界面中,在位置 "1" 处的<Login as>后面填写用户名 "root",按 Enter 键后会要求输入密码信息,填写完毕按 Enter 键等待。最后会看到出现 "Welcome to Huawei Cloud Service" 字样,说明已经顺利登录到华为云了,目前已经在华为云的虚拟服务器(zy-01 此处为用户申请时自己命名的服务器名称)的系统下了。

DevKit 插件使用 1

DevKit 插件使用 2

（3）鲲鹏 DevKit 插件的安装与 C 语言代码的调试及运行

在实际的开发场景中，经常需要在 Linux 服务器上编译、调试程序。程序开发者通常是在本地的 IDE 中编写调试代码。在每次编写好代码之后，需要手动把代码文件上传到云端服务器，而后在服务器上继续进行编译、调试等操作。在调试的过程中也经常会遇到清除 bug 要修改大量代码的情况。通常，程序开发者需要回到本地对代码进行修改，更新之后再次上传到云端服务器。这样的过程有时会重复很多次，这个过程极大地降低了程序开发的效率。

另外，大部分开发者一般用高级语言来开发软件，如 C++、Python。由于不同的指令集，在不同的体系架构平台上无法直接运行。因为不同的架构产生不了相同的指令，所以，在软件的迁移过程中不同的平台会体现出不同的差异点。这里，通过一个 C/C++ 的实际案例来介绍这种差异。例如，需要使用 64 位来进行编译，编译指令在 x86 和鲲鹏架构的系统上是不一样的，其中包括内嵌函数、汇编代码的不同。同一段 C 语言的代码，在鲲鹏处理器的指令与 x86 处理器上的指令长度及汇编代码都是不同的，如图 1-133 所示。

```
int main()
{
    int a=1;
    int b=2;
    Int c=0;
    c=a+b;
    return c;
}
```

鲲鹏处理器指令

指令	汇编代码	说明
b9400fe1	ldr x1, [sp,#12]	从内存将变量a的值放入寄存器x1
b9400be0	ldr x0, [sp,#8]	从内存将变量b的值放入寄存器x0
0b000020	add x0, x1, x0	将x1(a)的值加上x0(b)的值放入x0寄存器
b90007e0	str x0, [sp,#4]	将x0寄存器的值存入内存（变量c）

x86处理器指令

指令	汇编代码	说明
8b 55 fc	mov -0x4(%rbp),%edx	从内存将变量a的值放入寄存器edx
8b 45 f8	mov -0x8(%rbp),%eax	从内存将变量b的值放入寄存器eax
01 d0	add %edx,%eax	将edx(a)中的值加上eax(b)的值放入eax寄存器
89 45 f4	mov %eax,-0xc(%rbp)	将eax寄存器的值存入内存（变量c）

图 1-133　华为鲲鹏处理器与 x86 处理器的指令差异

华为公司为了帮助开发者加速应用迁移和提升，提供了鲲鹏开发套件包括代码迁移、开发框架、调试服务、性能分析等一系列的工具。开发者使用鲲鹏 DevKit 开发套件可以大大减少开发成本，提高开发效率。

① 鲲鹏 DevKit 开发套件介绍。鲲鹏 DevKit 编译调试插件是一款面向开发者的工具。该工具以插件形式集成到 IDE 中，可以简化在 Linux 服务器上的开发流程，提高开发效率。它能够在本地的 IDE 中实现一站式部署、开发、远程编译、调试等功能，是开发者必备的一款利器。

鲲鹏开发套件是基于 Visual Studio Code（VS Code）的一款扩展工具，编译插件是其中的一个子工具。编译插件即插即用，支持一键安装鲲鹏 GCC 编译器及鲲鹏平台远程调试。

② 在 VS Code 中安装鲲鹏编译插件。

第 1 步：安装 VS Code。在 VS Code 官网找到软件，选择相应的操作系统版本进行下载。

第 2 步：在 VS Code 中安装鲲鹏 DevKit 工具插件。打开 VS Code，单击<扩展>菜单（图 1-134 中"1"位置），在搜索框中输入"kunpeng"（图 1-134 中位置"2"），在显示出来的多个选项中，找到 Kunpeng Compiler and Debugger Plugin 鲲鹏编译插件。注意，在找编译插件时，由于鲲鹏编译插件会定期进行版本更新，请选择时间最近的版本，如图 1-134 中位置"3"处所示。单击<安装>按钮安装插件。插件安装好后，在菜单栏的左侧可以看见"鲲鹏调试编译插件"的图标，如图 1-135 所示。

图 1-134　VS Code 安装鲲鹏编译插件操作界面

图 1-135　鲲鹏编译调试插件安装完毕

③ VS Code 中配置云端服务器。按照以下步骤配置云端服务器。

第 1 步：创建本地文件夹，并在 VS Code 中打开。首先，在桌面新建一个文件夹，这里命名为"codeC"，它将是我们与云服务器进行传输文件的文件夹。其次，在 VS Code 中打开该文件夹，如图 1-136 所示。

第 2 步：设置云端服务器。首先，在服务器上创建存放代码的文件夹 code。利用 PuTTY 软件登录云端服务器，输入以下 Linux 命令，在服务器创建 code 文件夹。

cd /：进入根目录（注意，cd 与/之间有空格）。

cd home：进入根目录下的 home 目录。

mkdir code：在 home 目录下面创建 code 文件夹。

ls：查看在当前目录下的文件。

此时，通过图 1-137 可以看到 code 文件夹已经被创建在 home 目录下了。然后，继续执行图 1-138 中的 Linux 命令，最终通过 pwd 命令查看文件夹的路径信息。

cd code：进入 code 文件夹。

pwd：查看当前文件夹所在的路径。

图 1-136　在 VS Code 中打开本地文件夹

```
[root@zy-01 ~]# cd /
[root@zy-01 /]# cd home
[root@zy-01 home]# ls
hello  hello.c
[root@zy-01 home]# mkdir code
[root@zy-01 home]# ls
code  hello  hello.c
```

```
[root@zy-01 home]# cd code
[root@zy-01 code]# pwd
/home/code
[root@zy-01 code]#
```

图 1-137　云端服务器创建文件夹 code　　　　图 1-138　获取云端服务器中的 code 目录路径

第 3 步：在 VS Code 中配置服务器。如图 1-139 所示，在菜单栏中选择<鲲鹏编译插件>，点开后右侧会出现<选择调试类型>按钮，单击位置"2"处<编译调试>。会出现图 1-140 所示的界面。如图 1-140 所示，首先需要确定<目标服务器>，单击其下方的<配置服务器>按钮，右侧会出现添加目标服务器的信息框，该处需要添加未来将要连接的云端服务器的 IP 地址端口及路径等信息，此处信息为申请华为云时所设定的信息。请按照图 1-140 中位置"3"处方框内的示例进行填写。

图 1-139　鲲鹏编译插件的设置

其中，服务器 IP 地址就是用户所申请的华为云弹性公网 IP 地址。SSH 端口填写"22"，SSH 用户名填写"root"，工作空间填写"/home/code"，就是前面步骤中用 pwd 查看的所创建的 code 目录的路径，也可按照用户自己设定的实际目录填写。私钥是需要导入私钥文件的。生成私钥文件的方法如图 1-141所示。首先需要单击图 1-141 中"1"处所示的问号，会出现"2"处方框所示的"密钥对可通过以下方式产生"的提示信息。通过单击图中蓝色的<复制>标志复制整个密钥对产生指令"ssh-keygen -b

*******"（该指令后半部分的信息在不同的机器上会有不同指令，直接单击复制键即可）。

图 1-140　鲲鹏编译插件中的目标服务器的设置（1）

如图 1-141 所示，单击 VS Code 界面下方标记为位置"3"处的<终端>，进入终端命令行，在图中位置"4"处的命令行提示符后面直接右键粘贴刚复制的指令内容，然后按 Enter 键。

如图 1-142 所示，输出端提示要输入 passphrase 信息，在 passphrase 处无需输入任何信息，按 Enter 键后再次提示输入 passphrase 信息，这里同样无须输入任何信息，按 Enter 键即可。此时在<终端>里看到的其他输出信息如图 1-142 所示，图 1-142 中的下画线部分的信息表明公钥 tmp.pub 文件及密钥 tmp 文件已经存储在 D 盘下了。同样，打开 D 盘能够发现公钥密钥文件已经生成在 D 盘下了。

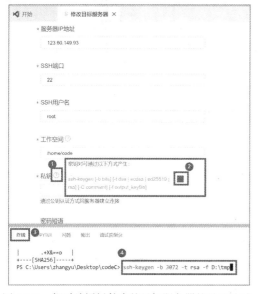

图 1-141　鲲鹏编译插件中的目标服务器的设置（2）

图 1-142　输出端生成私钥展示

返回图 1-139 所示的目标服务器设置界面，需要把生成的私钥和公钥文件导入进去。在图 1-142 中的私钥选项部分，通过单击<浏览>选择刚刚生成的 D 盘下的 tmp 文件作为私钥导入。同样，在公钥选项部分也需要单击<浏览>选择 D 盘下面的 tmp.pub 文件作为公钥导入。后面按照图 1-143 所示进行相应的选择。SSH 密码为登录服务器的密码。

单击<开始配置>按钮，会出现如图 1-144 所示的传输至服务器的提示信息。单击<确认>按钮后，会出现图 1-145 所示的 VS Code 可信度提示信息，单击<是>按钮。

配置完成后，会出现图 1-146 所示的界面，单击<确认>按钮，最终完成配置。

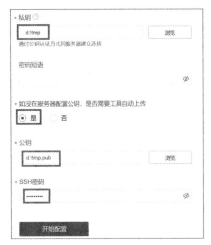

图 1-143　鲲鹏编译插件中的目标服务器的设置（3）　　图 1-144　公钥自动传输至目标服务器提示信息

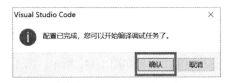

图 1-145　VS Code 可信度提示信息　　　　　图 1-146　鲲鹏编译插件中的目标服务器设置完成

第 4 步：设置远程环境。在 VS Code 中打开并配置 setting.json 文件，参照图 1-147 ~ 图 1-149 中的操作。如图 1-147 所示，在 VS Code 上选择<文件>→<首选项>→<设置>选项，右侧的设置区域在图 1-148 中选择位置 "1" 处的<用户>，并在 "2" 处的搜索框内输入 "kunpeng.remote.ssh.machineinfo"，单击位置 "3" 处<在 settings.json 中编辑>后会生成 settings.json 文件，可以看到在 "kunpeng.remote.ssh.machineinfo" 语句块部分自动生成了之前设定的云虚拟服务器的信息，如图 1-149 所示。

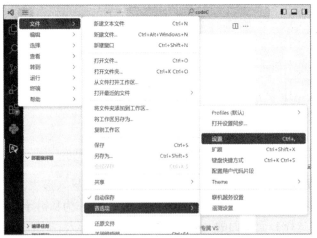

图 1-147　生成 settings.json 文件操作步骤图例 1　　图 1-148　生成 settings.json 文件操作步骤图例 2

图 1-149　settings.json 配置信息查验

（4）在鲲鹏编译插件中编译运行程序

鲲鹏编译插件中编译运行程序的步骤如下。

第 1 步：编写源代码。在 VS Code 中新建一个文件，编写以下代码，并将其命名为"sinvalue.c"。

```c
/*这是一段求正弦值的程序，利用数学库中求正弦值函数，记录并输出 1~100000 所对应的所有数值的正弦值*/
#include <stdio.h>
#include <math.h>
#define LEN 100000
int main(void)
{
    //数据初始化
    double src[LEN] = {0};
    double dst1[LEN] = {0};
    double dst2[LEN] = {0};
    int i;
for (i = 0; i < LEN; i++)
{
    src[i] = i;
}
    long t;
    //使用系统数学库对向量中每个元素求正弦值
for (i = 0; i < LEN; i++)
{
    dst1[i] = sin(src[i]);
}
for (i = 0; i < LEN; i++)
{
        printf( "正弦值%lf:",dst1[i]);
}
    return 0;
}
```

单击图 1-150 中左侧菜单栏中"1"位置的<资源管理器>，在图标"2"处的 CODEC 文件夹处单击旁边的图标"3"处的<新建文件>按钮，单击在<CODEC>下面创建的 sinvalue.c 文件，在右侧位置"5"处的代码编辑区编写或粘贴代码。

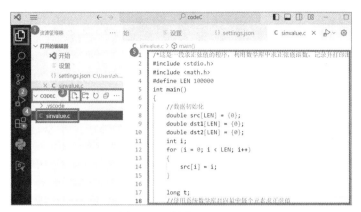

图 1-150　创建 sinvalue.c

第 2 步：配置编译任务。单击左侧菜单栏中<鲲鹏编译插件>，选择<编译任务>，打开<创建编译任务>界面。填写图 1-151 中位置 4 处所示的任务参数。单击<开始创建>后，同时会在管理栏下<编译任务>下出现<SinValue>的编译任务，如图 1-152 所示。创建成功以后，可以开始任务，此时会把本地代码同步至服务器中。创建编译任务的参数说明如下。

任务名称：SinValue (根据自己工程情况实际编写)。

编译命令: gcc sinvalue.c -o　sinvalue -g -lm (根据自己工程情况实际编写)。

这里编译命令中出现了-o、-g、-lm 参数，请读者自行参考 GCC 编译器的可选参数的描述，此处不再赘述。

接下来，单击图 1-152 中<编译任务>下方 SinValue 旁边位置"1"处的<启动编译>图标，会提示选择需要同步代码的服务器。在位置"2"处的下拉菜单中选择已购买的华为云服务器弹性公网 IP 并在出现的提示信息中选择<同步并编译>。

图 1-151　配置编译任务界面

图 1-152　编译任务同步并编译

以上操作实现了在服务器端同步本地代码，以及在服务器上进行编译的过程。如果代码没有问题，最终会在输出端看到"编译成功"，如图 1-153 中最后一行的输出信息所示。

图 1-153　输出端信息展示

第 3 步：配置测试用例。如图 1-154 所示，在<编译任务>下方位置"2"处的<测试用例>区域，单击位置"3"处的图标 <添加测试用例>，填写右侧位置"4"区域中的任务参数。单击<开始添加>按钮获取测试用例。<任务名称>为上一步设置的任务名称，这里填写"SinValue"，可执行程序为当前目录下的 sinvalue 文件，这里填写"./sinvalue"，程序路径为之前上传到云服务器的 sinvalue 文件的路径，这里填写"/home/code/codeC"。

通过登录 PuTTY 可获得程序路径。如图 1-155 所示，进入服务器中 code 文件夹下的 codeC 文件夹，查看该文件夹内的所有文件，找到 sinvalue 可执行文件，通过 pwd 命令查看可执行文件的路径。

图 1-154　添加测试用例

图 1-155　PuTTY 软件中获取可执行文件路径

查看文件路径命令参考及说明如下。

cd /　　　进入根目录。

cd home　进入 home 目录。

ls　　　　查看 home 目录下有哪些文件夹。

cd codeC　进入 home 目录下存在的 codeC 文件夹。

ls　　　　查看 codeC 目录下有哪些文件夹，会看到有 sinvalue，如图 1-155 中"1"处所示。

pwd　　　查看 sinvalue 所在的路径，如图 1-155 中"2"处所示。

第 4 步：程序运行和测试。测试用例成功添加之后，会在 VS Code 出现"添加成功，您可进行编译调试"信息。单击<测试用例>下的<获取测试用例>按钮（见图 1-156 中的"1"位置），会出现 2 位置的服务器的选择。选择好后，在界面下方的输出窗口内会显示"获取最新的测试用例数据完成"的信息，如图 1-156 中位置"3"处所示。同时会在<测试用例>下的 SinValue 任务的下方显示在云服务器调试运行程序的选项，如图 1-157 所示。

图 1-156　测试用例中获取测试用例

图 1-157　云服务器中运行代码

单击图 1-157 中标识"1"位置的小三角标志，运行在云服务器中已经上传好的代码。于是，在 VS Code 界面中的输出区域（见图 1-157 中标志"2"位置）中就会看到 sinvalue.c 文件的运行结果了（参照图 1-157 中标志"3"）。

通过以上步骤，最后代码在华为云上运行成功，输出端显示出了输出结果。然而，该段代码在本地运行是无法得到结果的。这是因为数组设置过大，导致本地的内存分配不足，最终在本地运行出错。通过这个案例说明了当运行的程序对内存及运行速度等要求比较高，本地机器的性能无法满足需求时，可以利用云端的虚拟服务器来解决这个问题。用户可以根据任务的需求定制云服务器，最终满足特殊的使用需求。

第 2 单元
习题解答

习 题 1

（略）

习 题 2

1. 以下不正确的 C 语言标识符是（　　　）。

　　A. AB1　　　　　　　B. a2_b　　　　　　　C. int　　　　　　　　D. 4ab

【参考答案】D

2. C 语言的基本数据类型是（　　　）。

　　A. 整型、浮点型、字符型　　　　　　　B. 整型、浮点型、字符型、字符串型

　　C. 整型、浮点型、字符型、枚举类型　　D. 整型、浮点型、字符串型、枚举类型

【参考答案】C

3. 球的表面积和体积（1.0 版）。使用宏常量定义π，编程实现从键盘输入球的半径 r，计算并输出其表面积和体积。

【参考答案】使用宏常量定义π的参考程序 1：

```
1   #include <math.h>
2   #include <stdio.h>
3   #define PI 3.14159          //定义宏常量 PI
4   int main(void)
5   {
6       double r, surface, volume;
7       printf("Input r:");
8       scanf("%lf", &r);
9       surface = 4 * PI * pow(r, 2);
10      volume = 4.0/3.0 * PI * pow(r, 3);
11      printf("surface = %f\n", surface);
12      printf("volume = %f\n", volume);
13      return 0;
14  }
```

参考程序 2：

```
1   #include <stdio.h>
2   #define PI 3.14159              //定义宏常量 PI
```

```
3    int main(void)
4    {
5        double r, surface, volume;
6        printf("Input r:");
7        scanf("%lf", &r);
8        surface = 4 * PI * r * r;
9        volume = 4.0/3.0 * PI * r * r * r;
10       printf("surface = %f\n", surface);
11       printf("volume = %f\n", volume);
12       return 0;
13   }
```

程序运行结果如下：

```
Input r:5.2✓
surface = 339.794374
volume = 588.976916
```

4. 球的表面积和体积（2.0 版）。使用 const 常量定义π，编程实现从键盘输入球的半径 r，计算并输出其表面积和体积。

【参考答案】使用 const 常量定义π的参考程序 1：

```
1    #include  <math.h>
2    #include  <stdio.h>
3    const double pi = 3.14159;      //定义双精度实型的const 常量pi
4    int main(void)
5    {
6        double r, surface, volume;
7        printf("Input r:");
8        scanf("%lf", &r);
9        surface = 4 * pi * pow(r, 2);
10       volume = 4.0/3.0 * pi * pow(r, 3);
11       printf("surface = %f\n", surface);
12       printf("volume = %f\n", volume);
13       return 0;
14   }
```

参考程序 2：

```
1    #include  <stdio.h>
2    const double pi = 3.14159;      //定义双精度实型的const 常量pi
3    int main(void)
4    {
5        double r, surface, volume;
6        printf("Input r:");
7        scanf("%lf", &r);
8        surface = 4 * pi * r * r;
9        volume = 4.0/3.0 * pi * r * r * r;
10       printf("surface = %f\n", surface);
11       printf("volume = %f\n", volume);
12       return 0;
13   }
```

程序运行结果如下：

```
Input r:5.2✓
surface = 339.794374
volume = 588.976916
```

5. 圆柱体的表面积。输入圆柱体的底面半径 r 和高 h，编程计算并输出圆柱体的表面积，要求在输出结果中保留三位小数，并且 π 取 $4.0 \times \arctan(1.0)$。

【参考答案】参考程序：

```
1    #include<stdio.h>
2    #include<math.h>
3    int main(void)
```

```
4   {
5       const double pi = 4.0 * atan(1.0);
6       double r, h, s1, s2, s;
7       printf("Input r, h:");
8       scanf("%lf,%lf", &r, &h);
9       s1 = pi * r * r;
10      s2 = 2 * pi * r * h;
11      s = s1 * 2.0 + s2;
12      printf("Area = %.3f\n", s);
13      return 0;
14  }
```

程序运行结果如下：

```
Input r, h:5,3✓
Area = 251.327
```

6. 大小写转换。从键盘输入一个大写英文字母，编程将其转换为小写英文字母后，将转换后的小写英文字母及其十进制的 ASCII 码值输出到屏幕上。

【参考答案】参考程序 1：

```
1   #include <stdio.h>
2   int main(void)
3   {
4       char ch;
5       printf("Press a key and then press Enter:");
6       ch = getchar();              //从键盘输入一个大写英文字母,并将其存入变量 ch
7       ch = ch + 'a' - 'A';
8       printf("%c\n%d\n", ch, ch);//显示转换为小写的英文字母及其 ASCII 码
9       return 0;
10  }
```

参考程序 2：

```
1   #include <stdio.h>
2   int main(void)
3   {
4       char ch;
5       printf("Press a key and then press Enter:");
6       ch = getchar();              //从键盘输入一个大写英文字母,并将其存入变量 ch
7       ch = ch + 'a' - 'A';
8       putchar(ch);
9       putchar('\n');
10      printf("%d\n", ch, ch);      //显示转换为小写的英文字母及其 ASCII 码
11      return 0;
12  }
```

程序运行结果如下：

```
Press a key and then press Enter:A✓
a
97
```

习 题 3

1. 复合的赋值表达式。已知变量 a 的值为 3，请问分别执行下面两个语句后，变量 a 的值分别为多少？

```
a += a -= a * a;
a += a -= a *= a;
```

【参考答案】在计算表达式时，不仅要考虑运算符的优先级，还要考虑运算符的结合性。上面两个表达式的计算结果分别为-12 和 0，其计算过程如下图所示。第一步 a*a 与 a*=a 的区别在于后者增加了将 a*a 的结果赋值给 a 的操作。

```
a += a -= a * a;              a += a -= a *= a;

a += a -= 9;                  a += a -= 9;

a += -6;                      a += 0;

a = -12;                      a = 0;
```

2. 数数的手指。一个小女孩正在用左手手指数右手的手指，从 1 到 1000，数过的手指张开。她从拇指算作 1 开始数起，然后食指为 2，中指为 3，无名指为 4，小指为 5。接下来掉转方向，无名指算作 6，中指为 7，食指为 8，大拇指为 9，接下来食指算作 10，如此反复。问：如果继续以这种方式数下去，最后结束时是停在哪根手指上？请编程，从键盘输入 n，从 1 数到 n，输出最后停在哪根手指上。

【分析】由于用手指数数时，手指的伸展是以 8 为周期的，因此可以用对 8 求余的方式确定最后停在哪根手指上。

手指	大拇指	食指	中指	无名指	小指	无名指	中指	食指
计数	1	2	3	4	5	6	7	8
计数	9	10	11	12	13	14	15	16
计数	17	18	19	20	21	22	23	24
计数	25	26	27	28	29	30	31	32

【参考答案】参考程序：

```
1    #include<stdio.h>
2    int main(void)
3    {
4        int n, mod;
5        printf("Input n:");
6        scanf("%d", &n);
7        mod = n % 8;
8        switch (mod)
9        {
10           case 1: printf("大拇指\n");
11                   break;
12           case 2: printf("食指\n");
13                   break;
14           case 3: printf("中指\n");
15                   break;
16           case 4: printf("无名指\n");
17                   break;
18           case 5: printf("小指\n");
19                   break;
20           case 6: printf("无名指\n");
21                   break;
```

```
22         case 7: printf("中指\n");
23                 break;
24         case 0: printf("食指\n");
25                 break;
26         default:printf("Input error!\n");
27     }
28     return 0;
29 }
```

程序运行结果如下:

```
Input n:1000↙
食指
```

3. 逆序数。从键盘任意输入一个 3 位整数，编程计算并输出它的逆序数（忽略整数前的正负号）。

【分析】通过将三位数对 10 求余可以获得其最低位，通过对 100 整除可以获得最高位，中间位的计算方法可以有很多种，既可以用去掉最高位再对 10 整除的方式，也可以用去掉最低位再对 10 求余的方式求得。

【参考答案】参考程序 1：

```
1  #include  <math.h>
2  #include  <stdio.h>
3  int main(void)
4  {
5      int  x, b0, b1, b2, y;
6      printf("Input x:");
7      scanf("%d", &x);
8      x = (int)fabs(x);
9      b2 = x / 100;                    //计算百位数字
10     b1 = (x - b2 * 100) / 10;        //计算十位数字
11     b0 = x % 10;                     //计算个位数字
12     y = b2 + b1*10 + b0*100;
13     printf("y = %d\n",y);
14     return 0;
15 }
```

参考程序 2：

```
1  #include  <math.h>
2  #include  <stdio.h>
3  int main(void)
4  {
5      int  x, b0, b1, b2, y;
6      printf("Input x:");
7      scanf("%d", &x);
8      x = (int)fabs(x);
9      b2 = x / 100;                    //计算百位数字
10     b1 = (x / 10) % 10;              //计算十位数字
11     b0 = x % 10;                     //计算个位数字
12     y = b2 + b1*10 + b0*100;
13     printf("y = %d\n",y);
14     return 0;
15 }
```

程序运行结果如下:

```
Input x:-123↙
y = 321
```

4. 数位拆分。从键盘任意输入一个 4 位的正整数 n（如 4321），编程将其拆分为两个 2 位的正整数 a 和 b（如 43 和 21），计算并输出拆分后的两个数 a 和 b 的加、减、乘、除和求余的结果。

【参考答案】参考程序：

```
1    #include <stdio.h>
2    int main(void)
3    {
4        int n, a, b;
5        printf("Input n:");
6        scanf("%d", &n);
7        a = n / 100;
8        b = n % 100;
9        printf("a=%d,b=%d\n", a, b);
10       printf("a+b=%d\n", a + b);
11       printf("a-b=%d\n", a - b);
12       printf("a*b=%d\n", a * b);
13       printf("a/b=%.2f\n", (float)(a) / (float)(b));
14       printf("a%%b=%d\n", a % b);
15       return 0;
16   }
```

程序运行结果如下：

```
Input n:1234✓
a=12,b=34
a+b=46
a-b=-22
a*b=408
a/b=0.35
a%b=12
```

5. 计算三角形面积。从键盘任意输入三角形的三边长为 a、b、c，按照如下公式，编程计算并输出三角形的面积，要求结果保留两位小数。假设 a、b、c 的值能构成一个三角形。

$$s = \frac{1}{2}(a + b + c)，\quad area = \sqrt{s(s-a)(s-b)(s-c)}$$

【参考答案】参考程序：

```
1    #include <stdio.h>
2    #include <math.h>
3    int main(void)
4    {
5        float a, b, c, s, area;
6        printf("Input a,b,c:");
7        scanf("%f,%f,%f", &a, &b, &c);
8        if (a+b>c && b+c>a && a+c>b)
9        {
10           s = (float)(a + b + c) / 2;
11           area = sqrt(s * (s - a) * (s - b) * (s - c));
12           printf("area = %.2f\n", area);
13       }
14       else
15       {
16           printf("It is not a triangle\n");
17       }
18       return 0;
19   }
```

程序运行结果如下：

```
Input a,b,c:3,4,5✓
area = 6.00
```

6. 本利计算 V1。某人向一个年利率为 rate 的定期储蓄账号内存入本金 capital（以元为单位），存期为 n 年。请编写一个程序，按照如下普通计息方式，计算到期时他能从银行得到的本利之和。

$$deposit = capital \times (1 + rate \times n)$$

其中，capital 是最初存款总额（即本金），rate 是整存整取的年利率，n 是存款的期限（以年为单位），deposit 是第 n 年年底账号里的存款总额。

【参考答案】参考程序：

```
1   #include  <math.h>
2   #include  <stdio.h>
3   int main(void)
4   {
5       int     n;
6       double rate, capital, deposit;
7       printf("Input rate, year, capital:");
8       scanf("%lf,%d,%lf", &rate, &n, &capital);
9       deposit = capital * (1 + rate * n);
10      printf("deposit = %.2f\n", deposit);
11      return 0;
12  }
```

程序运行结果如下：

```
Input rate, year, capital:0.0025,5,10000↙
deposit = 10125.00
```

7. 本利计算 V2。某人向一个年利率为 rate 的定期储蓄账号内存入本金 capital 元（以元为单位），存期为 n 年。请编写一个程序，按照如下复利计息方式计算到期时他能从银行得到的本利之和。假设存款所产生的利息仍然存入同一个账户。

$$deposit = capital \times (1 + rate)^n$$

【参考答案】参考程序：

```
1   #include  <math.h>
2   #include  <stdio.h>
3   int main(void)
4   {
5       int     n;
6       double rate, capital, deposit;
7       printf("Input rate, year, capital:");
8       scanf("%lf,%d,%lf", &rate, &n, &capital);
9       deposit = capital * pow(1+rate, n);
10      printf("deposit = %.2f\n", deposit);
11      return 0;
12  }
```

程序运行结果如下：

```
Input rate, year, capital:0.0025,5,10000↙
deposit = 10125.63
```

习 题 4

1. 一元二次方程求根。请编程计算一元二次方程 $ax^2+bx+c=0$ 的根，a、b、c 的值由用户从键盘输入，其中 $a \neq 0$。

【分析】根据用户输入的方程系数 a、b、c 分情况来处理。若 a 的值为 0，则输出"不是二次方程"的提示信息，并终止程序的执行；否则，计算判别式 $disc = b \times b - 4a \times c$。按以下公式分别计算 p 和 q 的值。

$$p = -\frac{b}{2a}, \qquad q = \frac{\sqrt{|b^2 - 4ac|}}{2a}$$

然后，分成三种情况进行处理。若 disc 值为 0，则计算并输出两个相等实根：$x_1=x_2=p$。若 disc>0，计算并输出两个不等实根：$x_1=p+q$，$x_2=p-q$。若 disc<0，计算并输出两个共轭复根：$x_1=p+q\times i$，$x_2=p-q\times i$。

【参考答案】参考程序：

```
1   #include <stdlib.h>
2   #include <math.h>
3   #include <stdio.h>
4   #define EPS 1e-6
5   int main(void)
6   {
7       float a, b, c, disc, p, q;
8       printf("Input a,b,c:");
9       scanf("%f, %f, %f", &a, &b, &c);
10      if (fabs(a) <= EPS)              //测试实数a是否为0，以避免发生"除0错误"
11      {
12          printf("It is not a quadratic equation!\n");
13          exit(0);                     //退出程序
14      }
15      disc = b * b - 4 * a * c;
16      p = - b / (2 * a);
17      q = sqrt(fabs(disc)) / (2 * a);
18      if (fabs(disc) <= EPS)           //若判别式为0，则输出两个相等实根
19      {
20          printf("Two equal real roots: x1=x2=%6.2f\n", p);
21      }
22      else if (disc > EPS)             //若判别式为正值，则输出两个不等实根
23      {
24          printf("Two unequal real roots: x1=%6.2f, x2=%6.2f\n", p+q, p-q);
25      }
26      else                             //若判别式为负值，则输出两个共轭复根
27      {
28          printf("Two complex roots:\n");
29          printf("x1=%6.2f + %6.2fi\n", p, q);
30          printf("x2=%6.2f - %6.2fi\n", p, q);
31      }
32      return 0;
33  }
```

程序运行结果如下：

```
Input a,b,c:1,2,3✓
Two complex roots:
x1= -1.00 +  1.41i
x2= -1.00 -  1.41i
```

2. 数字拆分。请编写一个程序，将一个 4 位的整数 n 拆分为两个 2 位的整数 a 和 b（例如，假设 n=-2304，则拆分后的两个整数分别为 a=-23，b=-4），计算其拆分后的两个数的加、减、乘、除和求余运算的结果。

【参考答案】参考程序：

```
1   #include <math.h>
2   #include <stdio.h>
3   int main(void)
4   {
5       int n, a, b;
6       printf("Input n:");
7       scanf("%d", &n);
8       a = n / 100;
9       b = n % 100;
```

```
10        printf("%d,%d\n", a, b);
11        printf("sum=%d,sub=%d,multi=%d\n", a+b, a-b, a*b);
12        if (b != 0)
13        {
14            printf("dev=%.2f,mod=%d\n",(float)a/(float)b, a%b);
15        }
16        else
17        {
18            printf("The second operator is zero!\n");
19        }
20        return 0;
21    }
```

程序运行结果 1 如下：

```
Input n:1200✓
12,0
sum=12,sub=12,multi=0
The second operator is zero!
```

程序运行结果 2 如下：

```
Input n:-2304✓
-23,-4
sum=-27,sub=-19,multi=92
dev=5.75,mod=-3
```

程序运行结果 3 如下：

```
Input n:2304✓
23,4
sum=27,sub=19,multi=92
dev=5.75,mod=3
```

程序运行结果 4 如下：

```
Press a key and then press Enter:}✓
It is other character!
```

3. 字符类型判断。从键盘任意输入一个字符，编程判断该字符是数字字符、大写字母、小写字母、空格符还是其他字符。

【参考答案】参考程序：

```
1   #include <stdio.h>
2   int main(void)
3   {
4       printf("Press a key and then press Enter:");
5       char ch = getchar();
6       if ((ch >= 'a' && ch <= 'z') || (ch >= 'A' && ch <= 'Z'))
7       {
8           printf("It is an English character!\n");
9       }
10      else if (ch <= '9' && ch >= '0')
11      {
12          printf("It is a digit character!\n");
13      }
14      else if (ch == ' ')
15      {
16          printf("It is a space character!\n");
17      }
18      else
19      {
20          printf("It is other character!\n");
21      }
22      return 0;
23  }
```

程序运行结果 1 如下：

```
Press a key and then press Enter:A↙
It is an English character!
```

程序运行结果 2 如下：

```
Press a key and then press Enter:5↙
It is a digit character!
```

程序运行结果 3 如下：

```
Press a key and then press Enter: ↙
It is a space character!
```

程序运行结果 4 如下：

```
Press a key and then press Enter:}↙
It is other character!
```

4. 计算 BMI。请编写一个程序，根据下面的公式计算 BMI，同时根据我国的标准判断你的体重属于何种类型。

$$t = w / h^2$$

其中，t 表示 BMI，h（以 m 为单位，如 1.74m）表示某人的身高，w（以 kg 为单位，如 70kg）表示某人的体重。当 $t < 18.5$ 时，属于偏瘦；当 $18.5 \leq t < 24$ 时，属于正常体重；当 $24 \leq t < 28$ 时，属于过重；当 $t \geq 28$ 时，属于肥胖。

【参考答案】参考程序：

```
1   #include <stdio.h>
2   int main(void)
3   {
4       float  h, w, t;
5       printf("Input weight, height:");
6       scanf("%f,%f", &w, &h);
7       t = w / (h * h);
8       if (t < 18.5)
9       {
10          printf("t=%.2f\nLower weight!\n", t);
11      }
12      if (t >= 18.5 && t < 24)
13      {
14          printf("t=%.2f\nStandard weight!\n", t);
15      }
16      if (t >= 24 && t < 28)
17      {
18          printf("t=%.2f\nHigher weight!\n", t);
19      }
20      if (t >= 28)
21      {
22          printf("t=%.2f\nToo fat!\n", t);
23      }
24      return 0;
25  }
```

程序运行结果如下：

```
Input weight, height:70.4,1.68↙
t=24.94
Standard weight!
```

5. 计算器 V1。请编写一个程序，实现一个简单的对整数进行加（＋）、减（－）、乘（＊）、除（／）和求余（％）5 种算术运算的计算器。先按如下格式输入算式（允许运算符前有空格），然后输出表达式的值。

操作数 1　　运算符 op　　操作数 2

若除数为 0，则输出"Division by zero!"。若运算符非法，则输出"Invalid operator!"。

【参考答案】参考程序：

```
1   #include <stdio.h>
2   int main(void)
3   {
4       int  data1, data2;
5       char  op;
6       printf("Input an expression:");
7       scanf("%d %c%d", &data1, &op, &data2);   //注意%c前有一个空格
8       switch (op)                              //根据输入的运算符确定执行的运算
9       {
10      case '+':                                //加法运算
11          printf("%d + %d = %d \n", data1, data2, data1 + data2);
12          break;
13      case '-':                                //减法运算
14          printf("%d - %d = %d \n", data1, data2, data1 - data2);
15          break;
16      case '*':                                //乘法运算
17          printf("%d * %d = %d \n", data1, data2, data1 * data2);
18          break;
19      case '/':                                //除法运算
20          if (data2 == 0)                      //为避免除0错误，检验除数是否为0
21          {
22              printf("Division by zero!\n");
23          }
24          else
25          {
26              printf("%d / %d = %d \n", data1, data2, data1 / data2);
27          }
28          break;
29      case '%':                                //求余运算
30          if (data2 == 0)                      //为避免除0错误，检验除数是否为0
31          {
32              printf("Division by zero!\n");
33          }
34          else
35          {
36              printf("%d %% %d = %d \n", data1, data2, data1 % data2);
37          }
38          break;
39      default:                                 //处理非法运算符
40          printf("Invalid operator!\n");
41      }
42      return 0;
43  }
```

程序运行结果 1 如下：

```
Input an expression:3 + 4✓
3 + 4 = 7
```

程序运行结果 2 如下：

```
Input an expression:3 - 4✓
3 - 4 = -1
```

程序运行结果 3 如下：

```
Input an expression:3 * 4✓
3 * 4 = 12
```

程序运行结果 4 如下：

```
Input an expression:3 / 4↙
3 / 4 = 0
```

程序运行结果 5 如下：

```
Input an expression:3 % 4↙
3 % 4 = 3
```

程序运行结果 6 如下：

```
Input an expression:3 / 0↙
Division by zero!
```

程序运行结果 7 如下：

```
Input an expression:3 ^ 4↙
Invalid operator!
```

6. 计算器 V2。请编写一个程序，实现一个简单的对浮点数进行加（＋）、减（－）、乘（＊）、除（/）和幂（使用^表示）运算的计算器。输入输出方法同第 5 题。

【参考答案】参考程序：

```c
#include <stdio.h>
#include <math.h>
int main(void)
{
    double  data1, data2;                          //定义两个操作符
    char  op;                                      //定义运算符
    printf("Input an expression:");
    scanf("%lf %c%lf", &data1, &op, &data2);       //输入表达式，%c 前有一空格
    switch (op)                                    //根据输入的运算符确定要执行的运算
    {
    case '+':
        printf("%f + %f = %f \n", data1, data2, data1 + data2);
        break;
    case '-':
        printf("%f - %f = %f \n", data1, data2, data1 - data2);
        break;
    case '*':
        printf("%f * %f = %f \n", data1, data2, data1 * data2);
        break;
    case '/':
        if (fabs(data2) <= 1e-7)                   //实数与 0 比较
        {
            printf("Division by zero!\n");
        }
        else
        {
            printf("%f / %f = %f \n", data1, data2, data1 / data2);
        }
        break;
    case '^':
        printf("%f ^ %f = %f \n", data1, data2, pow(data1,data2));
        break;
    default:
        printf("Invalid operator!\n");
    }
    return 0;
}
```

程序运行结果 1 如下：

```
Input an expression:3 + 4↙
3.000000 + 4.000000 = 7.000000
```

程序运行结果 2 如下：

```
Input an expression:3 - 4✓
3.000000 - 4.000000 = -1.000000
```

程序运行结果 3 如下：

```
Input an expression:3 * 4✓
3.000000 * 4.000000 = 12
```

程序运行结果 4 如下：

```
Input an expression:3 / 4✓
3.000000 / 4.000000 = 0.750000
```

程序运行结果 5 如下：

```
Input an expression:3 ^ 4✓
3.000000 ^ 4.000000 = 81.000000
```

程序运行结果 6 如下：

```
Input an expression:3 / 0✓
Division by zero!
```

7. 国王的许诺。相传国际象棋是古印度舍罕王的宰相达依尔发明的。舍罕王十分喜欢象棋，决定让宰相自己选择何种赏赐。这位聪明的宰相指着 8×8 共 64 格的棋盘说："陛下，请您赏给我一些麦子吧，就在棋盘的第 1 格中放 1 粒，第 2 格中放 2 粒，第 3 格中放 4 粒，以后每一格的麦子都比前一格增加一倍，依次放完棋盘上的 64 个格子，我就感恩不尽了。"舍罕王让人扛来一袋麦子，他要兑现他的承诺。请问：国王能兑现他的承诺吗？试编程计算舍罕王共要将多少麦子赏赐给他的宰相，这些麦子合多少立方米（已知 1 立方米麦子约 1.42×10^8 粒）？

【分析】第 1 格放 1 粒，第 2 格放 2 粒，第 3 格放 $4=2^2$ 粒……第 i 格放 2^{i-1} 粒，所以，总麦粒数为 sum=$1+2+2^2+2^3+\cdots+2^{63}$。显然，这是一个等比数列求和问题。可采用累加算法求解，其关键是寻找累加项的构成规律。累加项的构成规律有两种：一种是寻找一个通式来表示累加项，直接计算累加的通项，例如本例的累加通项是 2^{i-1}；另一种是通过寻找前项与后项之间的联系，利用前项计算后项，例如本例的后项是前项的 2 倍。这两种方法对应下面的两个参考程序。

【参考答案】参考程序 1：

```
1   #include <math.h>
2   #include <stdio.h>
3   #define  CONST 1.42e8
4   int main(void)
5   {
6       int    n = 64;
7       double term, sum = 0;
8       for (int i=1; i<=n; i++)
9       {
10          term = pow(2, i-1);
11          sum = sum + term;
12      }
13      printf("sum = %e\n", sum);          //输出总麦粒数
14      printf("volum = %e\n", sum/CONST);  //输出折合的总麦粒体积数
15      return 0;
16  }
```

参考程序 2：

```
1   #include <math.h>
2   #include <stdio.h>
3   #define  CONST 1.42e8
4   int main(void)
5   {
6       int    n = 64;
```

```
7       double  term = 1, sum = 1;
8       for (int i=2; i<=n; i++)
9       {
10          term = term * 2;                    //根据后项是前项的 2 倍计算累加项
11          sum = sum + term;
12      }
13      printf("sum = %e\n", sum);              //输出总麦粒数
14      printf("volum = %e\n", sum/CONST);      //输出折合的总麦粒体积数
15      return 0;
16  }
```

程序运行结果如下：

```
sum = 1.844674e+019
volum = 1.299066e+011
```

8. 数字九九乘法表。输出如下所示的下三角形式的九九乘法表。

```
1
2   4
3   6   9
4   8   12  16
5   10  15  20  25
6   12  18  24  30  36
7   14  21  28  35  42  49
8   16  24  32  40  48  56  64
9   18  27  36  45  54  63  72  81
```

【参考答案】参考程序：

```
1   #include <stdio.h>
2   int main(void)
3   {
4       for (int m=1; m<10; m++)            //外层循环控制行数（被乘数）的变化
5       {
6           for (int n=1; n<=m; n++)        //内层循环控制列数（乘数）的变化
7           {
8               printf("%4d", m*n);         //输出第 m 行 n 列中的 m*n 的值
9           }
10          printf("\n");                   //输出换行符，准备输出下一行
11      }
12      return 0;
13  }
```

程序运行结果如下：

```
1
2   4
3   6   9
4   8   12  16
5   10  15  20  25
6   12  18  24  30  36
7   14  21  28  35  42  49
8   16  24  32  40  48  56  64
9   18  27  36  45  54  63  72  81
```

9. 圆周率计算。利用 $\frac{\pi}{2}=\frac{2}{1}\times\frac{2}{3}\times\frac{4}{3}\times\frac{4}{5}\times\frac{6}{5}\times\frac{6}{7}\times\cdots$（前 100 项之积），编程计算 π 的值。

【分析】本例采用累乘求积算法求解，其关键是寻找累乘项，累乘项既可以设计为 term=$n\times$ $n/((n-1)\times(n+1))$（$n=2,4,\cdots,100$），其中步长为 2，也可以设计为 term=$2\times n\times 2\times n/((2\times n-1)\times(2\times n+1))$（$n=1,2,\cdots,50$），其中步长为 1。这两种方法对应下面的两个参考程序。

【参考答案】参考程序 1：

```
1   #include <stdio.h>
2   int main(void)
3   {
4       double term, result = 1;                              //累乘项初值应为1
5       for (int n=2; n<=100; n=n+2)
6       {
7           term = (double)( n * n) / (( n - 1) * ( n + 1));   //计算累乘项
8           result = result * term;
9       }
10      printf("result = %f\n", 2*result);
11      return 0;
12  }
```

参考程序 2：

```
1   #include <stdio.h>
2   int main(void)
3   {
4       double term, result = 1;                              //累乘项初值应为1
5       for (int n=1; n<=50; n++)
6       {
7           term = (double)(2*n*2*n) / ((2*n-1) * (2*n+1));    //计算累乘项
8           result = result * term;
9       }
10      printf("result = %f\n", 2*result);
11      return 0;
12  }
```

程序运行结果如下：

```
result = 3.126079
```

10. 泰勒级数计算。利用泰勒级数 $\sin x \approx x - \dfrac{x^3}{3!} + \dfrac{x^5}{5!} - \dfrac{x^7}{7!} + \dfrac{x^9}{9!} - \cdots$，计

泰勒级数计算

算 $\sin x$ 的值。要求最后一项的绝对值小于 10^{-5}，并统计出此时累加了多少项。

【分析】本例可以采用累加求和算法求解。第一种方法是利用前项计算后

项寻找累加项的构成规律：由 $\dfrac{1}{2!} = \dfrac{1}{1!} \div 2$，$\dfrac{1}{3!} = \dfrac{1}{2!} \div 3$，$\cdots$，可以发现前后项之

间的关系是 $term_n = term_{n-1} \div n$，写成 C 语句为 "term=term/n;"，term 的初值为 1.0，n 的初值为 1，n
按 $n=n+1$ 变化。统计累加项数的计数器变量为 count，初值为 0。第二种方法是先计算 1!，2!，3!，$\cdots$，
再将其倒数作为累加项 term。这两种方法对应下面的两个参考程序。

【参考答案】参考程序 1：

```
1   #include <math.h>
2   #include <stdio.h>
3   int main(void)
4   {
5       int n = 1, count = 1;
6       double e = 1.0, term = 1.0;
7       while (fabs(term) >= 1e-5)
8       {
9           term = term / n;
10          e = e + term;
11          n++;
12          count++;
13      }
14      printf("e = %f, count = %d\n", e, count);
15      return 0;
16  }
```

参考程序 2：

```
1   #include <math.h>
2   #include <stdio.h>
3   int main(void)
4   {
5       int       n = 1, count = 1;
6       double    e = 1.0, term = 1.0;
7       long fac = 1;
8       for (n=1; fabs(term)>=1e-5; n++)
9       {
10          fac = fac * n;
11          term = 1.0 / fac;
12          e = e + term;
13          count++;
14      }
15      printf("e = %f, count = %d\n", e, count);
16      return 0;
17  }
```

程序运行结果如下：

```
e = 2.718282, count = 10
```

习　题　5

1. 数字位数统计。从键盘输入一个 int 型数据，用函数编程输出该整数共有几位数。

【参考答案】参考程序：

```
1   #include <stdio.h>
2   int GetBits(int n);
3   int main(void)
4   {
5       int n, bits;
6       printf("Input n:");
7       scanf("%d", &n);
8       bits = GetBits(n);
9       printf("%d bits\n", bits);
10      return 0;
11  }
12  //函数功能：返回整数 n 的位数
13  int GetBits(int n)
14  {
15      int bits = 1;
16      int b;
17      b = n / 10;
18      while (b != 0)  //通过"不断缩小十分之一直到为 0 为止"判断有几位数字
19      {
20          bits++;
21          b = b / 10;
22      }
23      return bits;
24  }
```

程序运行结果如下：

```
Input n:12345✓
5 bits
```

2. 最小公倍数。用函数编程实现计算两个正整数的最小公倍数，在主函数中调用该函数计算并输出从键盘任意输入的两个整数的最小公倍数。

　　【分析】最小公倍数需要从正整数 *a* 和 *b* 的公倍数中来寻找，并且从最小的公倍数开始找。首先，从 *a* 的倍数中寻找 *b* 的倍数（或者从 *b* 的倍数中寻找 *a* 的倍数），由于 *b*×*a* 一定是 *a* 和 *b* 的公倍数，所以寻找 *a* 和 *b* 最小公倍数的范围不会超过 *b*×*a*。然后，在所有 *a* 的倍数 *a*, 2×*a*, 3×*a*,…, *b*×*a* 中，从小到大依次判断该数是否为 *b* 的倍数，*a* 的倍数中第一个能被 *b* 整除的数必然是 *a* 和 *b* 的最小公倍数。

　　【参考答案】参考程序：

```
1   #include <stdio.h>
2   int Lcm(int a, int b);
3   int main(void)
4   {
5       int a, b, x;
6       printf("Input a,b:");
7       scanf("%d,%d", &a, &b);
8       x = Lcm(a, b);
9       if (x != -1)
10      {
11          printf("Least Common Multiple of %d and %d is %d\n", a, b, x);
12      }
13      else
14      {
15          printf("Input error!\n");
16      }
17      return 0;
18  }
19  //函数功能：计算 a 和 b 的最小公倍数，输入负数时返回-1
20  int Lcm(int a, int b)
21  {
22      if (a <= 0 || b <= 0)
23      {
24          return -1;
25      }
26      for (int i=1; i<b; i++)
27      {
28          if (i*a%b == 0)
29          {
30              return i * a;
31          }
32      }
33      return b * a;
34  }
```

程序运行结果如下：

```
Input a,b:24,16↙
Least Common Multiple of 24 and 16 is 48
```

　　3. 阶乘求和。先输入一个[1,10]范围内的整数 *n*，然后用函数编程计算并输出 1! + 2! + 3! + … + *n*!。要求程序具有防止非法字符输入和错误输入的能力，即如果用户输入了非法字符或者不在[1,10]范围内的整数，则提示用户重新输入数据。

　　【参考答案】参考程序：

```
1   #include <stdio.h>
2   long Fact(int n);
3   long FactSum(int n);
4   int main(void)
5   {
```

```
6        int  n, ret;
7        do{
8            printf("Input n:");
9            ret = scanf("%d", &n);
10           if (ret != 1) while (getchar() != '\n');
11       }while(ret!=1 || n<1 || n>10);
12       long sum = FactSum(n);
13       printf("%ld\n", sum);
14       return 0;
15   }
16   //函数功能：计算 n 的阶乘
17   long Fact(int n)
18   {
19       long p = 1;
20       for (int i=1; i<=n; i++)
21       {
22           p = p * i;
23       }
24       return p;
25   }
26   //函数功能：计算 1!+2!+…+n!
27   long FactSum(int n)
28   {
29       long sum = 0;
30       for (int i=1; i<=n; i++)
31       {
32           sum = sum + Fact(i);
33       }
34       return sum;
35   }
```

程序运行结果如下：

```
Input n:9✓
409113
```

4. 阶乘末 6 位。先输入一个[1,20]范围内的整数 n，然后用函数编程计算并输出 $S=1!+2!+\cdots +n!$ 的末 6 位（不含前导 0）。若 S 不足 6 位，则直接输出 S。不含前导 0 的意思是，如果末 6 位为 001234，则只输出 1234 即可。要求程序具有防止非法字符输入和错误输入的能力，即如果用户输入了非法字符或者不在[2,10]范围内的整数，则提示用户重新输入数据。

【参考答案】参考程序 1：

```
1    #include <stdio.h>
2    #define MOD 1000000
3    long long FactSum(int n);
4    int main(void)
5    {
6        int n, ret;
7        do{
8            printf("Input n:");
9            ret = scanf("%d", &n);
10           if (ret != 1) while (getchar() != '\n');
11       }while(ret!=1 || n<1 || n>20);
12       long sum = FactSum(n) % MOD;   //计算 1!+2!+…+n! 的末 6 位
13       printf("%ld\n", sum);
14       return 0;
15   }
16   //函数功能：计算 1!+2!+…+n!
17   long long FactSum(int n)
18   {
```

```
19      long long sum = 0, f = 1;
20      for (int i=1; i<=n; i++)
21      {
22          f = f * i;
23          sum = sum + f;
24      }
25      return sum;
26  }
```

参考程序 2：

```
1   #include <stdio.h>
2   #define MOD 1000000
3   long FactSum(int n);
4   int main(void)
5   {
6       int  n, ret;
7       do{
8           printf("Input n:");
9           ret = scanf("%d", &n);
10          if (ret != 1) while (getchar() != '\n');
11      }while(ret!=1 || n<1 || n>20);
12      long sum = FactSum(n);
13      printf("%ld\n", sum);
14      return 0;
15  }
16  //函数功能：计算 1!+2!+…+n!的末 6 位
17  long FactSum(int n)
18  {
19      long long sum = 0, f = 1;
20      for (int i=1; i<=n; i++)
21      {
22          f = f * i;
23          sum = sum + f;
24      }
25      return sum % MOD;
26  }
```

程序运行结果如下：

```
Input n:15✓
636313
```

5. 验证角谷猜想。日本数学家角谷静夫发现，对于任意一个自然数 n，若 n 为偶数，则将其除以 2；若 n 为奇数，则将其乘 3，然后加 1。将所得运算结果再按照以上规则进行计算，如此经过有限次运算后，总可以得到自然数 1。例如，输入自然数 8，8 是偶数，则进行以下计算：8/2=4，4/2=1。如果输入自然数 5，5 是奇数，则进行以下计算：$5 \times 3+1=16$，16/2=8，8/2=4，4/2=1。要求从键盘输入自然数 n（$0<n \leqslant 100$），编程验证角谷猜想，列出计算过程中的每一步，要求能对输入数据进行合法性检查，直到用户输入合格。

【参考答案】参考程序：

```
1   #include<stdio.h>
2   void KakutaniTest(int n);
3   int main(void)
4   {
5       int n;
6       do{
7           printf("Input n:");
8           scanf("%d", &n);
9       }while (!(n >= 1 && n <= 100));
```

```
10        KakutaniTest(n);
11        return 0;
12    }
13    void KakutaniTest(int n)
14    {
15        int count = 0;
16        while (n != 1)
17        {
18            count++;
19            if (n % 2 == 1)
20            {
21                printf("Step%d:%d*3+1=%d\n", count, n, n * 3 + 1);
22                n = n * 3 + 1;
23            }
24            else
25            {
26                printf("Step%d:%d/2=%d\n", count, n, n / 2);
27                n /= 2;
28            }
29        }
30    }
```

程序运行结果 1 如下：

```
Input n:10↙
Step1:10/2=5
Step2:5*3+1=16
Step3:16/2=8
Step4:8/2=4
Step5:4/2=2
Step6:2/2=1
```

程序运行结果 2 如下：

```
Input n:13↙
Step1:13*3+1=40
Step2:40/2=20
Step3:20/2=10
Step4:10/2=5
Step5:5*3+1=16
Step6:16/2=8
Step7:8/2=4
Step8:4/2=2
Step9:2/2=1
```

6. 完全数判断。完全数也称完美数或完数，它是指这样的一些特殊的自然数：它所有的真因子（即除自身以外的约数）的和，恰好等于它本身，即 m 的所有小于 m 的不同因子（包括 1）加起来恰好等于 m 本身。注意：1 没有真因子，所以 1 不是完全数。例如，因为 6 = 1 + 2 + 3，所以 6 是一个完全数。请编写一个程序，判断一个整数 m 是否为完全数。

【参考答案】参考程序 1：

```
1    #include <stdio.h>
2    int IsPerfect(int x);
3    int main(void)
4    {
5        int m;
6        printf("Input m:");
7        scanf("%d", &m);
8        if (IsPerfect(m))          //若 m 是完全数
9        {
10            printf("Yes!\n");
```

```
11      }
12      else                          //若 m 不是完全数
13      {
14          printf("No!\n");
15      }
16      return 0;
17  }
18  //函数功能：判断完全数，若函数返回 0，则代表不是完全数；若函数返回 1，则代表是完全数
19  int IsPerfect(int x)
20  {
21      int sum = 0;                  //x 为 1 时，sum=0，函数将返回 0，表示 1 没有真因子，不是完全数
22      for (int i=1; i<=x/2; i++)
23      {
24          if (x % i == 0)
25          {
26              sum = sum + i;
27          }
28      }
29      return sum==x ? 1 : 0;
30  }
```

参考程序 2：

```
1   #include <stdio.h>
2   int IsPerfect(int x);
3   int main(void)
4   {
5       int m;
6       printf("Input m:");
7       scanf("%d", &m);
8       if (IsPerfect(m))             //若 m 是完全数
9       {
10          printf("Yes!\n");
11      }
12      else                          //若 m 不是完全数
13      {
14          printf("No!\n");
15      }
16      return 0;
17  }
18  //函数功能：判断完全数，若函数返回 0，则代表不是完全数；若函数返回 1，则代表是完全数
19  int IsPerfect(int x)
20  {
21      int sum = 1;
22      for (int i=2; i*i<=x; i++)
23      {
24          if (x % i == 0)
25          {
26              sum = sum + i;
27              if (i * i != x)
28              {
29                  sum += x / i;
30              }
31          }
32      }
33      return sum==x && x!=1 ? 1 : 0;  //1 不是完全数
34  }
```

参考程序 3：

```
1   #include <stdio.h>
2   #include <math.h>
```

```
3    int IsPerfect(int x);
4    int main(void)
5    {
6        int m;
7        printf("Input m:");
8        scanf("%d", &m);
9        if (IsPerfect(m))              //若m是完全数
10       {
11           printf("Yes!\n");
12       }
13       else                          //若m不是完全数
14       {
15           printf("No!\n");
16       }
17       return 0;
18   }
19   //函数功能：判断完全数，若函数返回0，则代表不是完全数；若函数返回1，则代表是完全数
20   int IsPerfect(int x)
21   {
22       int sum = 1;
23       int k = (int)sqrt(x);
24       for (int i=2; i<=k; i++)
25       {
26           if (x % i == 0)
27           {
28               sum += i;
29               if (i*i != x)
30               {
31                   sum += x/i;
32               }
33           }
34       }
35       return sum==x && x!=1 ? 1 : 0;    //1不是完全数
36   }
```

程序运行结果1如下：

```
Input m:6↙
Yes!
```

程序运行结果2如下：

```
Input m:20↙
No!
```

7. 完全数统计。请编写一个程序，输出 n 以内所有的完全数。n 是[1,1000000]区间上的数，由用户从键盘输入。如果用户输入的数不在此区间，则输出"Input error!\n"。

【参考答案】参考程序1：

```
1    #include <stdio.h>
2    #include <stdlib.h>
3    int IsPerfect(int x);
4    int main(void)
5    {
6        int n, i, ret;
7        printf("Input n:");
8        ret = scanf("%d", &n);
9        if (ret!=1 || n<1 || n>1000000)
10       {
11           printf("Input error!\n");
12           exit(0);
13       }
```

```
14      for (i=1; i<n; i++)
15      {
16          if (IsPerfect(i))
17          {
18              printf("%d\n", i);
19          }
20      }
21      return 0;
22  }
23  //函数功能：判断完全数，若函数返回 0，则代表不是完全数；若函数返回 1，则代表是完全数
24  int IsPerfect(int x)
25  {
26      int i;
27      int sum = 0;
28      for (i=1; i<=x/2; i++)
29      {
30          if (x%i == 0)
31          {
32              sum = sum + i;
33          }
34      }
35      return sum==x ? 1 : 0;
36  }
```

参考程序 2：

```
1   #include <stdio.h>
2   #include <stdlib.h>
3   int IsPerfect(int x);
4   int main(void)
5   {
6       int n, i, ret;
7       printf("Input n:");
8       ret = scanf("%d", &n);
9       if (ret!=1 || n<1 || n>1000000)
10      {
11          printf("Input error!\n");
12          exit(0);
13      }
14      for (i=1; i<n; i++)
15      {
16          if (IsPerfect(i))
17          {
18              printf("%d\n", i);
19          }
20      }
21      return 0;
22  }
23  //函数功能：判断完全数，若函数返回 0，则代表不是完全数；若函数返回 1，则代表是完全数
24  int IsPerfect(int x)
25  {
26      int sum = 1;
27      for (int i=2; i*i<=x; i++)
28      {
29          if (x % i == 0)
30          {
31              sum = sum + i;
32              if (i * i != x)
33              {
34                  sum += x / i;
35              }
```

```
36              }
37          }
38          return sum==x && x!=1 ? 1 : 0;  //1 不是完全数
39    }
```

参考程序 3：

```
1     #include <stdio.h>
2     #include <stdlib.h>
3     #include <math.h>
4     int IsPerfect(int x);
5     int main(void)
6     {
7         int n, i, ret;
8         printf("Input n:");
9         ret = scanf("%d", &n);
10        if (ret!=1 || n<1 || n>1000000)
11        {
12            printf("Input error!\n");
13            exit(0);
14        }
15        for (i=1; i<n; i++)
16        {
17            if (IsPerfect(i))
18            {
19                printf("%d\n", i);
20            }
21        }
22        return 0;
23    }
24    //函数功能: 判断完全数, 若函数返回 0, 则代表不是完全数; 若函数返回 1, 则代表是完全数
25    int IsPerfect(int x)
26    {
27        int sum = 1;
28        int k = (int)sqrt(x);
29        for (int i=2; i<=k; i++)
30        {
31            if (x % i == 0)
32            {
33                sum += i;
34                if (i*i != x)
35                {
36                    sum += x/i;
37                }
38            }
39        }
40        return sum==x && x!=1 ? 1 : 0;    //1 不是完全数
41    }
```

程序运行结果如下：

```
Input n:10000✓
6
28
496
8128
```

8. 统计特殊的星期天。已知 1900 年 1 月 1 日是星期一，请编写一个程序，计算在 1901 年 1 月 1 日至某年 12 月 31 日期间共有多少个星期日落在每月的第一天上。要求先输入年份 y，如果输入非法字符，或者输入的年份小于 1901，则提示重新输入。然后输出在 1901 年 1 月 1 日至 y 年 12 月 31 日期间星期日落在每月的第一天的天数。

　　【分析】虽然每隔 7 天就会出现一个星期日，但是这个星期日是否落在每个月的第一天，需要统计从 1900 年 1 月 1 日（星期一）到某年某月第一天的累计天数，该天数对 7 求余为 1 就说明它是星期一，对 7 求余为 2 就说明是星期二，依次类推。对 7 求余为 0 就说明它是星期日，于是就将计数器加 1，最后返回计数器统计的结果即为所求的。

　　【参考答案】参考程序：

```c
#include <stdio.h>
int CountSundays(int y);
int IsLeapYear(int y);
int main(void)
{
    int y, n;
    do{
        printf("Input year:");
        n = scanf("%d", &y);
        if (n != 1) while (getchar() != '\n');
    } while (n!=1 || y < 1901);
    printf("%d\n", CountSundays(y));
    return 0;
}
//函数功能：计算并返回 1901 年 1 月 1 日至 y 年 12 月 31 日期间星期日落在每个月第一天的天数
int CountSundays(int y)
{
    int days = 365, times = 0;
    int i, year;
    for (year=1901; year<=y; ++year)
    {
        for (i=1; i<=12; i++)
        {
            if ((days+1)%7 == 0)
            {
                times++;
            }
            if (i == 2)
            {
                if (IsLeapYear(year))
                {
                    days = days + 29;
                }
                else
                {
                    days = days + 28;
                }
            }
            else if (i==1||i==3||i==5||i==7||i==8||i==10||i==12)
            {
                days = days + 31;
            }
            else
            {
                days = days + 30;
            }
        }
    }
    return times;
}
//函数功能：判断 y 是否为闰年，若是，则返回 1，否则返回 0
int IsLeapYear(int y)
```

```
53    {
54        return ((y%4==0&&y%100!=0) || (y%400==0)) ? 1 : 0;
55    }
```

程序运行结果 1 如下：

```
Input year:1901✓
2
```

程序运行结果 2 如下：

```
Input year:1999✓
170
```

程序运行结果 3 如下：

```
Input year:2000✓
171
```

程序运行结果 4 如下：

```
Input year:1984✓
144
```

程序运行结果 5 如下：

```
Input year:2100✓
343
```

程序运行结果 6 如下：

```
Input year:a✓
Input year:1900✓
Input year:1902✓
3
```

9. 泊松的分酒趣题。法国著名数学家泊松青年时代研究过一个有趣的数学问题：某人有 12 品脱（1 品脱≈0.56826 升）的啤酒一瓶，想从中倒出 6 品脱，但他没有 6 品脱的容器，仅有一个 8 品脱和一个 5 品脱的容器，怎样倒才能将啤酒分为两个 6 品脱呢？请编程求解。

【参考答案】参考程序：

```
1    #include <stdio.h>
2    void GetP(int a, int y, int z, int p);
3    int main(void)
4    {
5        int a, y, z;//a,b,c 容器的容量
6        int p;     //想要得到的体积量
7        printf("Input Full a,Empty b,c,Get p:");
8        scanf("%d%d%d%d", &a, &y, &z, &p);              //用户输入自定义的容量和需求
9        GetP(a, y, z, p);
10       GetP(a, z, y, p);
11       return 0;
12   }
13   //函数功能：分酒过程
14   void GetP(int a, int y, int z, int p)
15   {
16       int b = 0, c = 0;
17       printf(" a%d  b%d  c%d\n%4d%4d%4d\n", a, y, z, a, b, c);
18       while ((a != p) || (b != p && c != p))          //循环条件：a 和 b 和 c 都达不到要求
19       {
20           if (!b)   //如果 b == 0 即 b 容器是空的
21           {
22               a = a - y;
23               b = y;                                  //把 a 容器里的酒倒入 b 中，并倒满
24           }
25           else if (c == z)          //如果 c 容器是满的
26           {
```

```
27          a = a + z;
28          c = 0;                          //把c容器里的酒全部倒回a中
29      }
30      else if (b > z - c)                 //如果b中酒比c中还能容纳的酒多
31      {
32          b = b - (z - c);
33          c = z;                          //给c倒满
34      }
35      else
36      {
37          c = c + b;
38          b = 0;                          //把b全给c, b空
39      }
40      printf("%4d%4d%4d\n", a, b, c);     //输出每一步倒酒的操作
41      }
42  }
```

程序运行结果如下：

```
Input Full a,Empty b,c,Get p: 12 8 5 6↙
  a12  b8  c5
  12   0   0
   4   8   0
   4   3   5
   9   3   0
   9   0   3
   1   8   3
   1   6   5
   6   6   0
  a12  b5  c8
  12   0   0
   7   5   0
   7   0   5
   2   5   5
   2   2   8
  10   2   0
  10   0   2
   5   5   2
   5   0   7
   0   5   7
   0   4   8
   8   4   0
   8   0   4
   3   5   4
   3   1   8
  11   1   0
  11   0   1
   6   5   1
   6   0   6
```

习 题 6

1. 医疗捐款。某地区收到 16 万元医疗捐款，用于购买医疗物资，其中，一箱防护服 5000 元，一箱面罩 2000 元，一箱口罩 1000 元，需将购买的医疗物资全部捐给 n（$5{\leqslant}n{\leqslant}20$）个医院，每个医院至少一箱防护服、一箱面罩和一箱口罩，例如，捐给 10 个医院时，购买防护服、面罩和口罩的数量分别为 26 箱、10 箱、10 箱，这是一种捐赠方案。请编程计算一共有多少种捐赠方案。

【参考答案】参考程序：

```
1    #include <stdio.h>
2    int AntiPandemic(int n);
3    int main(void)
4    {
5        int n;
6        do{
7            scanf("%d", &n);
8        }while(!(n>=5 && n<=20));
9        printf("%d\n", AntiPandemic(n));
10       return 0;
11   }
12   int AntiPandemic(int n)
13   {
14       int count = 0;
15       for (int x=0; x<=40; x++)
16       {
17           for (int y=0; y<51; y++)
18           {
19               for (int z=0; z<=200; z++)
20               {
21                   if ((5000*x+2000*y+1000*z == 160000) && (x>=n && y>=n && z>=n))
22                   {
23                       count++;
24                   }
25               }
26           }
27       }
28       return count;
29   }
```

程序运行结果如下：

```
10✓
353
```

2. 扶贫物资。为了有效解决贫困户肥料不足的燃眉之急，帮助扶贫对象提高生产能力，近日，某镇准备了春耕相关扶贫物资 n 套（1≤n≤10），现要将它们发放给 3 个村。如果要求其中一个村分得的物资数是其他两个村之和，且每个村至少分得 1 套物资，请编程计算一共有多少种发放方案。

【参考答案】参考程序：

```
1    #include<stdio.h>
2    int GetNum(int n);
3    int main(void)
4    {
5        int num, n;
6        scanf("%d", &n);
7        num = GetNum(n);
8        if (num)
9        {
10           printf("Count=%d\n", num);
11       }
12       else
13       {
14           printf("Not found");
15       }
16       return 0;
17   }
18   int GetNum(int n)
```

```
19  {
20      int count = 0;
21      for (int x=1; x<=n; x++)
22      {
23          for (int y=1; y<=n; y++)
24          {
25              for (int z=1; z<=n; z++)
26              {
27                  if (x+y+z==n && (x==y+z||y==x+z||z==x+y))
28                  {
29                      count++;
30                  }
31              }
32          }
33      }
34      return count;
35  }
```

第一次测试的程序运行结果如下：

```
8✓
Count=9
```

第二次测试的程序运行结果如下：

```
2✓
Not found
```

3. 社交圈。小明加入了一个社交圈。起初他有 5 个朋友。他注意到他的朋友数量以下面的方式增长。第一周 1 个朋友退出，剩下的朋友数量翻倍；第二周 2 个朋友退出，剩下的朋友数量翻倍。依次类推，第 n 周 n 个朋友退出，剩下的朋友数量翻倍。请编写一个程序，计算小明在第 n 周的朋友数量。

【参考答案】参考程序：

```
1   #include <stdio.h>
2   int CountFriends(int n, int friends);
3   int main(void)
4   {
5       int n = 0;
6       scanf("%d", &n);
7       if (n > 0)
8       {
9           printf("n=%d,friends=%d\n", n, CountFriends(n, 5));
10      }
11      else
12      {
13          printf("Error!\n");
14      }
15      return 0;
16  }
17  int CountFriends(int n, int friends)
18  {
19      int a = friends;
20      for (int i=1; i<=n; i++)
21      {
22          a -= i;
23          a *= 2;
24      }
25      return a;
26  }
```

第一次测试的程序运行结果如下：

```
8✓
```

```
n=8,friends=276
```

第二次测试的程序运行结果如下：

```
-2✓
Error!
```

4. 助人为乐。学校收到一封表扬信，表扬该校一位同学做了一件助人为乐的好事。经过调查，最后学校锁定了 4 名同学，其中有一位是真正做了好事的学生。询问 4 位同学时，他们的回答如下：

A 说：不是我。

B 说：是 C。

C 说：是 D。

D 说：C 胡说。

请编程判断是谁做的好事。

【参考答案】参考程序：

```
1    #include<stdio.h>
2    int SearchGoodMan(void);
3    int main(void)
4    {
5        int gm = SearchGoodMan();
6        if (gm != -1)
7        {
8            printf("Good man is %c\n", gm);
9        }
10       else
11       {
12           printf("Not found\n");
13       }
14       return 0;
15   }
16   int SearchGoodMan(void)
17   {
18       for (int i='A'; i<='D'; i++)
19       {
20           int gm = i;
21           int q1 = (gm != 'A');
22           int q2 = (gm == 'C');
23           int q3 = (gm == 'D');
24           int q4 = (gm != 'D');
25           if (q1 + q2 + q3 + q4 == 3)
26           {
27               return gm;
28           }
29       }
30       return -1;
31   }
```

程序运行结果如下：

```
Good man is C
```

5. 背单词。德国心理学家艾宾豪斯（H.Ebbinghaus）研究发现，遗忘在学习之后立即开始，而且遗忘的进程并不是均匀的。初次记忆开始后的 x 小时，记忆率近似为 $y=1-0.56x^{0.06}$。为了减缓遗忘，一个学生采用每 7 天复习一次单词的策略背诵单词，即初次背诵的单词会在 7 天后重新背诵一遍，假设这种复习策略可以将记忆率提高 10%，一个单词背诵一遍记为一次，同一个单词背诵两遍，记为两次，该学生从第一天早上 7 点开始，每天花费一小时背诵 10 个单词，请编程计算到第 30 天上午 7 点，这个学生没有遗忘的单词总数和这个学生背诵单词的总次数。

【参考答案】参考程序：

```
1   #include<stdio.h>
2   #include<stdlib.h>
3   #include<math.h>
4   int RememberWords(int days);
5   int RecitationTimes(int days);
6   int main(void)
7   {
8       printf("%d %d", RememberWords(30), RecitationTimes(30));
9       return 0;
10  }
11  int RememberWords(int days)
12  {
13      int sum = 0, duration;
14      for (int i=1; i<7; i++)
15      {
16          duration = i * 24 - 1;
17          sum += (int)(10 * (1 - 0.56 * pow(duration, 0.06)));
18      }
19      for (int i=7; i<days; i++)
20      {
21          duration = i * 24 - 1;
22          sum += (int)(10 * (1 - 0.56 * pow(duration, 0.06)) * 1.1);
23      }
24      return sum;
25  }
26  int RecitationTimes(int days)
27  {
28      int sum = 0;
29      for (int i=1; i<7; i++)
30      {
31          sum += 10;
32      }
33      for (int i=7; i<days; i++)
34      {
35          sum += 20;
36      }
37      return sum;
38  }
```

程序运行结果如下：

```
53 520
```

6. 吹气球。已知一只气球最多能充 h 升气体，如果气球内气体超过 h 升，气球就会爆炸。小明每天吹一次气，每次吹进去 m 升气体，由于气球慢撒气，到了第二天早晨会少 n 升气体。若小明从某天早晨开始吹一只气球，请编写一个程序计算第几天气球会被吹爆。

【分析】假设气球内的气体体积 volume 初值为 0，那么吹气的过程就是执行下面这个累加运算：

```
volume = volume + m;
```

而气球慢撒气的过程就是执行下面这个累加运算：

```
volume = volume - n;
```

在每次吹气后（注意不是撒气后）判断气球是否会被吹爆。当 volume>h 时，表示气球被吹爆，此时函数返回累计的天数。

【参考答案】参考程序 1：

```
1   #include <stdio.h>
```

```c
2    int GetDays(int h, int m, int n);
3    int main(void)
4    {
5        int h, m, n;
6        do{
7            printf("请输入 h,m,n:");
8            scanf("%d,%d,%d", &h, &m, &n);
9        }while (h<=0 || m<=0 || n<0 || m<=n);
10       printf("气球第%d 天被吹爆", GetDays(h, m, n));
11       return 0;
12   }
13   int GetDays(int h, int m, int n)
14   {
15       int days = 0, volume = 0, today = 0;
16       while (today <= h)
17       {
18           days++;
19           volume = volume + m;
20           today = volume;
21           volume = volume - n;
22       }
23       return days;
24   }
```

参考程序 2：

```c
1    #include <stdio.h>
2    int GetDays(int h, int m, int n);
3    int main(void)
4    {
5        int h, m, n;
6        do{
7            printf("请输入 h,m,n:");
8            scanf("%d,%d,%d", &h, &m, &n);
9        }while (h<=0 || m<=0 || n<0 || m<=n);
10       printf("气球第%d 天被吹爆", GetDays(h, m, n));
11       return 0;
12   }
13   int GetDays(int h, int m, int n)
14   {
15       int days = 0, volume = 0;
16       while (1)
17       {
18           days++;
19           volume = volume + m;
20           if (volume > h) return days;
21           volume = volume - n;
22       }
23   }
```

程序运行结果如下：

请输入 h,m,n:20,5,3↙
气球第 9 天被吹爆

7. 减肥食谱。某女生因减肥每餐限制摄入热量 900 千卡，可以选择的食物包括主食面条，一份 160 千卡，副食中一份橘子 40 千卡，一份西瓜 50 千卡，一份蔬菜 80 千卡。请编程帮助该女生计算如何选择一餐的食物，使得总的热量为 900 千卡，同时至少包含一份面条和一份水果，且总的份数不超过 10。

【参考答案】参考程序 1：

```c
1    #include <stdio.h>
```

```
2    #include <stdlib.h>
3    int main(void)
4    {
5        for (int i=1; i<=5; i++)
6        {
7            for (int j=0; j<=22; j++)
8            {
9                for (int k=0; k<=18; k++)
10               {
11                   if (j == 0 && k == 0)
12                   {
13                       continue;
14                   }
15                   for (int m = 0; m <= 11; ++m)
16                   {
17                       if (i + j + k + m <= 10)
18                       {
19                           if (i * 160 + j * 40 + k * 50 + m * 80 == 900)
20                           {
21                               printf("%d %d %d %d\n", i, j, k, m);
22                           }
23                       }
24                       else
25                       {
26                           break;
27                       }
28                   }
29               }
30           }
31       }
32       return 0;
33   }
```

参考程序 2:

```
1    #include <stdio.h>
2    #include <stdlib.h>
3    int main(void)
4    {
5        for (int i=1; i<=5; i++)
6        {
7            for (int j=0; j<=22; j++)
8            {
9                for (int k=0; k<=18; k++)
10               {
11                   for (int m = 0; m <= 11; ++m)
12                   {
13                       if (i + j + k + m <= 10 && (j != 0 || k != 0))
14                       {
15                           if (i * 160 + j * 40 + k * 50 + m * 80 == 900)
16                           {
17                               printf("%d %d %d %d\n", i, j, k, m);
18                           }
19                       }
20                       else
21                       {
22                           break;
23                       }
24                   }
25               }
26           }
```

```
27          }
28      return 0;
29  }
```

程序运行结果如下：

```
2 0 2 6
3 0 2 4
3 2 2 3
4 0 2 2
4 2 2 1
4 4 2 0
5 0 2 0
```

8. 发红包。某公司提供 n 个红包，每个红包里有 1 元，假设所有人都可以领。在红包足够的情况下，排在第 i 位的人领 Fib(i) 个红包，这里 Fib(i) 是 Fibonacci 数列的第 i 项（第 1 项为 1）。如果轮到第 i 个人领取时，剩余的红包不到 Fib(i) 个，那么他就获得所有剩余的红包，第 $i+1$ 个及之后的人就无法获得红包。小白希望自己能拿到最多的红包，请编写一个程序帮小白算一算他应该排在第几位，最多能拿到多少个红包。

【分析】计算每个人领取红包的个数，需要先计算 Fibonacci 数列。计算 Fibonacci 数列的递推公式如下：

$$f_1 = 1 \qquad (i=1)$$
$$f_2 = 1 \qquad (i=2)$$
$$f_i = f_{i-1} + f_{i-2} \qquad (i \geqslant 3)$$

依次令 $i=1$，2，3,…，可由上述公式递推求出 Fibonacci 数列的前几项分别为

$$1, 1, 2, 3, 5, 8, 13, 21, 34, 55, 89, 144,\cdots$$

将这些项累加在一起，直到累加和大于等于 n 为止。如果 n 与前 $i-1$ 项的累加和的差值大于 Fib($i-1$)，则 n 与前 $i-1$ 项的累加和的差值即为小白可以拿到的最多红包数，i 就是他应排在的位置，否则 Fib($i-1$) 即为小白可以拿到的最多红包数，$i-1$ 就是他应排在的位置。其中，$n \leqslant 3$ 的情况需要单独处理，此时小白能拿到的最多红包数都是 1。

计算 Fibonacci 数列，既可以使用正向顺推方法求解，也可以使用递归方法进行求解。

【参考答案】参考程序 1：

```
1   #include <stdio.h>
2   long Fib(int n);
3   int main(void)
4   {
5       int i;
6       long n, sum = 2;
7       printf("Input n:");
8       scanf("%ld", &n);
9       if (n > 3)
10      {
11          for (i=3; sum<n; i++)
12          {
13              sum = sum + Fib(i);
14          }
15          i--;
16          sum = sum - Fib(i);
17          if (n - sum > Fib(i-1))
18          {
19              printf("pos=%d\nHongbao=%ld\n", i, n - sum);
20          }
21          else
```

```
22              {
23                  printf("pos=%d\nHongbao=%ld\n", i-1, Fib(i-1));
24              }
25          }
26          else
27          {
28              printf("pos=1\nHongbao=1\n");
29          }
30          return 0;
31      }
32      //函数功能: 正向顺推法计算并返回 Fibonacci 数列的第 n 项
33      long Fib(int n)
34      {
35          long f1 = 1, f2 = 1, f3 = 2;
36          if (n == 1)
37          {
38              return 1;
39          }
40          else if (n == 2)
41          {
42              return 1;
43          }
44          else
45          {
46              for (int i=3; i<=n; i++) //每递推一次计算一项
47              {
48                  f3 = f1 + f2;
49                  f1 = f2;
50                  f2 = f3;
51              }
52              return f3;
53          }
54      }
```

参考程序 2:

```
1      #include <stdio.h>
2      long Fib(int n);
3      int main()
4      {
5          int n, i;
6          long sum = 1, next;
7          printf("Input n:");
8          scanf("%d", &n);
9          if (n == 1 || n == 2)
10         {
11             printf("pos=1\nHongbao=1\n");
12         }
13         else
14         {
15             for (i=3,sum=2; n-sum>0; i++)
16             {
17                 next = Fib(i);
18                 if (n - sum > next)
19                     sum += next;
20                 else break;
21             }
22             if (n-sum > Fib(i-1))
23             {
24                 printf("pos=%d\nHongbao=%ld\n", i, n-sum);
25             }
26             else
```

```
27          {
28              printf("pos=%d\nHongbao=%ld\n", i-1, Fib(i-1));
29          }
30      }
31      return 0;
32  }
33  //函数功能：递归法计算并返回 Fibonacci 数列的第 n 项
34  long Fib(int n)
35  {
36      long f1 = 1, f2 = 1, f3 = 2;
37      if (n == 1)
38      {
39          return 1;
40      }
41      else if (n == 2)
42      {
43          return 1;
44      }
45      else
46      {
47          for (int i=3; i<=n; i++) //每递推一次计算一项
48          {
49              f3 = f1 + f2;
50              f1 = f2;
51              f2 = f3;
52          }
53          return f3;
54      }
55  }
```

参考程序 3：

```
1   #include <stdio.h>
2   long Fib(int n);
3   int main()
4   {
5       int n, i;
6       long sum = 1, next;
7       printf("Input n:");
8       scanf("%d", &n);
9       if (n == 1 || n == 2)
10      {
11          printf("pos=1\nHongbao=1\n");
12      }
13      else
14      {
15          for (i=3,sum=2; n-sum>0; i++)
16          {
17              next = Fib(i);
18              if (n - sum > next)
19                  sum += next;
20              else break;
21          }
22          if (n-sum > Fib(i-1))
23          {
24              printf("pos=%d\nHongbao=%ld\n", i, n-sum);
25          }
26          else
27          {
28              printf("pos=%d\nHongbao=%ld\n", i-1, Fib(i-1));
29          }
30      }
31      return 0;
32  }
```

```
33   //函数功能：递归法计算并返回 Fibonacci 数列的第 n 项
34   long Fib(int n)
35   {
36       if (n == 1 || n == 2)
37       {
38           return 1;
39       }
40       else
41       {
42           return (Fib(n-1) + Fib(n-2));
43       }
44   }
```

程序运行结果 1 如下：

```
Input n:1↙
pos=1
Hongbao=1
```

程序运行结果 2 如下：

```
Input n:20↙
pos=6
Hongbao=8
```

程序运行结果 3 如下：

```
Input n:21↙
pos=6
Hongbao=8
```

程序运行结果 4 如下：

```
Input n:29↙
pos=7
Hongbao=9
```

程序运行结果 5 如下：

```
Input n:1018↙
pos=14
Hongbao=377
```

9. 爱因斯坦的趣味数学题。有一个长阶梯，若每步跨 2 阶，最后剩下 1 阶；若每步跨 3 阶，最后剩下 2 阶；若每步跨 5 阶，最后剩下 4 阶；若每步跨 6 阶，最后剩下 5 阶；只有每步跨 7 阶，最后才正好 1 阶不剩。问：该阶梯至少有多少阶？

【分析】设阶梯数为 x，按题意阶梯数应满足关系式：$x\%2 == 1$ && $x\%3 == 2$ && $x\%5 == 4$ && $x\%6 == 5$ && $x\%7 == 0$，采用穷举法对 x 从 1 开始试验，可计算出阶梯共有多少阶。

【参考答案】参考程序 1：

```
1    #include <stdio.h>
2    int main(void)
3    {
4        int  x = 1, find = 0;
5        while (!find)
6        {
7            if (x%2==1 && x%3==2 && x%5==4 && x%6==5 && x%7==0)
8            {
9                printf("x = %d\n", x);
10               find = 1;
11           }
12           x++;
13       }
14       return 0;
15   }
```

参考程序 2：

```
1    #include <stdio.h>
```

```
2     int main(void)
3     {
4         int  x = 1;
5         while (1)
6         {
7             if (x%2==1 && x%3==2 && x%5==4 && x%6==5 && x%7==0)
8             {
9                 printf("x = %d\n", x);
10                break;
11            }
12            x++;
13        }
14        return 0;
15    }
```

参考程序 3：

```
1     #include <stdio.h>
2     int main(void)
3     {
4         int  x = 0, find = 0;
5         do{
6             x++;
7             find = x%2==1 && x%3==2 && x%5==4 && x%6==5 && x%7==0;
8         } while (!find);
9         printf("x = %d\n", x);
10        return 0;
11    }
```

参考程序 4：

```
1     #include <stdio.h>
2     int main(void)
3     {
4         int  x = 0;
5         do{
6             x++;
7         } while (!(x%2==1 && x%3==2 && x%5==4 && x%6==5 && x%7==0));
8         printf("x = %d\n", x);
9         return 0;
10    }
```

程序运行结果如下：

```
x = 119
```

10. 马克思手稿中的趣味数学题。男人、女人和小孩总计 30 人，在一家饭店吃饭，共花了 50 先令，每个男人花 3 先令，每个女人花 2 先令，每个小孩花 1 先令，请用穷举法编程计算男人、女人和小孩各有几人。

【分析】设有男人、女人和小孩各 x、y、z 人，按题目要求可列出如下方程组：

$$\begin{cases} x + y + z = 30 \\ 3x + 2y + z = 50 \end{cases}$$

利用穷举法求解上面的不定方程。

【参考答案】

方法 1：采用三重循环，令 x、y、z 分别从 0 变化到 30，穷举 x、y、z 的全部可能取值的组合，然后判断 x、y、z 的每一种组合是否满足方程组的解的条件。参考程序 1：

```
1     #include <stdio.h>
2     int main(void)
3     {
4         printf("Men\tWomen\tChildren\n");
5         for (int x=0; x<=30; x++)
```

```
6    {
7        for (int y=0; y<=30; y++)
8        {
9            for (int z=0; z<=30; z++)
10           {
11               if (x+y+z == 30 && 3*x+2*y+z == 50)
12                   printf("%3d\t%5d\t%8d\n", x, y, z);
13           }
14       }
15   }
16   return 0;
17 }
```

方法 2：由于每个男人花 30 先令，所以在只花 50 先令的情况下，最多只有 16 个男人；同样，在只花 50 先令的情况下，最多只有 25 个女人，而小孩的人数可由方程式 $x+y+z=30$ 计算得到，因此可以缩小需要穷举的范围，提高算法的效率。参考程序 2：

```
1    #include <stdio.h>
2    int main(void)
3    {
4        printf("Men\tWomen\tChildren\n");
5        for (int x=0; x<=16; x++)
6        {
7            for (int y=0; y<=25; y++)
8            {
9                int z = 30 - x - y;
10               if (3*x+2*y+z == 50)
11               {
12                   printf("%3d\t%5d\t%8d\n", x, y, z);
13               }
14           }
15       }
16       return 0;
17   }
```

程序运行结果如下：

```
Men     Women    Children
 0        20         10
 1        18         11
 2        16         12
 3        14         13
 4        12         14
 5        10         15
 6         8         16
 7         6         17
 8         4         18
 9         2         19
10         0         20
```

11. 疫苗接种。假设某一社区第一天的疫苗接种数量为 2000 剂，接下来每一天的疫苗接种数量为前一天的 98%（向下取整），现要求该社区至少完成 n 剂疫苗的注射，求最少需要多少天能够完成。请编程输入至少完成注射的疫苗数量，输出完成注射的最少天数。

【参考答案】参考程序：

```
1    #include<stdio.h>
2    int Vaccination(double n);
3    int main(void)
4    {
5        double n;
6        printf("Input n:");
7        scanf("%lf", &n);
```

```
8         printf("%d", Vaccination(n));
9         return 0;
10  }
11  int Vaccination(double n)
12  {
13      double sum = 0, n0 = 2000;
14      int days = 0;
15      while (sum < n)
16      {
17          sum += n0;
18          n0 = n0 * 0.98;
19          days++;
20      }
21      return days;
22  }
```

程序运行结果如下：

```
Input n:5000↙
3
```

12. 水手分椰子。$n(1<n\leqslant 8)$个水手在岛上发现一堆椰子，第 1 个水手把椰子分为等量的 n 堆，还剩下 1 个给了猴子，自己藏起 1 堆。第 2 个水手把剩下的 $n-1$ 堆混合后重新分为等量的 n 堆，还剩下 1 个给了猴子，自己藏起 1 堆。第 3 个到第 $n-1$ 个水手均按此方法处理。最后，第 n 个水手把剩下的椰子分为等量的 n 堆后，同样剩下 1 个给了猴子。请编写一个程序，计算原来这堆椰子至少有多少个。

【分析】依题意，前一水手面对的椰子数减去 1 个后，取其 4/5 就是留给当前水手的椰子数。因此，若当前水手面对的椰子数是 y 个，则他前一个水手面对的椰子数是 $y*5/4+1$ 个，依次类推。若对某一个整数 y 经上述 5 次迭代都是整数，则最后的结果即为所求。因为依题意，y 一定是 5 的倍数加 1，所以让 y 从 $5x+1$ 开始取值（x 从 1 开始取值），在按 $y*5/4+1$ 进行的 4 次迭代中，若某一次 y 不是整数，则将 x 增 1 后用新的 x 再试，直到 5 次迭代的 y 值全部为整数时，输出 y 值即为所求。一般地，对 $n(n>1)$个水手，按 $y\times n/(n-1)+1$ 进行 n 次迭代可得 n 个水手分椰子问题的解。

【参考答案】参考程序：

```
1   #include <stdio.h>
2   long Coconut(int n);
3   int main(void)
4   {
5       int n;
6       do{
7           printf("Input n:");
8           scanf("%d", &n);
9       }while (n<1 || n>8);
10      printf("y = %ld\n", Coconut(n));
11      return 0;
12  }
13  long Coconut(int n)
14  {
15      int   i = 1;
16      double x = 1, y;
17      y = n * x + 1;
18      do{
19          y = y * n / (n-1) + 1;
20          i++;   //记录递推次数
21          if (y != (long)y)
22          {
23              x = x + 1; //试下一个 x
```

```
24              y = n * x + 1;
25              i = 1;  //递推重新开始计数
26          }
27      }while (i < n);
28      return (long)y;
29  }
```

程序运行结果如下：

```
Input n:8✓
y = 16777209
```

13. 孪生素数。相差 2 的两个素数称为孪生素数。例如，3 与 5，41 与 43 都是孪生素数。请编写一个程序，计算并输出指定区间[c,d]上的所有孪生素数对，并统计这些孪生素数对的数量。先输入区间[c,d]的下限值 c 和上限值 d，要求 c>2，如果数值不符合要求或出现非法字符，则重新输入。然后输出指定区间[c,d]上的所有孪生素数对以及这些孪生素数对的数量。

【参考答案】参考程序 1：

```
1   #include <stdio.h>
2   #include <math.h>
3   int IsPrime(int x);
4   int TwinPrime(int min, int max);
5   int main(void)
6   {
7       int c, d, n, ret;
8       do{
9           printf("Input c,d(c>2):");
10          ret = scanf("%d,%d", &c, &d);
11          if (ret != 2) while (getchar() != '\n');
12      }while (ret!=2 || c<=2 || c>=d);
13      n = TwinPrime(c, d);
14      printf("count=%d\n", n);
15      return 0;
16  }
17  //函数功能：判断 x 是否为素数，若函数返回 0，则表示不是素数；若返回 1，则代表是素数
18  int IsPrime(int x)
19  {
20      int i, flag = 1;
21      int squareRoot = (int)sqrt(x);
22      if (x <= 1)   flag = 0;    //负数、0 和 1 都不是素数
23      for (i=2; i<=squareRoot && flag; i++)
24      {
25          if (x%i == 0) flag = 0; //若能被整除，则不是素数
26      }
27      return flag;
28  }
29  //函数功能：输出[min,max]之间的孪生素数，返回其间孪生素数的个数
30  int TwinPrime(int min, int max)
31  {
32      int i, front = 0;
33      int count = 0;
34      if (min%2 == 0)
35      {
36          min++;
37      }
38      for (i=min; i<=max; i+=2)
39      {
40          if (IsPrime(i))
41          {
42              if (i - front == 2)
```

```
43              {
44                  printf("(%d,%d)", front, i);
45                  count++;
46              }
47              front = i;
48          }
49      }
50      printf("\n");
51      return count;
52  }
```

参考程序 2：

```
1   #include <stdio.h>
2   #include <math.h>
3   int IsPrime(int x);
4   int TwinPrime(int min, int max);
5   int main(void)
6   {
7       int c, d, n, ret;
8       do{
9           printf("Input c,d(c>2):");
10          ret = scanf("%d,%d", &c, &d);
11          if (ret != 2) while (getchar() != '\n');
12      }while (ret!=2 || c<=2 || c>=d);
13      n = TwinPrime(c, d);
14      printf("count=%d\n", n);
15      return 0;
16  }
17  //函数功能：判断 x 是否为素数，若函数返回 0，则表示不是素数；若返回 1，则代表是素数
18  int IsPrime(int x)
19  {
20      int flag = 1;
21      int squareRoot = (int)sqrt(x);
22      if (x <= 1)   flag = 0;        //负数、0 和 1 都不是素数
23      for (int i=2; i<=squareRoot && flag; i++)
24      {
25          if (x%i == 0) flag = 0; //若能被整除，则不是素数
26      }
27      return flag;
28  }
29  //函数功能：输出[min,max]之间的孪生素数，返回其间孪生素数的个数
30  int TwinPrime(int min, int max)
31  {
32      int count = 0;
33      if (min%2 == 0)
34      {
35          min++;
36      }
37      for (int i=min; i<=max-2; i+=2)
38      {
39          if (IsPrime(i) && IsPrime(i+2))
40          {
41              printf("(%d,%d)", i, i+2);
42              count++;
43          }
44      }
45      printf("\n");
46      return count;
47  }
```

程序运行结果如下：

```
Input c,d(c>2):1,100↙
Input c,d(c>2):2,100↙
Input c,d(c>2):3,100↙
(3,5)(5,7)(11,13)(17,19)(29,31)(41,43)(59,61)(71,73)
count=8
```

14. 回文素数。所谓回文素数是指一个素数从左到右读和从右到左读都是相同的，如 11、101、313 等。请编写一个程序，计算并输出 n 以内的所有回文素数，并统计这些回文素数的个数。先输入一个取值范围为[100,1000]的任意整数 n，如果超过这个范围或者出现非法字符，则重新输入。然后输出 n 以内的所有回文素数，以及这些回文素数的个数。

【参考答案】参考程序：

```
1   #include<stdio.h>
2   #include<math.h>
3   int IsPrime(int x);
4   int PalindromicPrime(int n);
5   int main(void)
6   {
7       int n, count, ret;
8       do{
9           printf("Input n:");
10          ret = scanf("%d", &n);
11          if (ret != 1) while (getchar() != '\n');
12      }while (ret!=1 || n<100 || n>1000);
13      count = PalindromicPrime(n);
14      printf("count=%d\n", count);
15      return 0;
16  }
17  //函数功能：判断 x 是否为素数，若函数返回 0，则表示不是素数；若返回 1，则代表是素数
18  int IsPrime(int x)
19  {
20      int flag = 1;
21      int squareRoot = (int)sqrt(x);
22      if (x <= 1)    flag = 0;                //负数、0 和 1 都不是素数
23      for (int i=2; i<=squareRoot && flag; i++)
24      {
25          if (x%i == 0) flag = 0; //若能被整除，则不是素数
26      }
27      return flag;
28  }
29  //函数功能：计算并输出不超过 n（100<=n<=1000）的回文素数，并返回回文素数的个数
30  int PalindromicPrime(int n)
31  {
32      int i, j, k, t, m, count = 0;
33      for (m=10; m<n; ++m)                    //从 10 开始试到 n-1
34      {
35          i = m / 100;                        //分离出百位数字
36          j = (m - i * 100) / 10;             //分离出十位数字
37          k = m % 10;                         //分离出个位数字
38          if (m < 100)                        //若为两位数
39          {
40              t = k * 10 + j;                 //右读结果
41          }
42          else                                //若为三位数
43          {
44              t = k * 100 + j * 10 + i;       //右读结果
45          }
```

```
46          if (m==t && IsPrime(m))
47          {
48              printf("%4d", m);
49              count++;
50          }
51      }
52      printf("\n");
53      return count;
54  }
```

程序运行结果如下：

```
Input n:1000↙
  11 101 131 151 181 191 313 353 373 383 727 757 787 797 919 929
count=16
```

15. 梅森素数。素数有无穷多个，但目前只发现有极少量的素数能表示成 2^i-1（i 为素数）的形式，形如 2^i-1 的素数（如 3、7、31、127 等）称为梅森数或梅森素数，它是以 17 世纪法国数学家马林·梅森的名字命名的。编程计算并输出区间[2,n]上的所有梅森数，并统计梅森数的个数，n 的值由键盘输入，且 n 不大于 50。

【参考答案】参考程序：

```
1   #include<stdio.h>
2   #include<math.h>
3   int IsPrime(long x);
4   int Mensenni(int n);
5   int main(void)
6   {
7       int n, count;
8       do{
9           printf("Input n:");
10          scanf("%d", &n);
11      }while (n<2 || n>50);
12      count = Mensenni(n);
13      printf("count=%d\n", count);
14      return 0;
15  }
16  // 函数功能：判断x是否为素数，若函数返回0，则表示不是素数；若返回1，则代表是素数
17  int IsPrime(long x)
18  {
19      if (x <= 1) return 0;
20      int squareRoot = (int)sqrt(x);
21      for (int i=2; i<=squareRoot; i++)
22      {
23          if (x%i == 0)  return 0;
24      }
25      return 1;
26  }
27  // 函数功能：计算并输出指数i在[2,n]中的所有梅森数，并返回这些梅森数的个数
28  int Mensenni(int n)
29  {
30      long  m;
31      int   count = 0;
32      long t = 2;
33      for (int i=2; i<=n; i++)
34      {
35          t = t * 2;
36          m = t - 1; //或者用m = pow(2,i) - 1;但不建议使用
37          if (IsPrime(m))
38          {
```

```
39              count++;
40              printf("2^%d-1=%ld\n", i, m);
41          }
42      }
43      return count;
44  }
```

程序运行结果如下：

```
Input n:50↙
2^2-1=3
2^3-1=7
2^5-1=31
2^7-1=127
2^13-1=8191
2^17-1=131071
2^19-1=524287
2^31-1=2147483647
count=8
```

16. 多项式计算。请用递归法计算函数：$f(x) = x - x^2 + x^3 - x^4 + \cdots + (-1)^{n-1}x^n$，已知 $n>0$。

【参考答案】

第一种思路：

令 $f(x)=px(x,n)$，则 $f(x-1)=px(x,n-1)$，因为 $px(x, n-1) = x - x^2 + x^3 - x^4 + \cdots + (-1)^{n-2}x^{n-1}$

所以 $px(x, n) = x - x^2 + x^3 - x^4 + \cdots (-1)^{n-2}x^{n-1} + (-1)^{n-1}x^n$

$\qquad\qquad = px(x, n-1) + (-1)^{n-1}x^n$

参考程序：

```
1   #include <stdio.h>
2   #include <math.h>
3   double P(double x, int n);
4   int main(void)
5   {
6       int n;
7       double x;
8       printf("Input x,n:");
9       scanf("%lf,%d", &x, &n);
10      printf("px=%f\n", P(x, n));
11      return 0;
12  }
13  double P(double x, int n)
14  {
15      if (n == 1)
16      {
17          return x;
18      }
19      else
20      {
21          return (P(x, n-1) + pow(-1, n-1) * pow(x, n));
22      }
23  }
```

第二种思路：

$px(x, n) = x - x^2 + x^3 - x^4 + \cdots + (-1)^{n-1}x^n$

$\qquad = x * (1 - x + x^2 - x^3 + \cdots + (-1)^{n-1}x^{n-1})$

$\qquad = x * (1 - (x - x^2 + x^3 - \cdots + (-1)^{n-2}x^{n-1}))$

$\qquad = x * (1 - px(x, n-1))$

参考程序：

```
1   #include <stdio.h>
2   #include <math.h>
3   double Px(double x, int n);
4   int main(void)
5   {
6       int n;
7       double x;
8       printf("Input x,n:");
9       scanf("%lf,%d", &x, &n);
10      printf("px=%f\n", Px(x, n));
11      return 0;
12  }
13  double Px(double x,int n)
14  {
15      if (n == 1)
16      {
17          return x;
18      }
19      else
20      {
21          return (x * (1 - Px(x, n-1)));
22      }
23  }
```

程序运行结果如下：

```
Input x,n:4,6↙
px=-3276.000000
```

17. 汉诺塔移动次数。请采用递归法，编程计算汉诺塔问题中完成 *n* 个圆盘的移动所需的移动次数。

【参考答案】参考程序：

```
1   #include <stdio.h>
2   long long HanoiTimes(int n);
3   int main(void)
4   {
5       int n;
6       printf("Input n:");
7       scanf("%d", &n);
8       printf("%I64d\n", HanoiTimes(n));
9       return 0;
10  }
11  long long HanoiTimes(int n)
12  {
13      if (n == 1)
14      {
15          return 1;
16      }
17      else
18      {
19          return 2 * HanoiTimes(n-1) + 1;
20      }
21  }
```

程序运行结果如下：

```
Input n:15↙
32767
```

18. 数字黑洞。任意输入一个为 3 的倍数的正整数，先把这个数的每一个数位上的数字都计算其立方并相加得到一个新数，然后对这个新数的每一个数位上的数字再计算其立方……，重复运算下去，结果一定为 153。如果换另一个 3 的倍数，仍然可以得到同样的结论，因此 153 被称为"数字黑洞"。

例如，99 是 3 的倍数，按上面的规律运算如下：

$9^3+9^3=729+729=1458$

$1^3+4^3+5^3+8^3=1+64+125+512=702$

$7^3+0^3+2^3=343+8=351$

$3^3+5^3+1^3=27+125+1=153$

$1^3+5^3+3^3=1+125+27=153$

请采用递归法编程，验证任意为 3 的倍数的正整数都会归于"数字黑洞"，并输出验证的步数。

【参考答案】参考程序：

```
1   #include <stdio.h>
2   int IsDaffodilNum(int num);
3   int main(void)
4   {
5       int n;
6       printf("Input n:");
7       scanf("%d", &n);
8       if (n % 3 != 0)
9       {
10          printf("%d is not a daffodil number\n", n);
11      }
12      else if (IsDaffodilNum(n))
13      {
14          printf("%d is a daffodil number\n", n);
15      }
16      return 0;
17  }
18  //函数功能：验证 n 是黑洞数，并记录验证的步数
19  int IsDaffodilNum(int num)
20  {
21      int temp = 0;
22      printf("%d\n", num);
23      if(num == 153)
24      {
25          return 1;
26      }
27      while(num != 0)
28      {
29          temp += (num % 10) * (num % 10) * (num % 10);
30          num /= 10;
31      }
32      return IsDaffodilNum(temp);
33  }
```

程序运行结果如下：

```
Input n:99↙
99
1458
702
351
153
99 is a daffodil number
```

习 题 7

1. 产值翻番。假设今年的工业产值为 100 万元，产值增长率为每年 c %，请编程计算当 c 分别为 6、8、10、12 时工业产值分别过多少年可实现翻一番（即增加一倍）。

【分析】用符号常量 CURRENT 表示今年的工业产值为 100 万元，用变量 growRate 表示产值增长率，用变量 year 表示产值翻一番所需的年数，则计算年产值增长额的计算公式为

$$output = output * (1 + growRate)$$

利用迭代法循环计算，直到 output >= 2*CURRENT 时为止。当 output >= 2*CURRENT 时，表示已实现产值翻一番。此时，循环被执行的次数 year 即为产值翻一番所需的年数。

【参考答案】参考程序：

```
1   #include <stdio.h>
2   #define CURRENT_OUTPUT  100
3   #define RATE_TYPE       4
4   int main(void)
5   {
6       int growRate[RATE_TYPE] = {6,8,10,12};          //工业产值的增长率
7       double totalOutput;                             //工业产值
8       for (int i=0; i<RATE_TYPE; i++)
9       {
10          int year = 0;                               //产值翻一番所需年数
11          totalOutput = CURRENT_OUTPUT;               //当年产值为100
12          do{
13              totalOutput *= (1 + (float) growRate[i] / CURRENT_OUTPUT);
14              year++;
15          }while (totalOutput < 2*CURRENT_OUTPUT);
16          printf("When grow rate is %d%%, the output can be doubled after %d
17                  years.\n", growRate[i], year);
18      }
19      return 0;
20  }
```

程序运行结果如下：

```
When grow rate is 6%, the output can be doubled after 12 years.
When grow rate is 8%, the output can be doubled after 10 years.
When grow rate is 10%, the output can be doubled after 8 years.
When grow rate is 12%, the output can be doubled after 7 years.
```

2. 递归调用次数。编程输出计算 Fibonacci 数列每一项时所需的递归调用次数。

【参考答案】参考程序：

```
1   #include <stdio.h>
2   long Fib(int a);
3   int count;           //全局变量count用于累计递归函数被调用的次数，自动初始化为0
4   int main(void)
5   {
6       int n, x;
7       printf("Input n:");
8       scanf("%d", &n);
9       for (int i=1; i<=n; i++)
10      {
11          count = 0;       //计算下一项Fibonacci数列时将计数器count清零
12          x = Fib(i);
```

```
13          printf("Fib(%d)=%d, count=%d\n", i, x, count);
14       }
15       return 0;
16  }
17  //函数功能：用递归法计算 Fibonacci 数列中的第 n 项的值
18  long Fib(int n)
19  {
20       count++;              //累计递归函数被调用的次数，记录于全局变量 count 中
21       if (n == 0)
22       {
23           return 0;
24       }
25       else if (n == 1)
26       {
27           return 1;
28       }
29       else
30       {
31           return Fib(n - 1) + Fib(n - 2);
32       }
33  }
```

程序运行结果如下：

```
Input n:10✓
Fib(1)=1, count=1
Fib(2)=1, count=3
Fib(3)=2, count=5
Fib(4)=3, count=9
Fib(5)=5, count=15
Fib(6)=8, count=25
Fib(7)=13, count=41
Fib(8)=21, count=67
Fib(9)=34, count=109
Fib(10)=55, count=177
```

3. 3 位数构成。将 1 到 9 这 9 个数字分成 3 个 3 位数，要求第一个 3 位数正好是第二个 3 位数的 1/2，是第三个 3 位数的 1/3。请编程输出所有符合这一条件的 3 位数。

【参考答案】参考程序 1：

```
1   #include <stdio.h>
2   #include <string.h>
3   int SeparateOK(int m);
4   void GetDigit(int num, int b[]);
5   int main(void)
6   {
7       for (int m=123; m<333; m++)
8       {
9           if (SeparateOK(m))
10          {
11              printf("%d,%d,%d\n",m,m*2,m*3);
12          }
13      }
14      return 0;
15  }
16  int SeparateOK(int m)
17  {
18      int a[9];
19      a[0] = m / 100;
20      a[1] = (m % 100) / 10;
21      a[2] = m % 10;
```

```
22        a[3] = (m * 2) / 100;
23        a[4] = ((m * 2) % 100) / 10;
24        a[5] = (m * 2) % 10;
25        a[6] = (m * 3) / 100;
26        a[7] = ((m * 3) % 100) / 10;
27        a[8] = (m * 3) % 10;
28        for (int i=0; i<9; i++)
29        {
30            for (int j=0; j<i; j++)
31            {
32                if ((a[i]==a[j])||a[i]==0||a[j]==0)
33                {
34                    return 0;
35                }
36            }
37        }
38        return 1;
39    }
```

参考程序 2：

```
1     #include <stdio.h>
2     #include <string.h>
3     int SeparateOK(int m);
4     int main(void)
5     {
6       for (int m=123; m<333; m++)
7       {
8         if (SeparateOK(m))
9         {
10            printf("%d,%d,%d\n",m,m*2,m*3);
11        }
12      }
13      return 0;
14    }
15    int SeparateOK(int m)
16    {
17        char a[10];
18        sprintf(a, "%d", m);
19        sprintf(a+3, "%d", 2*m);
20        sprintf(a+6, "%d", 3*m);
21        for (int i=0; i<9; i++)
22        {
23            for (int j=0; j<i; j++)
24            {
25                if ((a[i]==a[j])||a[i]=='0'||a[j]=='0')
26                {
27                    return 0;
28                }
29            }
30        }
31        return 1;
32    }
```

参考程序 3：

```
1     #include <stdio.h>
2     #include <string.h>
3     int SeparateOK(int m);
4     void GetDigit(int num, int b[]);
5     int main(void)
6     {
```

```
7        for (int m=123; m<333; m++)
8        {
9            if (SeparateOK(m))
10           {
11               printf("%d,%d,%d\n",m,m*2,m*3);
12           }
13       }
14       return 0;
15   }
16   int SeparateOK(int m)
17   {
18       int a[10]={0};
19       GetDigit(m, a);
20       GetDigit(2*m, a);
21       GetDigit(3*m, a);
22       for (int i=1; i<=9; i++)
23       {
24           if (a[i] == 0)
25           {
26               return 0;
27           }
28       }
29       return 1;
30   }
31   void GetDigit(int num, int b[])
32   {
33       for (int i=0; i<3; i++)
34       {
35           b[num % 10] = num % 10;
36           num /= 10;
37       }
38   }
```

程序运行结果如下：

```
192,384,576
219,438,657
273,546,819
327,654,981
```

阿姆斯特朗数

4. 阿姆斯特朗数。阿姆斯特朗数（Armstrong number）是一个 n 位数，其本身等于各位数的 n 次方之和。从键盘输入数据的位数 n（$n \le 8$），编程输出所有的 n 位阿姆斯特朗数。

【参考答案】参考程序：

```
1    #include <stdio.h>
2    #include <stdlib.h>
3    #include <math.h>
4    unsigned long ArmstrongNum(unsigned long number, unsigned int n);
5    int main(void)
6    {
7        unsigned int n;
8        unsigned long head, tail, digit;
9        printf("Input digit bits:");
10       scanf("%u", &n);
11       head = pow(10, n-1);
12       tail = pow(10, n) - 1;
13       for(; head<tail; head++)
14       {
15           digit = ArmstrongNum(head, n);
16           if (digit!=0) printf("%lu\n",digit);
17       }
```

```
18      return 0;
19   }
20   unsigned long ArmstrongNum(unsigned long number, unsigned int n)
21   {
22     unsigned int digit;
23     unsigned long m = number;
24     double sum = 0;
25     while (number != 0)
26     {
27        digit = number % 10;
28        sum = sum + pow(digit, n);
29        number = number / 10;
30     }
31     if (m == (unsigned long)sum)  return sum;
32     else return 0;
33   }
```

程序运行结果如下：

```
Input digit bits:7✓
1741725
4210818
9800817
9926315
```

5. 亲密数。两千多年前，数学大师毕达哥拉斯（Pythagoras）就发现，220 与 284 之间存在着奇妙的联系。例如，220 的真因数之和为 1+2+4+5+10+11+20+22+44+55+110=284，284 的真因数之和为 1+2+4+71+142=220。毕达哥拉斯把这样的数对称为相亲数。相亲数，也称为亲密数，如果整数 A 的全部因子（包括 1，不包括 A 本身）之和等于 B，且整数 B 的全部因子（包括 1，不包括 B 本身）之和等于 A，则将整数 A 和 B 称为亲密数。请编写一个程序，判断两个整数 m 和 n 是否为亲密数。

【参考答案】参考程序：

```
1    #include <stdio.h>
2    int FactorSum(int x);
3    int main(void)
4    {
5        int m, n;
6        printf("Input m, n:");
7        scanf("%d,%d", &m, &n);
8        if (FactorSum(m)==n && FactorSum(n)==m)   //若m和n是亲密数
9        {
10           printf("Yes!\n");
11       }
12       else                      //若m和n不是亲密数
13       {
14           printf("No!\n");
15       }
16       return 0;
17   }
18   //函数功能：返回x的所有因子之和
19   int FactorSum(int x)
20   {
21       int sum = 0;
22       for (int i=1; i<x; i++)
23       {
24           if (x%i == 0)
25           {
26               sum = sum + i;
```

```
27          }
28        }
29        return sum;
30  }
```

程序运行结果如下：

```
Input m, n:284,220✓
Yes!
```

6. 主对角线元素之和。从键盘输入 n 以及一个 $n \times n$ 矩阵，请编程计算 $n \times n$ 矩阵的两条主对角线元素之和。

【参考答案】参考程序：

```
1   #include <stdio.h>
2   #define ARR_SIZE 10
3   void InputMatrix(int a[][ARR_SIZE], int n);
4   int DiagonalSum(int a[][ARR_SIZE], int n);
5   int main(void)
6   {
7       int a[ARR_SIZE][ARR_SIZE], n;
8       printf("Input n:");
9       scanf("%d", &n);
10      printf("Input %d*%d matrix:\n", n, n);
11      InputMatrix(a, n);
12      int sum = DiagonalSum(a, n);
13      printf("sum = %d\n", sum);
14      return 0;
15  }
16  void InputMatrix(int a[][ARR_SIZE], int n)
17  {
18      for (int i=0; i<n; i++)
19      {
20          for (int j=0; j<n; j++)
21          {
22              scanf("%d",&a[i][j]);
23          }
24      }
25  }
26  int DiagonalSum(int a[][ARR_SIZE], int n)
27  {
28      int sum = 0;
29      for (int i=0; i<n; i++)
30      {
31          for (int j=0; j<n; j++)
32          {
33              if (i == j || i+j == n-1)
34              {
35                  sum += a[i][j];
36              }
37          }
38      }
39      return sum;
40  }
```

程序运行结果如下：

```
Input n:3✓
Input 3*3 matrix:
1 2 3✓
4 5 6✓
```

```
7 8 9↙
sum = 25
```

7. 矩阵乘法。利用公式 $C_{ij} = \sum_{k=1}^{n} a_{ik} \times b_{kj}$ 编程计算矩阵 **A** 和矩阵 **B** 之积。已知 a_{ij}（i=1，2，…，m；j=1，2，…，n）为 $m \times n$ 矩阵 **A** 的元素，b_{ij}（i=1，2，…，n；j=1，2，…，m）为 $n \times m$ 矩阵 **B** 的元素，c_{ij}（i=1，2，…，m；j=1，2，…，m）为 $m \times m$ 矩阵 **C** 的元素。

【参考答案】参考程序：

```
1    #include<stdio.h>
2    #define  ROW 10
3    #define  COL 10
4    void InputMatrix(int a[ROW][COL], int m, int n);
5    void MultiplyMatrix(int a[ROW][COL], int b[COL][ROW], int c[ROW][ROW], int m, int n);
6    void PrintMatrix(int a[ROW][COL], int m, int n);
7    int main(void)
8    {
9        int a[ROW][COL], b[COL][ROW], c[ROW][ROW];
10       int m, n;
11       printf("Input m,n:");
12       scanf("%d,%d", &m, &n);
13       printf("Input %d*%d matrix a:\n", m, n);
14       InputMatrix(a, m, n);
15       printf("Input %d*%d matrix b:\n", n, m);
16       InputMatrix(b, n, m);
17       MultiplyMatrix(a, b, c, m, n);
18       printf("Results:\n");
19       PrintMatrix(c, m, m);
20       return 0;
21   }
22   //函数功能：输入矩阵元素，存于数组a中
23   void InputMatrix(int a[ROW][COL], int m, int n)
24   {
25       for (int i=0; i<m; i++)
26       {
27           for (int j=0; j<n; j++)
28           {
29               scanf("%d", &a[i][j]);
30           }
31       }
32   }
33   //  函数功能：计算矩阵a与b之积，结果存于数组c中
34   void MultiplyMatrix(int a[ROW][COL], int b[COL][ROW], int c[ROW][ROW],
35   int m, int n)
36   {
37       for (int i=0; i<m; i++)
38       {
39           for (int j=0; j<m; j++)
40           {
41               c[i][j] = 0;            //一定要在这里将c[i][j]初始化为0值
42               for (int k=0; k<n; k++)
43               {
44                   c[i][j] = c[i][j] + a[i][k] * b[k][j];
45               }
46           }
47       }
48   }
49   //函数功能：输出矩阵a中的元素
50   void PrintMatrix(int a[ROW][COL], int m, int n)
```

```
51    {
52        for (int i=0; i<m; i++)
53        {
54            for (int j=0; j<n; j++)
55            {
56                printf("%6d", a[i][j]);
57            }
58            printf("\n");
59        }
60    }
```

程序运行结果如下：

```
Input m,n:3,2✓
Input 3*2 matrix a:
1 2✓
3 4✓
5 6✓
Input 2*3 matrix b:
1 2 3✓
4 5 6✓
Results:
     9    12    15
    19    26    33
    29    40    51
```

8. 杨辉三角。用函数编程计算并输出如下所示的等腰三角形形式的杨辉三角。

```
              1
            1   1
          1   2   1
        1   3   3   1
      1   4   6   4   1
    1   5  10  10   5   1
  1   6  15  20  15   6   1
```

杨辉三角

【参考答案】参考程序 1：

```
1    #include<stdio.h>
2    #define  N  20
3    void  CalculateYH(int a[][N], int  n);
4    void  PrintYH(int a[][N], int  n);
5    int main(void)
6    {
7        int  a[N][N] = {0}, n;
8        printf("Input n(n<20):");
9        scanf("%d", &n);
10       CalculateYH(a, n);
11       PrintYH(a, n);
12       return 0;
13   }
14   //函数功能：计算杨辉三角前 n 行元素的值
15   void CalculateYH(int a[][N], int n)
16   {
17       for (int i=0; i<n; i++)
18       {
19           a[i][0] = 1;
20           a[i][i] = 1;
21       }
22       for (int i=2; i<n; i++)
23       {
24           for (int j=1; j<=i-1; j++)
25           {
```

```
26          a[i][j] = a[i-1][j-1] + a[i-1][j];
27       }
28    }
29 }
30 //函数功能：以直角三角形形式输出杨辉三角前 n 行元素的值
31 void PrintYH(int a[][N], int n)
32 {
33    for (int i=0; i<n; i++)
34    {
35       for (int j=n-i; j>0; j--)
36       {
37          printf("  ");//输出两个空格
38       }
39       for (int j=0; j<=i; j++)
40       {
41          printf("%4d", a[i][j]); //输出结果右对齐
42       }
43       printf("\n");
44    }
45 }
```

参考程序 2:

```
1  #include<stdio.h>
2  #define  N  20
3  void  CalculateYH(int a[][N], int  n);
4  void  PrintYH(int a[][N], int  n);
5  int main(void)
6  {
7     int  a[N][N] = {0}, n;
8     printf("Input n(n<20):");
9     scanf("%d", &n);
10    CalculateYH(a, n);
11    PrintYH(a, n);
12    return 0;
13 }
14 //函数功能：计算杨辉三角前 n 行元素的值
15 void CalculateYH(int a[][N], int n)
16 {
17    for (int i=0; i<n; i++)
18    {
19       for (int j=0; j<=i; j++)
20       {
21          if (j==0 || i==j)
22          {
23             a[i][j] = 1;
24          }
25          else
26          {
27             a[i][j] = a[i-1][j-1] + a[i-1][j];
28          }
29       }
30    }
31 }
32 //函数功能：以等腰三角形形式输出杨辉三角前 n 行元素的值
33 void PrintYH(int a[][N], int n)
34 {
35    for (int i=0; i<n; ++i)
36    {
37       for (int j=n-i; j>0; --j)
```

```
38          {
39              printf("  ");//输出两个空格
40          }
41          for (int j=0; j<=i; ++j)
42          {
43              printf("%4d", a[i][j]); //输出结果右对齐
44          }
45          printf("\n");
46      }
47  }
```

程序运行结果如下:

```
Input n(n<20):10↙
                    1
                  1   1
                1   2   1
              1   3   3   1
            1   4   6   4   1
          1   5  10  10   5   1
        1   6  15  20  15   6   1
      1   7  21  35  35  21   7   1
    1   8  28  56  70  56  28   8   1
  1   9  36  84 126 126  84  36   9   1
```

9. 幻方矩阵检验。在 $n \times n$ 的幻方矩阵 ($n \leqslant 15$) 中,每一行、每一列、每一对角线上的元素之和都是相等的。请编写一个程序,将这些幻方矩阵中的元素读到一个二维整型数组中,然后检验其是否为幻方矩阵,并将结果显示到屏幕上。要求先输入矩阵的阶数 n (假设 $n \leqslant 15$),再输入 $n \times n$ 矩阵,如果该矩阵是幻方矩阵,则输出 "It is a magic square!",否则输出 "It is not a magic square!"。

幻方矩阵检验

【参考答案】参考程序 1:

```
1   #include <stdio.h>
2   #define  N  10
3   void ReadMatrix(int x[][N], int n);
4   void PrintMatrix(int x[][N], int n);
5   int IsMagicSquare(int x[][N], int n);
6   int main(void)
7   {
8       int  x[N][N], n;
9       printf("Input n:");
10      scanf("%d", &n);
11      printf("Input %d*%d matrix:\n", n, n);
12      ReadMatrix(x, n);
13      if (IsMagicSquare(x, n))
14      {
15          printf("It is a magic square!\n");
16      }
17      else
18      {
19          printf("It is not a magic square!\n");
20      }
21      return 0;
22  }
23  //函数功能:判断 n×n 矩阵 x 是否为幻方矩阵,是,返回1;否则,返回0
24  int IsMagicSquare(int x[][N], int n)
25  {
26      int  rowSum[N], colSum[N];
```

```
27        int  flag = 1;
28        for (int i=0; i<n; i++)
29        {
30            rowSum[i] = 0;
31            for (int j=0; j<n; j++)
32            {
33                rowSum[i] = rowSum[i] + x[i][j];
34            }
35        }
36        for (int j=0; j<n; j++)
37        {
38            colSum[j] = 0;
39            for (int i=0; i<n; i++)
40            {
41                colSum[j] = colSum[j] + x[i][j];
42            }
43        }
44        int diagSum1 = 0;
45        for (int j=0; j<n; j++)
46        {
47            diagSum1 = diagSum1 + x[j][j];
48        }
49        int diagSum2 = 0;
50        for (int j=0; j<n; j++)
51        {
52            diagSum2 = diagSum2 + x[j][n-1-j];//或 diagSum2=diagSum2+x[n-1-j][j];
53        }
54        if (diagSum1 != diagSum2)
55        {
56            flag = 0;
57        }
58        else
59        {
60            for (int i=0; i<n; i++)
61            {
62                if ((rowSum[i] != diagSum1) || (colSum[i] != diagSum1))
63                {
64                    flag = 0;
65                }
66            }
67        }
68        return flag;
69    }
70    //函数功能：输出 n×n 矩阵 x
71    void PrintMatrix(int x[][N], int n)
72    {
73        for (int i=0; i<n; i++)
74        {
75            for (int j=0; j<n; j++)
76            {
77                printf("%4d", x[i][j]);
78            }
79            printf("\n");
80        }
81    }
82    //函数功能：读入 n×n 矩阵 x
83    void ReadMatrix(int x[][N], int n)
84    {
85        for (int i=0; i<n; i++)
```

```
86      {
87          for (int j=0; j<n; j++)
88          {
89              scanf("%d", &x[i][j]);
90          }
91      }
92  }
```

参考程序 2：

```
1   #include <stdio.h>
2   #define   N  10
3   void ReadMatrix(int x[][N], int n);
4   void PrintMatrix(int x[][N], int n);
5   int IsMagicSquare(int x[][N], int n);
6   int main(void)
7   {
8       int  x[N][N], n;
9       printf("Input n:");
10      scanf("%d", &n);
11      printf("Input %d*%d matrix:\n", n, n);
12      ReadMatrix(x, n);
13      if (IsMagicSquare(x, n))
14      {
15          printf("It is a magic square!\n");
16          PrintMatrix(x, n);
17      }
18      else
19      {
20          printf("It is not a magic square!\n");
21      }
22      return 0;
23  }
24  //函数功能：判断 n×n 矩阵 x 是否为幻方矩阵，是，返回 1；否则，返回 0
25  int IsMagicSquare(int  x[][N], int n)
26  {
27      static int sum[2*N+1] = {0};
28      for (int i=0; i<n; i++)
29      {
30          sum[i] = 0;
31          for (int j=0; j<n; j++)
32          {
33              sum[i] = sum[i] + x[i][j];
34          }
35      }
36      for (int j=n; j<2*n; j++)
37      {
38          sum[j] = 0;
39          for (int i=0; i<n; i++)
40          {
41              sum[j] = sum[j] + x[i][j-n];
42          }
43      }
44      for (int j=0; j<n; j++)
45      {
46          sum[2*n] = sum[2*n] + x[j][j];
47      }
48      for (int j=0; j<n; j++)
49      {
50          sum[2*n+1] = sum[2*n+1] + x[j][n-1-j]; //或加上 x[n-1-j][j]
51      }
```

```
52      for (int i=0; i<2*n+1; i++)
53      {
54          if (sum[i+1] != sum[i])
55          {
56              return 0;
57          }
58      }
59      return 1;
60  }
61  //函数功能: 输出 n×n 矩阵 x
62  void PrintMatrix(int x[][N], int n)
63  {
64      for (int i=0; i<n; i++)
65      {
66          for (int j=0; j<n; j++)
67          {
68              printf("%4d", x[i][j]);
69          }
70          printf("\n");
71      }
72  }
73  //函数功能: 读入 n×n 矩阵 x
74  void ReadMatrix(int x[][N], int n)
75  {
76      for (int i=0; i<n; i++)
77      {
78          for (int j=0; j<n; j++)
79          {
80              scanf("%d", &x[i][j]);
81          }
82      }
83  }
```

程序运行结果 1 如下：

```
Input n:5↙
Input 5*5 matrix:
17  24   1   8  15↙
23   5   7  14  16↙
 4   6  13  20  22↙
10  12  19  21   3↙
11  18  25   2   9↙
It is a magic square!
```

程序运行结果 2 如下：

```
Input n:5↙
Input 5*5 matrix:
17  24   1  15   8↙
23   5   7  14  16↙
 4   6  13  20  22↙
10  12  19  21   3↙
11  18  25   2   9↙
It is not a magic square!
```

10. 奇数阶幻方矩阵生成。所谓的 n 阶幻方矩阵是指把 $1 \sim n \times n$ 的自然数按一定的方法排列成 $n \times n$ 的矩阵，使得任意行、任意列以及两条主对角线上的数字之和都相等（已知 n 为奇数，假设 n 不超过 15）。请编写一个程序，实现奇数阶幻方矩阵的生成。要求先输入矩阵的阶数 n（假设 $n \leqslant 15$），然后生成并输出 $n \times n$ 幻方矩阵。

【分析】奇数阶幻方矩阵的生成算法如下。

第 1 步：将 1 放入第一行的正中处。

第 2 步：按照如下方法将第 i 个数（i 从 2 到 $n×n$）依次放到合适的位置上。如果第 $i-1$ 个数的右上角位置没有放数，则将第 i 个数放到前一个数的右上角位置。如果第 $i-1$ 个数的右上角位置已经有数，则将第 i 个数放到第 $i-1$ 个数的下一行且列数相同的位置，即放到前一个数的下一行。

注意：计算右上角位置的行列坐标时，可采用对 n 求余的方式来计算，即当右上角位置超过矩阵边界时，要把矩阵元素看成是首尾衔接的。

【参考答案】参考程序：

```
1    #include <stdio.h>
2    #define N 15
3    void InitializerMatrix(int x[][N], int n);
4    void PrintMatrix(int x[][N], int n);
5    void GenerateMagicSquare(int x[][N], int n);
6    int main(void)
7    {
8        int matrix[N][N], n;
9        printf("Input n:");
10       scanf("%d", &n);
11       InitializerMatrix(matrix, n);
12       GenerateMagicSquare(matrix, n);
13       printf("%d*%d magic square:\n", n, n);
14       PrintMatrix(matrix, n);
15       return 0;
16   }
17   //函数功能：生成 n 阶幻方矩阵
18   void GenerateMagicSquare(int x[][N], int n)
19   {
20       //第 1 步：定位 1 的初始位置
21       int row = 0;
22       int col = (n - 1) / 2;
23       x[row][col] = 1;
24       //第 2 步：将第 i 个数（i 从 2 到 N*N）依次放到合适的位置上
25       for (int i=2; i<=n*n; i++)
26       {
27           int r = row;                //记录前一个数的行坐标
28           int c = col;                //记录前一个数的列坐标
29           row = (row - 1 + n) % n;    //计算第 i 个数要放置的行坐标
30           col = (col + 1) % n;        //计算第 i 个数要放置的列坐标
31           if (x[row][col] == 0)       //该处无数（未被占用），则放入该数
32           {
33               x[row][col] = i;
34           }
35           else                        //该处有数（已占用），则放到前一个数的下一行
36           {
37               r = (r + 1) % n;
38               x[r][c] = i;
39               row = r;
40               col = c;
41           }
42       }
43   }
44   //函数功能：输出 n 阶幻方矩阵
45   void PrintMatrix(int x[][N], int n)
46   {
47       for (int i=0; i<n; i++)
48       {
49           for (int j=0; j<n; j++)
50           {
```

```
51              printf("%4d", x[i][j]);
52          }
53          printf("\n");
54      }
55  }
56  //函数功能：初始化数组元素全为0，标识数组元素未被占用
57  void InitializerMatrix(int x[][N], int n)
58  {
59      for (int i=0; i<n; i++)
60      {
61          for (int j=0; j<n; j++)
62          {
63              x[i][j] = 0;
64          }
65      }
66  }
```

程序运行结果1如下：

```
Input n:5✓
5*5 magic square:
17   24    1    8   15
23    5    7   14   16
 4    6   13   20   22
10   12   19   21    3
11   18   25    2    9
```

程序运行结果2如下：

```
Input n:7✓
7*7 magic square:
30   39   48    1   10   19   28
38   47    7    9   18   27   29
46    6    8   17   26   35   37
 5   14   16   25   34   36   45
13   15   24   33   42   44    4
21   23   32   41   43    3   12
22   31   40   49    2   11   20
```

11. Fibonacci数列生成。Fibonacci数列与杨辉三角之间的关系如图7-10所示，请编程从杨辉三角生成Fibonacci数列。

【参考答案】参考程序1：

```
1   #include<stdio.h>
2   #define  N  20
3   void CalculateYH(int a[][N], int n);
4   void PrintYH(int a[][N], int n);
5   void CalculateFib(int a[][N], int fib[], int n);
6   int main(void)
7   {
8       int a[N][N] = {0}, f[N], n;
9       printf("Input n(n<=10):");
10      scanf("%d", &n);
11      CalculateYH(a, n);
12      PrintYH(a, n);
13      CalculateFib(a, f, n);
14      return 0;
15  }
16  //函数功能：计算杨辉三角前n行元素的值
17  void CalculateYH(int a[][N], int n)
18  {
```

```
19      for (int i=0; i<n; i++)
20      {
21          for (int j=0; j<=i; j++)
22          {
23              if (j==0 || i==j)
24              {
25                  a[i][j] = 1;
26              }
27              else
28              {
29                  a[i][j] = a[i-1][j-1] + a[i-1][j];
30              }
31          }
32      }
33  }
34  //函数功能: 以直角三角形形式输出杨辉三角前 n 行元素的值
35  void PrintYH(int a[][N], int n)
36  {
37      for (int i=0; i<n; i++)
38      {
39          for (int j=0; j<=i; j++)
40          {
41              printf("%4d", a[i][j]);
42          }
43          printf("\n");
44      }
45  }
46  //函数功能: 从杨辉三角计算 Fibonacci 数列
47  void CalculateFib(int a[][N], int fib[], int n)
48  {
49      int i, j, k;
50      printf("Fibonacci:");
51      for (i=0; i<n; i++)
52      {
53          fib[i] = 0;
54          for (j=i, k=0; j>=0; j--, k++)
55          {
56              fib[i] = fib[i] + a[j][k];
57          }
58          printf("%4d", fib[i]);
59      }
60  }
```

参考程序 2:

```
1   #include<stdio.h>
2   #define N 20
3   void CalculateYH(int a[][N], int n);
4   void PrintYH(int a[][N], int n);
5   void CalculateFib(int a[][N], int fib[], int n);
6   int main(void)
7   {
8       int a[N][N] = {0}, f[N], n;
9       printf("Input n(n<=10):");
10      scanf("%d", &n);
11      CalculateYH(a, n);
12      PrintYH(a, n);
13      CalculateFib(a, f, n);
```

```
14          return 0;
15      }
16      //函数功能：计算杨辉三角前 n 行元素的值
17      void CalculateYH(int a[][N], int n)
18      {
19          for (int i=0; i<n; i++)
20          {
21              a[i][0] = 1;
22              a[i][i] = 1;
23          }
24          for (int i=2; i<n; i++)
25          {
26              for (int j=1; j<=i-1; j++)
27              {
28                  a[i][j] = a[i-1][j-1] + a[i-1][j];
29              }
30          }
31      }
32      //函数功能：以直角三角形形式输出杨辉三角前 n 行元素的值
33      void PrintYH(int a[][N], int n)
34      {
35          for (int i=0; i<n; i++)
36          {
37              for (int j=0; j<=i; j++)
38              {
39                  printf("%4d", a[i][j]);
40              }
41              printf("\n");
42          }
43      }
44      //函数功能：从杨辉三角计算 Fibonacci 数列
45      void CalculateFib(int a[][N], int fib[], int n)
46      {
47          int  i, j, k;
48          printf("Fibonacci:");
49          for (i=0; i<n; i++)
50          {
51              fib[i] = 0;
52              for (j=i, k=0; j>=0; j--, k++)
53              {
54                  fib[i] = fib[i] + a[j][k];
55              }
56              printf("%4d", fib[i]);
57          }
58      }
```

程序运行结果如下：

```
Input n(n<20):10✓
1
1  1
1  2   1
1  3   3   1
1  4   6   4   1
1  5   10  10  5   1
1  6   15  20  15  6   1
1  7   21  35  35  21  7   1
1  8   28  56  70  56  28  8   1
1  9   36  84  126 126 84  36  9   1
Fibonacci:  1   1   2   3   5   8   13  21  34  55
```

12. 求 1898。现将不超过 2000 的所有素数从小到大排成第一行，第二行上的每个数都等于它"右肩"上的素数与"左肩"上的素数之差。这样可以得到如下两行数字：

2　3　5　7　11　13　17　19　…　1997　1999
　　1　2　2　4　2　4　2　…　　　　2

请编程计算第二行数中是否存在这样的若干个连续的整数：它们的和恰好是 1898。假如存在的话，又有几种这样的情况？

【参考答案】参考程序：

```c
1    #include <stdio.h>
2    #include <stdlib.h>
3    #include <math.h>
4    #define N 2000
5    int Set(int a[],int b[],int n);
6    void CalculatePrime(int a[],int n);
7    int main(void)
8    {
9        int a[N+1], b[N];
10       CalculatePrime(a, N);
11       int k = Set(a, b, N);
12       printf("There are following primes in first row:\n");
13       int count = 0, i, j;
14       for (j=k; b[j]>1898; j--)
15       {
16           for (i=0; b[j]-b[i]>1898; i++);
17           if (b[j]-b[i] == 1898)
18           {
19               printf("%d:%3d,...,%d\n", ++count, b[i], b[j]);
20           }
21       }
22       return 0;
23   }
24   void CalculatePrime(int a[], int n)
25   {
26       for (int i=2; i<=n; i++)
27       {
28           a[i]=i;
29       }
30       for (int i=2; i<=sqrt(n); i++)
31       {
32           for (int j=i+1; j<=n; j++)
33           {
34               if (a[i]!=0 && a[j]!=0 && a[j]%a[i]==0)
35               {
36                   a[j] = 0;
37               }
38           }
39       }
40   }
41   int Set(int a[],int b[],int n)
42   {
43       int count = 0;
44       for (int i=2; i<=n; i++)
45       {
46           if (a[i] != 0)
47           {
48               count++;
49               b[count] = a[i];
```

```
50                }
51          }
52          return count;
53    }
```

程序运行结果如下：

```
There are following primes in first row:
1:101,…,1999
2: 89,…,1987
3: 53,…,1951
4: 3,…,1901
```

13. 蛇形矩阵。已知 4×4 和 5×5 的蛇形矩阵如下所示：

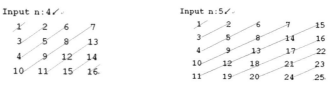

请编写一个程序，输出一个 *n*×*n* 的蛇形矩阵。要求先输入矩阵的阶数 *n*（假设 *n* 不超过 100），如果 *n* 不是自然数或者输入了不合法的数字，则输出"Input error!"，然后结束程序的执行。

【分析】用两个双重循环分别计算 *n*×*n* 矩阵的左上三角和右下三角，设置一个计数器从 1 开始记录当前要写入矩阵的元素值，每次写完一个计数器加 1，在计算左上角和右下角矩阵元素时，需要分两种情况考虑待写入的元素在矩阵中的行列下标位置。总计 2×*n*-1 条左对角线，假设 2×*n*-1 条左对角线的顺序号依次为 *i*=0，1，2，3，…，2×*n*-1，则左对角线上元素的两个下标之和即为对角线的顺序号 *i*，左上角上的对角线元素个数是递增的，右上角上的对角线元素个数是递减的。偶数序号的左对角线上的元素是从下往上写的，其行下标是递减的，列下标是递增的；奇数序号的左对角线上的元素是从上往下写的，其行下标是递增的，列下标是递减的。

【参考答案】参考程序：

```c
1    #include <stdio.h>
2    #include <stdlib.h>
3    #define N 100
4    void ZigzagMatrix(int a[][N], int n);
5    void Print(int a[][N], int n);
6    int main(void)
7    {
8        int a[N][N], n, ret;
9        printf("Input n:");
10       ret = scanf("%d", &n);
11       if (n < 0 || n > 100 || ret != 1)
12       {
13           printf("Input error!\n");
14           exit(0);
15       }
16       ZigzagMatrix(a, n);
17       Print(a, n);
18       return 0;
19   }
20   //函数功能：计算 n*n 的蛇形矩阵
21   void ZigzagMatrix(int a[][N], int n)
22   {
23       int k = 1;
24       //计算左上三角 n 条对角线
25       for (int i=0; i<n; i++)
26       {
```

```
27          for (int j=0; j<=i; j++)
28          {
29              if (i % 2 == 0)
30              {
31                  a[i-j][j] = k;
32              }
33              else
34              {
35                  a[j][i-j] = k;
36              }
37              k++;
38          }
39      }
40      //计算右下三角 n-1 条对角线
41      for (int i=n; i<2*n-1; i++)
42      {
43          for (int j=0; j<2*n-i-1; j++)
44          {
45              if (i % 2 == 0)
46              {
47                  a[n-1-j][i-n+j+1] = k;
48              }
49              else
50              {
51                  a[i-n+j+1][n-1-j] = k;
52              }
53              k++;
54          }
55      }
56  }
57  //函数功能：输出 n×n 矩阵 a
58  void Print(int a[][N], int n)
59  {
60      for (int i=0; i<n; i++)
61      {
62          for (int j=0; j<n; j++)
63          {
64              printf("%4d", a[i][j]);
65          }
66          printf("\n");
67      }
68  }
```

程序运行结果 1 如下：

```
Input n:5↙
 1   2   6   7  15
 3   5   8  14  16
 4   9  13  17  22
10  12  18  21  23
11  19  20  24  25
```

程序运行结果 2 如下：

```
Input n:-2↙
Input error!
```

14. 秦九韶算法。秦九韶与李冶、杨辉、朱世杰并称宋元数学四大家。秦九韶算法是一种将一元 n 次多项式的求值问题转化为 n 个一次多项式的求值问题的算法，大大简化了计算过程，即使在现代，利用计算机解决多项式的求值问题时，秦九韶算法依然是最优的算法。从键盘输入多项式的次数 n、多项式系数及 x，请用递推和递归两种方法计算 n 次多项式的值。

【分析】一般地，一元 n 次多项式的求值需要经过 $(n+1)\times n/2$ 次乘法和 n 次加法，时间复杂度为 $O(n^2)$，而秦九韶算法只需要 n 次乘法和 n 次加法，时间复杂度为 $O(n)$。其计算过程的推导如下。

首先，把一个待求值的 n 次多项式（注意，从高次项到低次项的系数依次为 $a_0, a_1, \cdots, a_n$）

$$px(x, n) = a_0 x^n + a_1 x^{n-1} + \cdots + a_{n-1}x + a_n$$

改写成如下形式：

$$
\begin{aligned}
px(x, n) &= a_0 x^n + a_1 x^{n-1} + \cdots + a_{n-1}x + a_n \\
&= (a_0 x^{n-1} + a_1 x^{n-2} + \cdots + a_{n-1})x + a_n \\
&= ((a_0 x^{n-2} + a_1 x^{n-3} + \cdots + a_{n-2})x + a_{n-1})x + a_n \\
&= \cdots \\
&= (\cdots(a_0 x + a_1)x + a_2)x + \cdots + a_{n-1})x + a_n
\end{aligned}
$$

用递推法计算多项式的值时，先计算最内层括号内的一次多项式的值，即

$$v_1 = a_0 x + a_1$$

然后，由内向外逐层计算一次多项式的值，即

$$v_2 = v_1 x + a_2$$
$$v_3 = v_2 x + a_3$$
$$\cdots\cdots$$
$$v_{n-1} = v_{n-2}x + a_{n-1}$$
$$v_n = v_{n-1}x + a_n$$

这样，n 次多项式 $f(x)$ 的求值问题就转化成了 n 个一次多项式的求值问题，用循环结构即可实现。

用递归法计算多项式的值时，先假设内层的 v_{n-1} 已经计算完毕，然后利用 $v_n = v_{n-1}x + a_n$ 来递归计算外层括号内的一次多项式的值，直到 n 为 0 时递归结束，直接返回 a_0 的值。

用数组保存多项式的系数，用递推或用递归方法就可以编程求解了。

【参考答案】参考程序 1（用递推方法实现）：

```
1   #include <stdio.h>
2   #define N 80
3   double PolynomialEvaluation(double x, double a[], int n);
4   int main(void)
5   {
6       int n;
7       double a[N], x;
8       printf("Input n:");
9       scanf("%d", &n);
10      printf("Input polynomial coefficient:");
11      for (int i=0; i<=n; i++)
12      {
13          scanf("%lf", &a[i]);
14      }
15      printf("Input x:");
16      scanf("%lf", &x);
17      printf("result=%f\n", PolynomialEvaluation(x, a, n));
18      return 0;
19  }
20  double PolynomialEvaluation(double x, double a[], int n)
21  {
22      double result = a[0];
23      for (int i=1; i<=n; i++)
```

```
24        {
25            result = result * x + a[i];
26        }
27        return result;
28    }
```

参考程序 2（用递归方法实现）:

```
1    #include <stdio.h>
2    #define N 80
3    double PolynomialEvaluation(double x, double a[], int n);
4    int main(void)
5    {
6        int n;
7        double a[N], x;
8        printf("Input n:");
9        scanf("%d", &n);
10        printf("Input polynomial coefficient:");
11        for (int i=0; i<=n; i++)
12        {
13            scanf("%lf", &a[i]);
14        }
15        printf("Input x:");
16        scanf("%lf", &x);
17        printf("result=%f\n", PolynomialEvaluation(x, a, n));
18        return 0;
19    }
20    double PolynomialEvaluation(double x, double a[], int n)
21    {
22        if (n == 0)
23        {
24            return a[0];
25        }
26        else
27        {
28            return PolynomialEvaluation(x, a, n-1) * x + a[n];
29        }
30    }
```

程序运行结果 1 如下:

```
Input n:6✓
Input polynomial coefficient: 0 1 -1 1 -1 1 -1✓
Input x:4
result=-3276.000000
```

程序运行结果 2 如下:

```
Input n:6✓
Input polynomial coefficient: -1 1 -1 1 -1 1 0✓
Input x:4
result=-3276.000000
```

习 题 8

1. 奇数次元素查找。假设有一个长度为 n（假设 n 不超过 20，由用户从键盘输入）的整型数组，且用户输入的数据范围是 $0 \sim N-1$（例如，N 为 40），其中只有一个元素在数组中出现了奇数次，请编程找出这个在数组中出现奇数次的元素。

【分析】第 1 种思路：先对用户输入的数据进行排序，然后对相邻数组元素依次比较，若相等，则计数；若不相等，则检查前面的计数结果是否为奇数，若为奇数，则返回前一个数组元素，否则将计数器重新置为 1。循环结束时，检查计数器最后一次的计数值是否为奇数，若为奇数，则返回最后一个数组元素，否则返回-1，表示未找到出现奇数次的数组元素。

【参考答案】参考程序 1：

```
1   #include <stdio.h>
2   #define M 20    //假设输入的数据数量不超过 20
3   void InputArray(int a[], int n);
4   void DataSort(int a[], int n);
5   int SearchOddNum(int a[], int n);
6   int main(void)
7   {
8       int a[M], n;
9       printf("Input n:");
10      scanf("%d", &n);
11      InputArray(a, n);
12      DataSort(a, n);
13      int find = SearchOddNum(a, n);
14      if (find != -1)
15      {
16          printf("%d occur an odd number of times!\n", find);
17      }
18      else
19      {
20          printf("Not found!\n");
21      }
22      return 0;
23  }
24  //函数功能：输入 n 个数组元素
25  void InputArray(int a[], int n)
26  {
27      printf("Input array:");
28      for (int i=0; i<n; i++)
29      {
30          scanf("%d", &a[i]);
31      }
32  }
33  //函数功能：按选择法对数组 a 中的 n 个元素进行排序
34  void DataSort(int a[], int n)
35  {
36      int i, j, k, temp;
37      for (i=0; i<n-1; i++)
38      {
39          k = i;
40          for (j=i+1; j<n; j++)
41          {
42              if (a[j] < a[k]) k = j;
43          }
44          if (k != i)
45          {
46              temp = a[k];
47              a[k] = a[i];
48              a[i] = temp;
49          }
50      }
51  }
52  //函数功能：查找并返回数组 c 中不为偶数的数
```

```
53    int SearchOddNum(int a[], int n)
54    {
55        int t = 1;
56        for(int i=1; i<n; i++)
57        {
58            if (a[i] == a[i-1])
59            {
60                t++;
61            }
62            else
63            {
64                if (t%2 != 0)
65                {
66                    return a[i-1];
67                }
68                else
69                {
70                    t = 1;
71                }
72            }
73        }
74        return (t%2!=0) ? a[n-1] : -1;
75    }
```

　　第 2 种思路：由于题目限制输入的数据范围是 0~N-1（例如，N 为 40），所以还可以设计一个有 N 个元素的一维数组 c 作为计数器，用 c[i] 记录数据值 i 在数组 a 中出现的次数，最后将数组 c 中元素值为奇数的数输出即为所求。

　　参考程序 2：

```
1     #include <stdio.h>
2     #define N 40    //假设输入的数据范围是 0~39
3     #define M 20    //假设输入的数据数量不超过 20
4     void InputArray(int a[], int n);
5     void CountArray(int a[], int n, int c[]);
6     int SearchOddNum(int c[], int n);
7     int main(void)
8     {
9         int a[M], c[N], n;
10        printf("Input n:");
11        scanf("%d", &n);
12        InputArray(a, n);
13        CountArray(a, n, c);
14        int find = SearchOddNum(c, N);
15        if (find != -1)
16        {
17            printf("%d occur an odd number of times!\n", find);
18        }
19        else
20        {
21            printf("Not found!\n");
22        }
23        return 0;
24    }
25    //函数功能：输入 n 个数组元素
26    void InputArray(int a[], int n)
27    {
28        printf("Input array:");
29        for (int i=0; i<n; i++)
30        {
```

```
31          scanf("%d", &a[i]);
32      }
33  }
34  //函数功能：统计数组 a 中每个元素出现的次数，记录到数组 c 中
35  void CountArray(int a[], int n, int c[])
36  {
37      for (int i=0; i<n; i++)
38      {
39          c[i]=0;//初始化为 0
40      }
41      for (int i=0; i<n; i++)//循环读入 n 个数
42      {
43          c[a[i]]++;//进行计数
44      }
45  }
46  //函数功能：查找并返回数组 c 中不为偶数的数
47  int SearchOddNum(int c[], int n)
48  {
49      for(int i=0; i<n; i++)
50      {
51          if (c[i]%2 != 0)
52          {
53              return i;
54          }
55      }
56      return -1;
57  }
```

程序运行结果如下：

```
Input n:5↙
Input array:1 2 3 2 1
3 occur an odd number of times!
```

2. 好数对。已知一个集合 A，对于 A 中任意两个不同的元素，若其和仍在 A 内，则称其为好数对，例如，对于由 1、2、3、4 构成的集合，因为有 1+2=3，1+3=4，所以好数对有两个。请编程统计并输出好数对的个数。要求先输入集合中元素的个数，然后输出能够组成的好数对的个数。已知集合中最多有 1000 个元素。如果输入的数据不满足要求，则重新输入。

【分析】用数组 a 保存输入的元素值，用数组 b 为在集合中存在的数做标记，标记值为 1 表示该数在集合中存在，标记值为 0 表示该数在集合中不存在。然后用双重循环遍历数组 a，先计算数组 a 中任意两个元素之和，然后将其作为下标，检查数组 b 中对应这个下标的元素值是否为 1，若为 1，则表示这两个数组元素是好数对。

【参考答案】参考程序 1：

```
1   #include<stdio.h>
2   #define N 10000
3   int GoodNum(int a[], int n);
4   int main(void)
5   {
6       int a[N], n;
7       do{
8           printf("Input n:");
9           scanf("%d", &n);
10      }while (n > 1000);
11      printf("Input %d numbers:", n);
12      for (int i=0; i<n; i++)
13      {
14          scanf("%d", &a[i]); //输入数据
```

```
15          }
16          GoodNum(a, n);
17          return 0;
18      }
19      //函数功能: 计算并返回 n 个元素能够组成的好数对的个数
20      int GoodNum(int a[], int n)
21      {
22          int cnt = 0, result = 0, sum[N];
23          for (int i=0; i<n; i++)
24          {
25              for (int j=i+1; j<n; j++)
26              {
27                  sum[cnt++] = a[i] + a[j]; //将任意两个数相加的和储存到数组中
28              }
29          }
30          for (int i=0; i<n; i++)
31          {
32              for (int j=0; j<cnt; j++)
33              {
34                  if (a[i] == sum[j]) //判断是否相等
35                  {
36                      result++;
37                  }
38              }
39          }
40          printf("%d", result);
41          return 0;
42      }
```

参考程序 2:

```
1       #include<stdio.h>
2       int GoodNum(int a[], int n);
3       int main(void)
4       {
5           int a[1000];
6           int i, n, s = 0;
7           do{
8               printf("Input n:");
9               scanf("%d", &n);
10          }while (n > 1000);
11          printf("Input %d numbers:", n);
12          for (i=0; i<n; i++)
13          {
14              scanf("%d", &a[i]);
15          }
16          s = GoodNum(a, n);
17          printf("%d\n", s);
18          return 0;
19      }
20      //函数功能: 计算并返回 n 个元素能够组成的好数对的个数
21      int GoodNum(int a[], int n)
22      {
23          int b[10001];
24          int i, j, s = 0;
25          for (i=0; i<n; i++)
26          {
27              b[a[i]] = 1;
28          }
29          for (i=0; i<n; i++)
30          {
```

```
31              for (j=i+1; j<n; j++)
32              {
33                  if (b[a[i] + a[j]] == 1)
34                  {
35                      s++;
36                  }
37              }
38          }
39      return s;
40  }
```

程序运行结果如下：

```
Input n:4000✓
Input n:5✓
Input 5 numbers:0 1 2 3 4✓
6
```

3. 数对统计。假设有两个已经排好序且长度为 n（假设 n 不超过 20）的数组 arr1 和 arr2，请编程找出这两个数组中满足给定和值的数对，即找到 x 和 y，使得 x+y=sum，x 是 arr1 中某个元素，y 是 arr2 中的某个元素，其中 sum，由用户从键盘输入。

【参考答案】参考程序：

```
1   #include <stdio.h>
2   #define N 20     //假设输入的数据数量不超过20
3   void InputArray(int a[], int n);
4   void SearchPairs(int a[], int b[], int n, int sum);
5   int main(void)
6   {
7       int arr1[N], arr2[N], n, sum;
8       printf("Input n:");
9       scanf("%d", &n);
10      InputArray(arr1, n);
11      InputArray(arr2, n);
12      printf("Given sum:");
13      scanf("%d", &sum);
14      SearchPairs(arr1, arr2, n, sum);
15      return 0;
16  }
17  //函数功能：输入 n 个数组元素
18  void InputArray(int a[], int n)
19  {
20      printf("Input array:");
21      for (int i=0; i<n; i++)
22      {
23          scanf("%d", &a[i]);
24      }
25  }
26  //函数功能：查找并输出数组 a 和 b 中和值为 sum 的数对
27  void SearchPairs(int a[], int b[], int n, int sum)
28  {
29      for(int i=0; i<n; i++)
30      {
31          for(int j=0; j<n; j++)
32          {
33              if (a[i]+b[j] == sum)
34              {
35                  printf("(%d,%d)\n", a[i], b[j]);
36              }
37          }
38      }
39  }
```

程序运行结果如下：

```
Input n:5✓
Input array:1 2 3 4 5✓
Input array:2 3 4 5 6✓
Given sum:6✓
(1,5)
(2,4)
(3,3)
(4,2)
```

4. 最大的子段和。假设有一个长度为 n（假设 n 不超过 20，由用户从键盘输入）的整型数组 a，请编程计算最大的连续子段之和，其计算方法为，假设 i 和 j 是数组下标，并且 $i \leqslant j$，那么 subSum $= a[i] + a[i+1]+\cdots+a[j]$ 一段子段和。我们的目的是找到最大的子段和。如果和为负数，则按 0 计算。

【参考答案】参考程序：

```c
1   #include <stdio.h>
2   #define N 20    //假设输入的数据数量不超过20
3   void InputArray(int a[], int n);
4   int SearchMaxSubSegment(int a[], int n);
5   int Max(int a[], int n);
6   int main(void)
7   {
8       int a[N], n;
9       printf("Input n:");
10      scanf("%d", &n);
11      InputArray(a, n);
12      printf("max=%d\n", SearchMaxSubSegment(a, n));
13      return 0;
14  }
15  //函数功能: 输入n个数组元素
16  void InputArray(int a[], int n)
17  {
18      printf("Input array:");
19      for (int i=0; i<n; i++)
20      {
21          scanf("%d", &a[i]);
22      }
23  }
24  //函数功能: 查找并返回数组a中最大的子段和
25  int SearchMaxSubSegment(int a[], int n)
26  {
27      int max[N], sum[N];
28      for(int i=0; i<n; i++)
29      {
30          sum[i] = a[i];
31          max[i] = a[i];
32          for(int j=i+1; j<n; j++)
33          {
34              sum[i] += a[j];
35              if (sum[i] < 0)
36              {
37                  break;
38              }
39              if (sum[i] > max[i])
40              {
41                  max[i] = sum[i];
42              }
43          }
44      }
```

```
45        return Max(max, n);
46    }
47    //函数功能：计算并返回数组中的最大值
48    int Max(int a[], int n)
49    {
50        int max = a[0];
51        for (int i=1; i<n; i++)
52        {
53            if (a[i] > max)
54            {
55                max = a[i];
56            }
57        }
58        return max;
59    }
```

程序运行结果如下：

```
Input n:10✓
Input array:1 2 -10 3 4 5 6 -1 2 3✓
max=22
```

5. 元素分离。假设长度为 n（假设 n 不超过 20，由用户从键盘输入）的整型数组 a 中有 0 和非 0 元素，现在要对数组元素进行一种特殊的重排序，使得重排后的结果满足：所有的 0 都排在前面，所有的非 0 元素都排在后面，其余相对顺序不能发生变化。例如，对于 3,0,1,0，重排序后的结果应为 0,0,3,1。

【参考答案】参考程序 1：

```
1     #include <stdio.h>
2     #define N 10
3     void Rearrange(int a[], int n);
4     int main(void)
5     {
6         int a[N];
7         printf("Input %d integer numbers:", N);
8         for (int i=0; i<N; i++)
9         {
10            scanf("%d", &a[i]);
11        }
12        Rearrange(a, N);
13        for (int i=0; i<N; i++)
14        {
15            printf("%5d", a[i]);
16        }
17        printf("\n");
18        return 0;
19    }
20    //函数功能：将数组 a 中的 0 元素全部调整到非 0 元素之前，并保持非 0 元素的相对位置不变
21    void Rearrange(int a[], int n)
22    {
23        int j = 0, b[N];
24        for (int i=0; i<n; i++)
25        {
26            if (a[i] == 0)
27            {
28                b[j++] = a[i];
29            }
30        }
31        for (int i=0; i<n; i++)
32        {
```

```
33            if (a[i] != 0)
34            {
35                b[j++] = a[i];
36            }
37        }
38        for (int i=0; i<n; i++)
39        {
40            a[i] = b[i];
41        }
42    }
```

参考程序 2：

```
1     #include <stdio.h>
2     #define N 10
3     void Rearrange(int a[], int n);
4     int main(void)
5     {
6         int a[N];
7         printf("Input %d integer numbers:", N);
8         for (int i=0; i<N; i++)
9         {
10            scanf("%d", &a[i]);
11        }
12        Rearrange(a, N);
13        for (int i=0; i<N; i++)
14        {
15            printf("%5d", a[i]);
16        }
17        printf("\n");
18        return 0;
19    }
20    //函数功能：将数组 a 中的 0 元素全部调整到非 0 元素之前，并保持非 0 元素的相对位置不变
21    void Rearrange(int a[], int n)
22    {
23        int i, j, k, temp;
24        for (i=0; i<n; i++)
25        {
26            for(j=i+1; j<n; j++)
27            {
28                if (a[i] != 0 && a[j] == 0)
29                {
30                    temp = a[j];
31                    for (k=j-1; k>=i; k--)
32                    {
33                        a[k+1] = a[k];
34                    }
35                    a[i] = temp;
36                }
37            }
38        }
39    }
```

程序运行结果如下：

```
Input 10 integer numbers:1 2 3 0 4 5 0 6 7 0↙
         0    0    0    1    2    3    4    5    6    7
```

6. 计算众数。假设有一个长度为 n（假设 n 不超过 20，由用户从键盘输入）的整型数组 a（假设数组元素的范围在 1~10），请编程计算数组中元素的众数（出现次数最多的数据）。

【参考答案】参考程序：

```
1     #include <stdio.h>
```

```
2      #define  M   20
3      #define  N   10
4      int Mode(int answer[], int n);
5      int main(void)
6      {
7          int  n, a[M];
8          do{
9              printf("Input n:");
10             scanf("%d", &n);
11         }while (n<=0 || n>20);
12         for (int i=0; i<n; i++)
13         {
14             scanf("%d", &a[i]);
15             if (a[i]<1 || a[i]>10)
16             {
17                 printf("Input error!\n");
18                 i--;
19             }
20         }
21         printf("Mode value = %d\n", Mode(a, n));
22         return 0;
23     }
24     //函数功能：返回 n 个数的众数
25     int Mode(int a[], int n)
26     {
27         int max = 0, modeValue = 0, count[N+1] = {0};
28         for (int i=0; i<n; i++)
29         {
30             count[a[i]]++;  //统计每个等级的出现次数
31         }
32          //统计出现次数的最大值
33          for (int i=1; i<=N; i++)
34         {
35             if (count[i] > max)
36             {
37                 max = count[i]; //记录出现次数的最大值
38                 modeValue = i;  //记录出现次数最多的等级
39             }
40         }
41         return modeValue;
42     }
```

程序运行结果如下：

```
Input n:30↙
Input n:10↙
1 2 3 2 4 2 5 2 6 2↙
Mode value = 2
```

7. 计算中位数。假设有一个长度为 n（假设 n 不超过 20，由用户从键盘输入）的整型数组 a，请编程计算数组中元素的中位数。如果数据有偶数个，通常取中间的两个数的平均数作为中位数（取整）。

【参考答案】参考程序：

```
1      #include <stdio.h>
2      #define  M   20
3      #define  N   10
4      int Median(int answer[], int n);
5      void DataSort(int a[], int n);
6      int main(void)
7      {
```

```
8       int  n, a[M];
9       do{
10          printf("Input n:");
11          scanf("%d", &n);
12      }while (n<=0 || n>20);
13      for (int i=0; i<n; i++)
14      {
15          scanf("%d", &a[i]);
16          if (a[i]<1 || a[i]>10)
17          {
18              printf("Input error!\n");
19              i--;
20          }
21      }
22      printf("Median value = %d\n", Median(a, n));
23      return 0;
24  }
25  //函数功能: 返回 n 个数的中位数
26  int Median(int a[], int n)
27  {
28      DataSort(a, n);
29      if (n%2 == 0)
30      {
31          return  (a[n/2] + a[n/2-1]) / 2;
32      }
33      else
34      {
35          return  a[n/2];
36      }
37  }
38  //函数功能: 按选择法对数组 a 中的 n 个元素进行排序
39  void DataSort(int a[], int n)
40  {
41      int i, j, k, temp;
42      for (i=0; i<n-1; i++)
43      {
44          k = i;
45          for (j=i+1; j<n; j++)
46          {
47              if (a[j] > a[k]) k = j;
48          }
49          if (k != i)
50          {
51              temp = a[k];
52              a[k] = a[i];
53              a[i] = temp;
54          }
55      }
56  }
```

程序运行结果如下:

```
Input n:10✓
1 2 3 4 5 6 7 8 9 10✓
Median value = 5
```

8. 计算矩阵最大值及其位置。请编写一个程序, 计算 $m \times n$ 矩阵中元素的最大值及其所在的行列下标。先输入 m 和 n 的值 (已知 m 和 n 的值都不超过 10), 然后输入 $m \times n$ 矩阵的元素, 最后输出其最大值及其所在的行列下标。

【参考答案】参考程序：

```
1   #include <stdio.h>
2   #define M 10
3   #define N 10
4   void InputMatrix(int *p, int m, int n);
5   int FindMax(int *p, int m, int n, int *pRow, int *pCol);
6   int main(void)
7   {
8       int a[M][N], m, n, row, col, max;
9       do{
10          printf("Input m,n(m,n<=10):");
11          scanf("%d,%d", &m, &n);
12      }while (m>10 || n>10 || m<=0 || n<=0);
13      InputMatrix(*a, m, n);
14      max = FindMax(*a, m, n, &row, &col);
15      printf("max=%d,row=%d,col=%d\n", max, row, col);
16      return 0;
17  }
18  //函数功能：输入 m*n 矩阵的值
19  void InputMatrix(int *p, int m, int n)
20  {
21      printf("Input %d*%d array:\n", m, n);
22      for (int i=0; i<m; i++)
23      {
24          for (int j=0; j<n; j++)
25          {
26              scanf("%d", &p[i*n+j]);
27          }
28      }
29  }
30  //函数功能：在 m*n 矩阵中查找最大值及其所在的行列号
31  //函数返回最大值，pRow 和 pCol 分别返回最大值所在的行列下标
32  int FindMax(int *p, int m, int n, int *pRow, int *pCol)
33  {
34      int max = p[0];
35      *pRow = 0;
36      *pCol = 0;
37      for (int i=0; i<m; i++)
38      {
39          for (int j=0; j<n; j++)
40          {
41              if (p[i*n+j] > max)
42              {
43                  max = p[i*n+j];
44                  *pRow = i;              //记录行下标
45                  *pCol = j;              //记录列下标
46              }
47          }
48      }
49      return max;
50  }
```

程序运行结果如下：

```
Input m,n(m,n<=10):3,4↙
Input 3*4 array:
1    2    3    4↙
5    6    7    8↙
9    10   11   12↙
max=12,row=2,col=3
```

9. 计算鞍点。请编写一个程序，找出 $m \times n$ 矩阵中的鞍点，即该位置上的元素是该行上的最大值，并且是该列上的最小值。先输入 m 和 n 的值（已知 m 和 n 的值都不超过 10），然后输入 $m \times n$ 矩阵的元素，最后输出其鞍点。如果矩阵中没有鞍点，则输出 "No saddle point!"。

【参考答案】参考程序 1：

```
1    #include<stdio.h>
2    #define M 10
3    #define N 10
4    void FindSaddlePoint(int a[][N], int m, int n);
5    int main(void)
6    {
7        int m, n, a[M][N];
8        do{
9            printf("Input m,n(m,n<=10):");
10           scanf("%d,%d", &m, &n);
11       }while (m>10 || n>10 || m<=0 || n<=0);
12       printf("Input matrix:\n");
13       for (int i=0; i<m; i++)
14       {
15           for (int j=0; j<n; j++)
16           {
17               scanf("%d", &a[i][j]);
18           }
19       }
20       FindSaddlePoint(a, m, n);
21       return 0;
22   }
23   //函数功能：计算并输出 m*n 矩阵的鞍点
24   void FindSaddlePoint(int a[][N], int m, int n)
25   {
26       for (int i=0; i<m; i++)
27       {
28           int max = a[i][0];
29           int maxj = 0;
30           for (int j=0; j<n; j++)
31           {
32               if (a[i][j] > max)
33               {
34                   max = a[i][j];
35                   maxj = j;
36               }
37           }
38           int flag = 1;
39           for (int k=0; k<m&&flag; k++)
40           {
41               if (max > a[k][maxj])
42               {
43                   flag = 0;
44               }
45           }
46           if (flag)
47           {
48               printf("saddle point: a[%d][%d] is %d\n", i, maxj, max);
49               return;
50           }
51       }
52       printf("No saddle point!\n");
53       return;
54   }
```

参考程序 2：

```
1    #include<stdio.h>
2    #define M 10
3    #define N 10
4    int FindSaddlePoint(int a[][N], int m, int n, int *prow, int *pcol);
5    int main(void)
6    {
7        int m, n, row, col, a[M][N];
8        do{
9            printf("Input m,n(m,n<=10):");
10           scanf("%d,%d", &m, &n);
11       }while (m>10 || n>10 || m<=0 || n<=0);
12       printf("Input matrix:\n");
13       for (int i=0; i<m; i++)
14       {
15           for (int j=0; j<n; j++)
16           {
17               scanf("%d", &a[i][j]);
18           }
19       }
20       int max = FindSaddlePoint(a, m, n, &row, &col);
21       if (max != -1)
22       {
23           printf("saddle point: a[%d][%d] is %d\n", row, col, max);
24       }
25       else
26       {
27           printf("No saddle point!\n");
28       }
29       return 0;
30   }
31   //函数功能：计算并返回 m*n 矩阵的鞍点及其行列位置，若没有鞍点，则返回-1
32   int FindSaddlePoint(int a[][N], int m, int n, int *prow, int *pcol)
33   {
34       for (int i=0; i<m; i++)
35       {
36           int max = a[i][0];
37           *pcol = 0;
38           for (int j=0; j<n; j++)
39           {
40               if (a[i][j] > max)
41               {
42                   max = a[i][j];
43                   *pcol = j;
44               }
45           }
46           int flag = 1;
47           for (int k=0; k<m&&flag; k++)
48           {
49               if (max > a[k][*pcol])
50               {
51                   flag = 0;
52               }
53           }
54           if (flag)
55           {
56               *prow = i;
57               return max;
58           }
```

```
59         }
60         return -1;
61   }
```

程序运行结果 1 如下：

```
Input m,n(m,n<=10):3,3↙
Input matrix:
4 5 6↙
7 8 9↙
1 2 3↙
saddle point: a[2][2] is 3
```

程序运行结果 2 如下：

```
Input m,n(m,n<=10):2,2↙
Input matrix:
4 1↙
1 2↙
No saddle point!
```

10. 验证卡布列克运算。对任意一个 4 位数，只要各位上的数字是不完全相同的，就有如下规律。

（1）将组成该 4 位数的 4 个数字由大到小排列，得到由这 4 个数字构成的最大的 4 位数。

（2）将组成该 4 位数的 4 个数字由小到大排列，得到由这 4 个数字构成的最小的 4 位数（如果 4 个数字中有 0，则得到的最小 4 位数不足 4 位）。

（3）求这两个数的差值，得到一个新的 4 位数（高位 0 保留）。

重复以上过程，最后得到的结果是 6174，这个数被称为卡布列克常数。请编写一个函数，验证以上的卡布列克运算。

【参考答案】参考程序 1：

```
1    #include <stdio.h>
2    #define N 20
3    void Getnumber(int number[], int n, int *p);
4    void SelectSort(int a[], int n);
5    void SwapInt(int *x, int *y);
6    int main(void)
7    {
8        int num[N], n, x, count = 1, h = 0;
9        do{
10           printf("Input n:");
11           scanf("%d", &n);
12       }while (n<1000 || n>9999);
13       do{
14           h = 0;
15           Getnumber(num, n, &h);//分离n的各个位放到数组num中，初始位从0开始
16           SelectSort(num, 4); //对num中的四个数位进行降序排序
17           x = num[0] * 1000 + num[1] * 100 + num[2] * 10 + num[3];
18           n = num[3] * 1000 + num[2] * 100 + num[1] * 10 + num[0];
19           printf("[%d]:%d-%d=%d\n", count, x, n, x - n);
20           if (x-n != 6174)
21           {
22               n = x - n; //下一次运算对象变为x-n
23               count++;    //记录运算的次数
24           }
25       }while (x-n != 6174);
26       return 0;
27   }
28   //函数功能：递归地将n的各个位分离出来放到数组number中
```

```
29    void Getnumber(int number[], int n, int *p)
30    {
31        int j;
32        if (n < 10)          //递归结束条件
33        {
34            number[*p] = n;//只剩一位数字时，直接放到数组 num 下标为*p 的元素中
35        }
36        else
37        {
38            j = n % 10;      //分离出个位
39            n = n / 10;      //压缩 10 倍，即去掉个位数字
40            number[*p] = j;//将分离出的个位放到数组 num 下标为*p 的元素中
41            (*p)++;          //下标位置增 1
42            Getnumber(number, n, p);//递归调用，继续放下一位
43        }
44    }
45    //函数功能：按选择排序将数组 a 的 n 个元素进行降序排序
46    void SelectSort(int a[], int n)
47    {
48        int i, j, k;
49        for (i=0; i<n-1; i++)
50        {
51            k = i;
52            for (j=i+1; j<n; j++)
53            {
54                if (a[j] > a[k])
55                {
56                    k = j;
57                }
58            }
59            if (k != i)
60            {
61                SwapInt(&a[i], &a[k]);
62            }
63        }
64    }
65    //函数功能：交换指针 x 和 y 指向的两个 int 型数据
66    void SwapInt(int *x, int *y)
67    {
68        int t;
69        t = *x;
70        *x = *y;
71        *y = t;
72    }
```

参考程序 2：

```
1    #include <stdio.h>
2    #define N 20
3    void Getnumber(int number[], int n, int *p);
4    void BubbleSort(int a[], int n);
5    void SwapInt(int *x, int *y);
6    int main(void)
7    {
8        int num[N], n, x, count = 1, h = 0;
9        do{
10           printf("Input n:");
11           scanf("%d", &n);
12       }while (n<1000 || n>9999);
13       do{
14           h = 0;
```

```
15          Getnumber(num, n, &h);//分离 n 的各个位放到数组 num 中，初始位从 0 开始
16          BubbleSort(num, 4); //对 num 中的四个数位进行降序排序
17          x = num[0] * 1000 + num[1] * 100 + num[2] * 10 + num[3];
18          n = num[3] * 1000 + num[2] * 100 + num[1] * 10 + num[0];
19          printf("[%d]:%d-%d=%d\n", count, x, n, x - n);
20          if (x-n != 6174)
21          {
22              n = x - n; //下一次运算对象变为 x-n
23              count++;      //记录运算的次数
24          }
25      }while (x-n != 6174);
26      return 0;
27  }
28  //函数功能：递归地将 n 的各个位分离出来放到数组 number 中
29  void Getnumber(int number[], int n, int *p)
30  {
31      int j;
32      if (n < 10)        //递归结束条件
33      {
34          number[*p] = n;//只剩一位数字时，直接放到数组 num 下标为*p 的元素中
35      }
36      else
37      {
38          j = n % 10;                //分离出个位
39          n = n / 10;                //压缩 10 倍，即去掉个位数字
40          number[*p] = j;            //将分离出的个位放到数组 num 下标为*p 的元素中
41          (*p)++;                    //下标位置增 1
42          Getnumber(number, n, p);   //递归调用，继续放下一位
43      }
44  }
45  //函数功能：冒泡排序实现数组 a 的 n 个元素的降序排序
46  void BubbleSort(int a[], int n)
47  {
48      for (int i=0; i<n-1; i++)
49      {
50          for (int j=n-1; j>=i+1; --j)
51          {
52              if (a[j] > a[j-1])  //降序排序
53              {
54                  SwapInt(&a[j], &a[j-1]);
55              }
56          }
57      }
58  }
59  //函数功能：交换指针 x 和 y 指向的两个 int 型数据
60  void SwapInt(int *x, int *y)
61  {
62      int t;
63      t = *x;
64      *x = *y;
65      *y = t;
66  }
```

程序运行结果如下：

```
Input n:4098↙
[1]:9840-489=9351
[2]:9531-1359=8172
[3]:8721-1278=7443
[4]:7443-3447=3996
[5]:9963-3699=6264
```

```
[6]:6642-2466=4176
[7]:7641-1467=6174
```

11. 数列合并。已知两个不同长度的升序排列的数列（假设序列的长度都不超过 10），请编程将其合并为一个数列，使合并后的数列仍保持升序排列。要求用户由键盘输入两个数列的长度，并输入两个升序排列的数列，然后输出合并后的数列。

【分析】用数组 a 和数组 b 分别保存两个升序排列的数列，用一个循环依次将数组 a 和数组 b 中较小的数存到数组 c 中，当一个较短的序列存完后，再将较长的序列剩余的部分依次保存到数组 c 的末尾。假设两个序列的长度分别是 m 和 n，当第一个循环结束时，若 i 等于 m，则说明数组 a 中的数已经全部保存到了数组 c 中，于是只要将数组 b 中剩余的数存到数组 c 的末尾即可；若 j 等于 n，则说明数组 b 中的数已经全部保存到了数组 c 中，于是只要将数组 a 中剩余的数存到数组 c 的末尾即可。在第一个循环中，用 k 记录向数组 c 中存了多少个数，在第二个循环中，就从 k 这个位置开始继续存储较长序列中剩余的数。

【参考答案】参考程序：

```
1    #include <stdio.h>
2    #define M 10
3    #define N 10
4    void Merge(int a[], int b[], int c[], int m, int n);
5    int main(void)
6    {
7        int a[N], b[N], c[M+N];
8        int i, m, n;
9        printf("Input m,n:");
10       scanf("%d,%d", &m, &n);
11       printf("Input array a:");
12       for (i=0; i<m; i++)
13       {
14           scanf("%d", &a[i]);
15       }
16       printf("Input array b:");
17       for (i=0; i<n; i++)
18       {
19           scanf("%d", &b[i]);
20       }
21       Merge(a, b, c, m, n);
22       for (i=0; i<m+n; i++)
23       {
24           printf("%4d", c[i]);
25       }
26       printf("\n");
27       return 0;
28   }
29   //函数功能：将升序排列的 a 数组中的 m 个元素和 b 数组中的 n 个元素合并到 c 数组中
30   void Merge(int a[], int b[], int c[], int m, int n)
31   {
32       int i = 0, j = 0, k = 0;
33       while (i < m && j < n)
34       {
35           if (a[i] <= b[j])
36           {
37               c[k] = a[i];
38               i++;
39               k++;
40           }
41           else
```

```
42          {
43              c[k] = b[j];
44              j++;
45              k++;
46          }
47      }
48      if (i == m)
49      {
50          while (k < m + n)
51          {
52              c[k] = b[j];
53              k++;
54              j++;
55          }
56      }
57      else if (j == n)
58      {
59          while (k < m + n)
60          {
61              c[k] = a[i];
62              k++;
63              i++;
64          }
65      }
66  }
```

程序运行结果 1 如下：

```
Input m,n:4,6✓
Input array a:1 2 9 10✓
Input array b:3 4 5 6 7 8✓
  1  2  3  4  5  6  7  8  9  10
```

程序运行结果 2 如下：

```
Input m,n:6,4✓
Input array a:1 2 5 6 8 9✓
Input array b:3 4 7 10✓
  1  2  3  4  5  6  7  8  9  10
```

12.　参赛选手分数统计。北京冬奥会的花样滑冰比赛凭借其艺术性和运动员优美的动作受到广泛关注。冬奥会的花样滑冰比赛为 9 人裁判制，裁判组的执行分是通过计算 9 个计分裁判的执行分的修正平均值来确定的，即去掉最高分（若有多个相同最高分，只去掉一个）和最低分（若有多个相同最低分，只去掉一个），然后计算出剩余 7 个裁判的平均分数。假设采用百分制，即最低 0 分，最高 100 分，请编程计算某参赛选手的最终比赛分数。

【参考答案】参考程序：

```
1   #include <stdio.h>
2   void Input(int x[], int n);
3   int Total(int x[], int n);
4   int FindMaxValue(int x[], int n);
5   int FindMinValue(int x[], int n);
6   int main(void)
7   {
8       int  score[9];
9       printf("Input 9 scores:\n");
10      Input(score, 9);
11      int maxValue = FindMaxValue(score, 9);
12      int minValue = FindMinValue(score, 9);
13      int sum = Total(score, 9);
14      printf("%.2f\n",(float)(sum-maxValue-minValue)/7);
```

```
15        return 0;
16    }
17    void Input(int x[], int n)
18    {
19        for (int i=0; i<n; i++)
20        {
21            scanf("%d", &x[i]);
22        }
23    }
24    int FindMaxValue(int x[], int n)
25    {
26        int maxValue = x[0];
27        for (int i=1; i<n; i++)
28        {
29            if (x[i] > maxValue)
30            {
31                maxValue = x[i];
32            }
33        }
34        return maxValue;
35    }
36    int FindMinValue(int x[], int n)
37    {
38        int minValue = x[0];
39        for (int i=1; i<n; i++)
40        {
41            if (x[i] < minValue)
42            {
43                minValue = x[i];
44            }
45        }
46        return minValue;
47    }
48    int Total(int x[], int n)
49    {
50        int sum = 0;
51        for (int i=0; i<n; i++)
52        {
53            sum = sum + x[i];
54        }
55        return sum;
56    }
```

程序运行结果如下：

```
Input 9 scores:
50 100 60 70 80 90 70 80 90↙
77.14
```

13. 英雄卡兑换。小明非常喜欢收集各种干脆面里面的英雄卡，但是有些稀有英雄卡真的是太难收集到了。后来某商场举行了一次英雄卡兑换活动，只要你有 3 张编号连续的英雄卡，就可以换任意编号的英雄卡。请编程"告诉"小明，他最多可以换到几张英雄卡（新换来的英雄卡不可以再次兑换）。由用户从键盘输入英雄卡的编号，然后输出可以兑换的英雄卡数量。

【参考答案】参考程序 1：

```
1    #include <stdio.h>
2    #include <stdlib.h>
3    void Swap(int *a, int *b);
4    void Bubble(int data[], int N);
5    int main(void)
```

```
6    {
7        int number;
8        int times = 0;
9        int *p;
10       do{
11           printf("Input n:");
12           scanf("%d", &number);
13       } while (number<1 || number>10000);
14       if ((p = (int *)malloc(number * sizeof(int))) == NULL)
15       {
16           printf("No enough memory!\n");
17           exit(1);
18       }
19       for (int i=0; i<number; i++)
20       {
21           scanf(" %d", (p + i));
22       }
23       Bubble(p, number);
24       for (int i=0; i<number; i++)
25       {
26           if (*(p + i) != -2)
27           {
28               for (int j=i+1; j<number; j++)
29               {
30                   if (*(p + j) != -2 && *(p + j) == *(p + i) + 1)
31                   {
32                       for (int k=j+1; k<number; k++)
33                       {
34                           if (*(p + k) != -2 && *(p + k) == *(p + j) + 1)
35                           {
36                               *(p + i) = -2;
37                               *(p + j) = -2;
38                               *(p + k) = -2;
39                               times++;
40                           }
41                       }
42                   }
43               }
44           }
45       }
46       printf("%d", times);
47       free(p);
48       return 0;
49   }
50   //函数功能：互换指针 a 和 b 指向的数据
51   void Swap(int *a, int *b)
52   {
53       int t;
54       t = *a;
55       *a = *b;
56       *b = t;
57   }
58   //函数功能：冒泡排序
59   void Bubble(int data[], int N)
60   {
61       for (int i=0; i<N; i++)
62       {
63           for (int j=0; j<N-i-1; j++)
64           {
```

```
65              if (data[j] > data[j+1])
66              {
67                  Swap(&data[j], &data[j+1]);
68              }
69          }
70      }
71  }
```

参考程序 2：

```
1   #include <stdio.h>
2   #define N 10000        //英雄卡的最大数量
3   #define M 20           //英雄卡的最大编号
4   int Exchange(int c[], int n);
5   int main()
6   {
7       int times = 0, i, n, p[N+1];
8       int count[M+1] = {0};  //编号从 1 开始，全部初始化为 0
9       printf("Input n:");
10      scanf("%d", &n); //输入英雄卡的数量
11      printf("Input card numbers:");
12      for (i=0; i<n; i++)
13      {
14          scanf("%d", &p[i]);        //输入每张英雄卡的编号
15          count[p[i]]++;             //统计每个编号的数量
16      }
17      times = Exchange(count, M);
18      printf("Exchanged:%d", times);
19      return 0;
20  }
21  int Exchange(int c[], int n)
22  {
23      int i = 1, times = 0, flag = 0;
24      while (i < n)
25      {
26          flag = 0;
27          if (c[i]!=0 && c[i+1]!=0 && c[i+2]!=0)
28          {
29              c[i]--;
30              c[i+1]--;
31              c[i+2]--;
32              times++;
33              flag = 1;
34          }
35          if (!flag) i++;
36      }
37      return times;
38  }
```

程序运行结果如下：

```
Input n:6✓
Input card numbers:1 3 2 4 4 5✓
Exchanged:1
```

习　题　9

1. 日期转换 V1。输入某年某月某日，用如下函数原型编程计算并输出它是这一年的第几天。

```
void DayofYear(int year, int month, int *pDay);
```

【参考答案】参考程序:

```
1    #include <stdio.h>
2    void DayofYear(int year, int month, int *pDay);
3    int IsLeapYear(int y);
4    int IsLegalDate(int year, int month, int day);
5    int main(void)
6    {
7        int n, year, month, day;
8        do{
9            printf("Input year,month,day:");
10           n = scanf("%d,%d,%d", &year, &month, &day);
11           if (n != 3) while (getchar() != '\n');
12       } while (n!=3 || !IsLegalDate(year, month, day));
13       DayofYear(year, month, &day);
14       printf("yearDay = %d\n", day);
15       return 0;
16   }
17   //函数功能:计算从当年 1 月 1 日起到日期的天数(即当年的第几天)
18   void DayofYear(int year, int month, int *pDay)
19   {
20       int dayofmonth[2][12]={{31,28,31,30,31,30,31,31,30,31,30,31},
21                              {31,29,31,30,31,30,31,31,30,31,30,31}
22                             };
23       int leap = IsLeapYear(year);
24       for (int i=1; i<month; i++)
25       {
26           *pDay = *pDay + dayofmonth[leap][i-1];
27       }
28   }
29   //函数功能:判断 y 是否为闰年,若是,则返回 1,否则返回 0
30   int IsLeapYear(int y)
31   {
32       return ((y%4==0&&y%100!=0) || (y%400==0)) ? 1 : 0;
33   }
34   //函数功能:判断日期是否合法,若合法,则返回 1,否则返回 0
35   int IsLegalDate(int year, int month, int day)
36   {
37       int dayofmonth[2][12]= {{31,28,31,30,31,30,31,31,30,31,30,31},
38                               {31,29,31,30,31,30,31,31,30,31,30,31}
39                              };
40       if (year<1 || month<1 || month>12 || day<1) return 0;
41       int leap = IsLeapYear(year) ? 1 : 0;
42       return day > dayofmonth[leap][month-1] ? 0 : 1;
43   }
```

程序运行结果 1 如下:

```
Input year,month,day:2016,3,1✓
yearDay = 61
```

程序运行结果 2 如下:

```
Input year,month,day:2015,3,1✓
yearDay = 60
```

程序运行结果 3 如下:

```
Input year,month,day:2000,3,1✓
yearDay = 61
```

程序运行结果 4 如下:

```
Input year,month,day:2100,3,1✓
yearDay = 60
```

2. 日期转换 V2。输入某一年的第几天，用如下函数原型编程计算并输出它是这一年的第几月第几日。

```
void MonthDay(int year, int yearDay, int *pMonth, int *pDay);
```

【参考答案】参考程序：

```
1   #include <stdio.h>
2   void MonthDay(int year, int yearDay, int *pMonth, int *pDay);
3   int IsLeapYear(int y);
4   int main(void)
5   {
6       int  year, month, day, yearDay, n;
7       do{
8           printf("Input year,yearDay:");
9           n = scanf("%d,%d", &year, &yearDay);
10          if (n != 2) while (getchar() != '\n');
11      } while (n!=2 || year<0 || yearDay<1 || yearDay>366);
12      MonthDay(year, yearDay, &month, &day);
13      printf("month = %d,day = %d\n", month, day);
14      return 0;
15  }
16  //函数功能：对给定的某一年的第几天，计算并返回它是这一年的第几月第几日
17  void MonthDay(int year, int yearDay, int *pMonth, int *pDay)
18  {
19      int dayofmonth[2][12]={{31,28,31,30,31,30,31,31,30,31,30,31},
20                             {31,29,31,30,31,30,31,31,30,31,30,31}
21                             };
22      int  i, leap;
23      leap = IsLeapYear(year);
24      for (i=1; yearDay>dayofmonth[leap][i-1]; i++)
25      {
26          yearDay = yearDay - dayofmonth[leap][i-1];
27      }
28      *pMonth = i;          //将计算出的月份值赋值给 pMonth 所指向的变量
29      *pDay = yearDay;      //将计算出的日号赋值给 pDay 所指向的变量
30  }
31  //函数功能：判断 y 是否为闰年，若是，返回1；否则，返回 0
32  int IsLeapYear(int y)
33  {
34      return ((y%4==0&&y%100!=0) || (y%400==0)) ? 1 : 0;
35  }
```

程序运行结果 1 如下：

```
Input year,yearDay:2016,61↙
month = 3,day = 1
```

程序运行结果 2 如下：

```
Input year,yearDay:2015,60↙
month = 3,day = 1
```

程序运行结果 3 如下：

```
Input year,yearDay:2100,60↙
month = 3,day = 1
```

程序运行结果 4 如下：

```
Input year,yearDay:2000,61↙
month = 3,day = 1
```

3. 排序函数重写。利用例 9.2 中的交换函数，重写第 8 章例 8.6 的代码，分别用选择排序、交换排序和冒泡排序编写排序函数。

【参考答案】参考程序 1：

```c
1   #include <stdio.h>
2   #define N 40
3   int ReadRecord(int num[], int weight[]);
4   void ExchangeSort(int num[], int weight[], int n);
5   void PrintRecord(int num[], int weight[], int n);
6   void Swap(int *x, int *y);
7   int main(void)
8   {
9       int weight[N], num[N], n;
10      n = ReadRecord(num, weight);  //输入卫星的编号和载重量，返回卫星总数
11      printf("Total satellites are %d\n", n);
12      ExchangeSort(num, weight, n);
13      printf("Sorted results:\n");
14      PrintRecord(num, weight, n);
15      return 0;
16  }
17  //函数功能：输入卫星的编号及其载重量，当输入负值时，结束输入，返回卫星总数
18  int ReadRecord(int num[], int weight[])
19  {
20      int i = -1;
21      printf("Input satellite's ID and weight:\n");
22      do{
23          i++;
24          scanf("%d%d", &num[i], &weight[i]);
25      }while (num[i] >0 && weight[i] >= 0);      //输入负值时结束载重量输入
26      return i;                                  //返回卫星总数
27  }
28  //函数功能：按交换排序，对卫星记录数据按载重量进行升序排序
29  void ExchangeSort(int num[], int weight[], int n)
30  {
31      for (int i=0; i<n-1; i++)
32      {
33          for (int j=i+1; j<n; j++)
34          {
35              if (weight[j] < weight[i]) //按载重量进行升序排序
36              {
37                  Swap(&num[j], &num[i]);
38                  Swap(&weight[j], &weight[i]);
39              }
40          }
41      }
42  }
43  //函数功能：输出所有卫星记录数据
44  void PrintRecord(int num[], int weight[], int n)
45  {
46      for (int i=0; i<n; i++)
47      {
48          printf("%4d%4d\n", num[i], weight[i]);
49      }
50  }
51  //函数功能：交换两个数 x 和 y
52  void Swap(int *x, int *y)
53  {
54      int temp;
55      temp = *x;
56      *x = *y;
57      *y = temp;
58  }
```

参考程序 2：

```c
1    #include <stdio.h>
2    #define N 40
3    int ReadRecord(int num[], int weight[]);
4    void SelectionSort(int num[], int weight[], int n);
5    void PrintRecord(int num[], int weight[], int n);
6    void Swap(int *x, int *y);
7    int main(void)
8    {
9        int weight[N], num[N], n;
10       n = ReadRecord(num, weight);   //输入卫星的编号和载重量，返回卫星总数
11       printf("Total satellites are %d\n", n);
12       SelectionSort(num, weight, n);
13       printf("Sorted results:\n");
14       PrintRecord(num, weight, n);
15       return 0;
16   }
17   //函数功能：输入卫星的编号及其载重量，当输入负值时，结束输入，返回卫星总数
18   int ReadRecord(int num[], int weight[])
19   {
20       int i = -1;
21       printf("Input satellite's ID and weight:\n");
22       do{
23           i++;
24           scanf("%d%d", &num[i], &weight[i]);
25       }while (num[i] >0 && weight[i] >= 0);         //输入负值时结束载重量输入
26       return i;                                      //返回卫星总数
27   }
28   //函数功能：按选择排序，对卫星记录数据按载重量进行升序排序
29   void SelectionSort(int num[], int weight[], int n)
30   {
31       for (int i=0; i<n-1; i++)
32       {
33           int k = i;
34           for (int j=i+1; j<n; j++)
35           {
36               if (weight[j] < weight[k])
37               {
38                   k = j;
39               }
40           }
41           if (k != i)
42           {
43               Swap(&num[k], &num[i]);
44               Swap(&weight[k], &weight[i]);
45           }
46       }
47   }
48   //函数功能：输出所有卫星记录数据
49   void PrintRecord(int num[], int weight[], int n)
50   {
51       for (int i=0; i<n; i++)
52       {
53           printf("%4d%4d\n", num[i], weight[i]);
54       }
55   }
56   //函数功能：交换两个数 x 和 y
57   void Swap(int *x, int *y)
58   {
```

```
59        int  temp;
60        temp = *x;
61        *x = *y;
62        *y = temp;
63  }
```

参考程序 3：

```
1   #include <stdio.h>
2   #define N 40
3   int ReadRecord(int num[], int weight[]);
4   void BubbleSort(int num[], int weight[], int n);
5   void PrintRecord(int num[], int weight[], int n);
6   void  Swap(int *x, int *y);
7   int main(void)
8   {
9       int weight[N], num[N], n;
10      n = ReadRecord(num, weight);              //输入卫星的编号和载重量，返回卫星总数
11      printf("Total satellites are %d\n", n);
12      BubbleSort(num, weight, n);
13      printf("Sorted results:\n");
14      PrintRecord(num, weight, n);
15      return 0;
16  }
17  //函数功能：输入卫星的编号及其载重量，当输入负值时，结束输入，返回卫星总数
18  int ReadRecord(int num[], int weight[])
19  {
20      int i = -1;
21      printf("Input satellite's ID and weight:\n");
22      do{
23          i++;
24          scanf("%d%d", &num[i], &weight[i]);
25      }while (num[i] >0 && weight[i] >= 0);      //输入负值时结束载重量输入
26      return i;                                  //返回卫星总数
27  }
28  //函数功能：按冒泡排序，对卫星记录数据按载重量进行升序排序
29  void BubbleSort(int num[], int weight[], int n)
30  {
31      for (int i=0; i<n-1; i++)
32      {
33          for (int j=n-1; j>i; j--)              //从后往前两两比较，小的数前移
34          {
35              if (weight[j] < weight[j-1]) //按载重量进行升序排序
36              {
37                  Swap(&num[j], &num[j-1]);
38                  Swap(&weight[j], &weight[j-1]);
39              }
40          }
41      }
42  }
43  //函数功能：输出所有卫星记录数据
44  void PrintRecord(int num[], int weight[], int n)
45  {
46      for (int i=0; i<n; i++)
47      {
48          printf("%4d%4d\n", num[i], weight[i]);
49      }
50  }
51  //函数功能：交换两个数 x 和 y
```

```
52   void  Swap(int *x, int *y)
53   {
54      int  temp;
55      temp = *x;
56      *x = *y;
57      *y = temp;
58   }
```

参考程序 4：

```
1    #include <stdio.h>
2    #define N 40
3    int ReadRecord(int num[], int weight[]);
4    void BubbleSort(int num[], int weight[], int n);
5    void PrintRecord(int num[], int weight[], int n);
6    void  Swap(int *x, int *y);
7    int main(void)
8    {
9       int weight[N], num[N], n;
10      n = ReadRecord(num, weight);    //输入卫星的编号和载重量，返回卫星总数
11      printf("Total satellites are %d\n", n);
12      BubbleSort(num, weight, n);
13      printf("Sorted results:\n");
14      PrintRecord(num, weight, n);
15      return 0;
16   }
17   //函数功能：输入卫星的编号及其载重量，当输入负值时，结束输入，返回卫星总数
18   int ReadRecord(int num[], int weight[])
19   {
20      int i = -1;
21      printf("Input satellite's ID and weight:\n");
22      do{
23         i++;
24         scanf("%d%d", &num[i], &weight[i]);
25      }while (num[i] >0 && weight[i] >= 0);    //输入负值时结束载重量输入
26      return i;                                //返回卫星总数
27   }
28   //函数功能：按冒泡排序，对卫星记录数据按载重量进行升序排序
29   void BubbleSort(int num[], int weight[], int n)
30   {
31      for (int i=0; i<n-1; i++)
32      {
33         for (int j=0; j<n-1-i; j++)           //从前往后两两比较，大的数沉底
34         {
35            if (weight[j] > weight[j+1])        //按载重量进行升序排序
36            {
37               Swap(&num[j], &num[j+1]);
38               Swap(&weight[j], &weight[j+1]);
39            }
40         }
41      }
42   }
43   //函数功能：输出所有卫星记录数据
44   void PrintRecord(int num[], int weight[], int n)
45   {
46      for (int i=0; i<n; i++)
47      {
48         printf("%4d%4d\n", num[i], weight[i]);
49      }
50   }
```

```
51    //函数功能：交换两个数 x 和 y
52    void  Swap(int *x, int *y)
53    {
54        int  temp;
55        temp = *x;
56        *x = *y;
57        *y = temp;
58    }
```

程序运行结果如下：

```
Input satellite's ID and weight:
10122 84 ✓
10123 93 ✓
10124 88 ✓
10125 87 ✓
10126 61 ✓
-1 -1 ✓
Total satellites are 5
Sorted results:
10126 61
10122 84
10125 87
10124 88
10123 93
```

4. $n \times n$ 矩阵的转置矩阵。利用例 9.2 中的交换函数，分别按如下函数原型编程计算并输出 $n \times n$ 矩阵的转置矩阵。其中，n 由用户从键盘输入。已知 n 值不超过 10。

```
void Transpose(int a[][N], int n);
void Transpose(int *a, int n);
```

【参考答案】参考程序 1：

```
1     #include <stdio.h>
2     #define N 10
3     void  Swap(int *x, int *y);
4     void  Transpose(int a[][N], int n);
5     void  InputMatrix(int a[][N], int n);
6     void  PrintMatrix(int a[][N], int n);
7     int main(void)
8     {
9         int s[N][N], n;
10        printf("Input n:");
11        scanf("%d", &n);
12        printf("Input %d*%d matrix:\n", n, n);
13        InputMatrix(s, n);
14        Transpose(s, n);
15        printf("The transposed matrix is:\n");
16        PrintMatrix(s, n);
17        return 0;
18    }
19    //函数功能：交换两个整型数的值
20    void  Swap(int *x, int *y)
21    {
22        int  temp;
23        temp = *x;
24        *x = *y;
25        *y = temp;
26    }
27    //函数功能：用二维数组做函数参数，计算 n*n 矩阵的转置矩阵
28    void Transpose(int a[][N], int n)
29    {
```

```
30        for (int i=0; i<n; i++)
31        {
32            for (int j=i; j<n; j++)
33            {
34                Swap(&a[i][j], &a[j][i]);
35            }
36        }
37    }
38    //函数功能: 输入 n*n 矩阵的值
39    void InputMatrix(int a[][N], int n)
40    {
41        for (int i=0; i<n; i++)
42        {
43            for (int j=0; j<n; j++)
44            {
45                scanf("%d", &a[i][j]);
46            }
47        }
48    }
49    //函数功能: 输出 n*n 矩阵的值
50    void PrintMatrix(int a[][N], int n)
51    {
52        for (int i=0; i<n; i++)
53        {
54            for (int j=0; j<n; j++)
55            {
56                printf("%d\t", a[i][j]);
57            }
58            printf("\n");
59        }
60    }
```

参考程序 2:

```
1     #include <stdio.h>
2     #define N 10
3     void  Swap(int *x, int *y);
4     void  Transpose(int *a, int n);
5     void  InputMatrix(int *a, int n);
6     void  PrintMatrix(int *a, int n);
7     int main(void)
8     {
9         int s[N][N], n;
10        printf("Input n:");
11        scanf("%d", &n);
12        printf("Input %d*%d matrix:\n", n, n);
13        InputMatrix(*s, n);
14        Transpose(*s, n);
15        printf("The transposed matrix is:\n");
16        PrintMatrix(*s, n);
17        return 0;
18    }
19    //函数功能: 交换两个整型数的值
20    void  Swap(int *x, int *y)
21    {
22        int  temp;
23        temp = *x;
24        *x = *y;
25        *y = temp;
26    }
27    //函数功能: 用二维数组的列指针做函数参数, 计算 n*n 矩阵的转置矩阵
```

```
28    void Transpose(int *a, int n)
29    {
30        for (int i=0; i<n; i++)
31        {
32            for (int j=i; j<n; j++)
33            {
34                Swap(&a[i*n+j], &a[j*n+i]);
35            }
36        }
37    }
38    //函数功能：输入 n*n 矩阵的值
39    void InputMatrix(int *a, int n)
40    {
41        for (int i=0; i<n; i++)
42        {
43            for (int j=0; j<n; j++)
44            {
45                scanf("%d", &a[i*n+j]);
46            }
47        }
48    }
49    //函数功能：输出 n*n 矩阵的值
50    void PrintMatrix(int *a, int n)
51    {
52        for (int i=0; i<n; i++)
53        {
54            for (int j=0; j<n; j++)
55            {
56                printf("%d\t", a[i*n+j]);
57            }
58            printf("\n");
59        }
60    }
```

程序运行结果如下：

```
Input n:3✓
Input 3*3 matrix:
1 2 3✓
4 5 6✓
7 8 9✓
The transposed matrix is:
1    4    7
2    5    8
3    6    9
```

5. $m×n$ 矩阵的转置矩阵。在第 4 题的基础上，分别按如下函数原型编程计算并输出 $m×n$ 矩阵的转置矩阵。其中，m 和 n 由用户从键盘输入。已知 m 和 n 的值都不超过 10。

```
void Transpose(int a[][N], int at[][M], int m, int n);
void Transpose(int *a, int *at, int m, int n);
```

【参考答案】参考程序 1：

```
1    #include <stdio.h>
2    #define M 10
3    #define N 10
4    void Transpose(int a[][N], int at[][M], int m, int n);
5    void InputMatrix(int a[][N], int m, int n);
6    void PrintMatrix(int at[][M], int n, int m);
7    int main(void)
8    {
9        int s[M][N], st[N][M], m, n;
```

```
10      printf("Input m,n:");
11      scanf("%d,%d", &m, &n);
12      printf("Input %d*%d matrix:\n", m, n);
13      InputMatrix(s, m, n);
14      Transpose(s, st, m, n);
15      printf("The transposed matrix is:\n");
16      PrintMatrix(st, n,  m);
17      return 0;
18  }
19  //函数功能：用二维数组做函数参数，计算 m*n 矩阵 a 的转置矩阵 at
20  void Transpose(int a[][N], int at[][M], int m, int n)
21  {
22      for (int i=0; i<m; i++)
23      {
24          for (int j=0; j<n; j++)
25          {
26              at[j][i] = a[i][j];
27          }
28      }
29  }
30  //函数功能：输入 m*n 矩阵 a 的值
31  void InputMatrix(int a[][N], int m, int n)
32  {
33      for (int i=0; i<m; i++)
34      {
35          for (int j=0; j<n; j++)
36          {
37              scanf("%d", &a[i][j]);
38          }
39      }
40  }
41  //函数功能：输出 n*m 矩阵 at 的值
42  void PrintMatrix(int at[][M], int n, int m)
43  {
44      for (int i=0; i<n; i++)
45      {
46          for (int j=0; j<m; j++)
47          {
48              printf("%d\t", at[i][j]);
49          }
50          printf("\n");
51      }
52  }
```

参考程序 2:

```
1   #include <stdio.h>
2   #define M 10
3   #define N 10
4   void Transpose(int *a, int *at, int m, int n);
5   void InputMatrix(int *a, int m, int n);
6   void PrintMatrix(int *at, int n, int m);
7   int main(void)
8   {
9       int s[M][N], st[N][M], m, n;
10      printf("Input m, n:");
11      scanf("%d,%d", &m, &n);
12      printf("Input %d*%d matrix:\n", m, n);
13      InputMatrix(*s, m, n);
14      Transpose(*s, *st, m, n);
15      printf("The transposed matrix is:\n");
```

```
16        PrintMatrix(*st, n, m);
17        return 0;
18    }
19    //函数功能：用二维数组的列指针作为函数，计算 m*n 矩阵 a 的转置矩阵 at
20    void Transpose(int *a, int *at, int m, int n)
21    {
22        for (int i=0; i<m; i++)
23        {
24            for (int j=0; j<n; j++)
25            {
26                at[j*m+i] = a[i*n+j];
27            }
28        }
29    }
30    //函数功能：输入 m*n 矩阵 a 的值
31    void InputMatrix(int *a, int m, int n)
32    {
33        for (int i=0; i<m; i++)
34        {
35            for (int j=0; j<n; j++)
36            {
37                scanf("%d", &a[i*n+j]);
38            }
39        }
40    }
41    //函数功能：输出 n*m 矩阵 at 的值
42    void PrintMatrix(int *at, int n, int m)
43    {
44        for (int i=0; i<n; i++)
45        {
46            for (int j=0; j<m; j++)
47            {
48                printf("%d\t", at[i*m+j]);
49            }
50            printf("\n");
51        }
52    }
```

程序运行结果如下：

```
Input m,n:3,4✓
Input 3*4 matrix:
1    2    3    4✓
5    6    7    8✓
9    10   11   12✓
The transposed matrix is:
1    5    9
2    6    10
3    7    11
4    8    12
```

6. 寻找最大值。按如下函数原型编程从键盘输入一个 m 行 n 列的二维数组，然后计算数组中元素的最大值及其所在的行列下标。其中，m 和 n 由用户从键盘输入。已知 m 和 n 的值都不超过 10。

寻找最大值

```
void InputArray(int *p, int m, int n);
int FindMax(int *p, int m, int n, int *pRow, int *pCol);
```

【参考答案】参考程序：

```
1    #include <stdio.h>
2    #define M 10
```

```
3    #define N 10
4    void InputMatrix(int *p, int m, int n);
5    int FindMax(int *p, int m, int n, int *pRow, int *pCol);
6    int main(void)
7    {
8        int a[M][N], m, n, row, col, max;
9        do{
10           printf("Input m,n(m,n<=10):");
11           scanf("%d,%d", &m, &n);
12       }while (m>10 || n>10 || m<=0 || n<=0);
13       printf("Input %d*%d array:\n", m, n);
14       InputMatrix(*a, m, n);
15       max = FindMax(*a, m, n, &row, &col);
16       printf("max=%d,row=%d,col=%d\n", max, row, col);
17       return 0;
18   }
19   //函数功能：输入 m*n 矩阵的值
20   void InputMatrix(int *p, int m, int n)
21   {
22       for (int i=0; i<m; i++)
23       {
24           for (int j=0; j<n; j++)
25           {
26               scanf("%d", &p[i*n+j]);
27           }
28       }
29   }
30   //函数功能：在 m*n 矩阵中查找最大值及其所在的行列号
31   //函数返回最大值，pRow 和 pCol 分别返回最大值所在的行列下标
32   int FindMax(int *p, int m, int n, int *pRow, int *pCol)
33   {
34       int max = p[0];
35       *pRow = 0;
36       *pCol = 0;
37       for (int i=0; i<m; i++)
38       {
39           for (int j=0; j<n; j++)
40           {
41               if (p[i*n+j] > max)
42               {
43                   max = p[i*n+j];
44                   *pRow = i;              //记录行下标
45                   *pCol = j;              //记录列下标
46               }
47           }
48       }
49       return max;
50   }
```

程序运行结果如下：

```
Input m,n(m,n<=10):3,4✓
Input 3*4 array:
1 2 3 4✓
2 3 4 5✓
9 8 7 6✓
max=9,row=2,col=0
```

7. 通用的排序函数。使用函数指针作函数参数，编写一个通用的排序函数，重写第 8 章例 8.6 的代码，使其既能对卫星数据按载重量进行升序排序，也能对卫星数据按载重量进行降序排序。

【参考答案】参考程序：

```
1    #include <stdio.h>
2    #define N 40
3    int ReadRecord(int num[], int weight[]);
4    void ExchangeSort(int num[], int weight[], int n, int (*compare)(int,int));
5    int Ascending(int a, int b);
6    int Descending(int a, int b);
7    void PrintRecord(int num[], int weight[], int n);
8    void Swap(int *x, int *y);
9    //主函数
10   int main(void)
11   {
12       int weight[N], num[N], n;
13       n = ReadRecord(num, weight);   //输入卫星的编号和载重量，返回卫星总数
14       printf("Total satellites are %d\n", n);
15       ExchangeSort(num, weight, n, Ascending);
16       printf("Sorted results in ascending order:\n");
17       PrintRecord(num, weight, n);
18       ExchangeSort(num, weight, n, Descending);
19       printf("Sorted results in descending order:\n");
20       PrintRecord(num, weight, n);
21       return 0;
22   }
23   //函数功能：输入卫星的编号及其载重量，当输入负值时，结束输入，返回卫星总数
24   int ReadRecord(int num[], int weight[])
25   {
26       int i = -1;
27       printf("Input satellite's ID and weight:\n");
28       do
29       {
30           i++;
31           scanf("%d%d", &num[i], &weight[i]);
32       }
33       while (num[i] >0 && weight[i] >= 0);      //输入负值时结束载重量输入
34       return i;                                 //返回卫星总数
35   }
36   //函数功能：按交换排序，对卫星记录数据按载重量进行升序排序或降序排序
37   void ExchangeSort(int num[], int weight[], int n, int (*compare)(int,int))
38   {
39       for (int i=0; i<n-1; i++)
40       {
41           for (int j=i+1; j<n; j++)
42           {
43               if ((*compare)(weight[j], weight[i]))
44               {
45                   Swap(&num[j], &num[i]);
46                   Swap(&weight[j], &weight[i]);
47               }
48           }
49       }
50   }
51   //函数功能：返回值为真则升序
52   int Ascending(int a, int b)
53   {
54       return a < b; //为真则升序
55   }
56   //函数功能：返回值为真则降序
57   int Descending(int a, int b)
58   {
```

```
59        return a > b;  //为真则降序
60    }
61    //函数功能：输出所有卫星记录数据
62    void PrintRecord(int num[], int weight[], int n)
63    {
64        for (int i=0; i<n; i++)
65        {
66            printf("%4d%4d\n", num[i], weight[i]);
67        }
68    }
69    //函数功能：交换两个数 x 和 y
70    void  Swap(int *x, int *y)
71    {
72        int  temp;
73        temp = *x;
74        *x = *y;
75        *y = temp;
76    }
```

程序运行结果如下：

```
Input satellite's ID and weight:
1 90✓
3 70✓
2 80✓
4 60✓
-1 -1✓
Total satellites are 4
Sorted results in ascending order:
   4  60
   3  70
   2  80
   1  90
Sorted results in descending order:
   1  90
   2  80
   3  70
   4  60
```

习　题　10

1. 文件追加。从键盘输入一行字符串，然后把它们添加到文本文件 demo.txt 的末尾。假设文本文件 demo.txt 中已有内容为"yesterday once more"。

【参考答案】参考程序：

```
1    #include <stdio.h>
2    #define N  80
3    int AppendFile(const char *srcName, const char *dstName);
4    int main(void)
5    {
6        char src[N];
7        char dstFilename[N];
8        printf("Input source string:");
9        gets(src);
10       printf("Input destination filename:");
11       scanf("%s", dstFilename);
12       if (AppendFile(src, dstFilename))
```

```
13        {
14            printf("Append succeed!\n");
15        }
16        else
17        {
18            printf("Append failed!\n");
19        }
20        return 0;
21    }
22    //函数功能: 把字符串 src 的内容添加到 dstName 文件中, 返回非 0 值表示添加成功
23    int AppendFile(const char *src, const char *dstName)
24    {
25        FILE *fpDst = fopen(dstName, "a");        //文件追加
26        if (fpDst == NULL)
27        {
28            printf("Failure to open %s!\n", dstName);
29            return 0;
30        }
31        else
32        {
33            fputs(src, fpDst);
34            fputs("\n", fpDst);
35        }
36        fclose(fpDst);
37        return 1;
38    }
```

程序运行结果如下:

```
Input source string:yesterday once more.✓
Input destination filename:demo.txt✓
Append succeed!
```

2. 文件内容拆分。*yesterday once more* 是美国歌手卡伦·卡彭特（Karen Carpenter）的代表作, 曾入围奥斯卡百年金曲, 这首歌的歌名可译为 "昨日重现" 或者 "昔日重来"。这首歌好像娓娓道来自己的故事, 虽不十分伤感, 但透露着淡淡忧伤, 让人陷入歌中所营造的昔日美好气氛里, 沉醉不已。从 1973 年到今天, 这首歌逐渐成为全世界非常经典的英文金曲之一。这首歌的部分歌词和中文大意如下:

When I was young	当我年轻时
I'd listen to the radio	我喜欢听收音机
Waiting for my favorite songs	等待着我最喜欢的歌曲
When they played I'd sing along	当歌曲播放时我和着它轻轻吟唱
It made me smile	我脸上洋溢着幸福的微笑
Those were such happy times	那时的时光多么幸福
and not so long ago	且它并不遥远
How I wondered	我记不清
Where they'd gone	它们何时消逝
But they're back again	但是它们再次回访
just like a long lost friend	像一个久无音讯的老朋友
All the songs I love so well	所有我喜爱万分的歌曲
Every sha-la-la-la every wo-o-wo-o	每一声 Sha-la-la-la 每一声 wo-o-wo-o
still shines	仍然光芒四射
Every shing-a-ling-a-ling	每一声 shing-a-ling-a-ling
that they're starting to sing	当他们开始唱时

so fine	都如此悦耳
When they get to the part	当他们唱到
where he's breaking her heart	他让她伤心那段时
It can really make me cry	真的令我哭了
just like before	像从前那样
It's yesterday once more	这是昨日的重现

请编写一个程序，将上面的歌词复制到一个文本文件中，然后从文本文件中读出这首歌的英文歌词和中文大意，将英文歌词和中文大意分别保存到另外两个文本文件中。

【参考答案】参考程序：

```
1   #include <stdio.h>
2   #define M   100             //最多100行
3   #define N   50              //每行最多50个字符
4   int SplitFile(const char *srcName, const char *dstName1, const char *dstName2);
5   int ReadFile(const char *srcName, char englishStr[][N], char chineseStr[][N]);
6   int WriteFile(const char *dstName, char str[][N], int n);
7   int main(void)
8   {
9       char srcFilename[N];
10      char dstFilename1[N], dstFilename2[N];
11      printf("Input source filename:");
12      scanf("%s", srcFilename);
13      printf("Input destination filename1:");
14      scanf("%s", dstFilename1);
15      printf("Input destination filename2:");
16      scanf("%s", dstFilename2);
17      if (SplitFile(srcFilename, dstFilename1, dstFilename2))
18      {
19          printf("Split succeed!\n");
20      }
21      else
22      {
23          printf("Split failed!\n");
24      }
25      return 0;
26  }
27  //函数功能：把srcName文件内容复制到dstName，返回非0值表示复制成功
28  int SplitFile(const char *srcName, const char *dstName1, const char *dstName2)
29  {
30      char englishStr[M][N], chineseStr[M][N];
31      int n = ReadFile(srcName, englishStr, chineseStr);
32      if (n == 0)
33      {
34          return 0;
35      }
36      if (WriteFile(dstName1, englishStr, n) == 0)
37      {
38          return 0;
39      }
40      if (WriteFile(dstName2, chineseStr, n) == 0)
41      {
42          return 0;
43      }
44      return 1;
45  }
46  //函数功能：从srcName文件中分别读取英文行和中文行，存入数组englishStr和chineseStr
```

```
47   int ReadFile(const char *srcName, char englishStr[][N], char chineseStr[][N])
48   {
49       FILE *fpSrc = fopen(srcName, "r");
50       if (fpSrc == NULL)
51       {
52           printf("Failure to open %s!\n", srcName);
53           return 0;
54       }
55       int i;
56       for (i=0; !feof(fpSrc); i++)
57       {
58           fgets(englishStr[i], sizeof(englishStr[i]), fpSrc);
59           fgets(chineseStr[i], sizeof(englishStr[i]), fpSrc);
60       }
61       fclose(fpSrc);
62       return i; //返回读取的英文（或中文）字符串的数量
63   }
64   //函数功能：将数组 str 中的 n 个字符串写入 dstName 文件
65   int WriteFile(const char *dstName, char str[][N], int n)
66   {
67       FILE *fpDst = fopen(dstName, "w");
68       if (fpDst == NULL)
69       {
70           printf("Failure to open %s!\n", dstName);
71           return 0;
72       }
73       for (int i=0; i<n; i++)
74       {
75           fputs(str[i], fpDst);
76       }
77       fclose(fpDst);
78       return 1;
79   }
```

程序运行结果如下：

```
Input source filename:demo.txt✓
Input destination filename1:english.txt✓
Input destination filename2:chinese.txt✓
Split succeed!
```

3. 单词数统计。在第 2 题的基础上，从文本文件中读取这首歌的英文歌词（假设每行歌词的字符数不超过 80），然后统计并输出其中的单词数。注意，they'd 和 shing-a-ling-a-ling 这样的词都当作一个单词来统计。

【参考答案】参考程序：

```
1    #include <stdio.h>
2    #define M   100          //最多 100 行
3    #define N   80           //每行最多 80 个字符
4    int ReadFile(const char *srcName, char str[][N]);
5    int CountWords(char str[]);
6    int main(void)
7    {
8        char srcFilename[N];
9        char str[M][N];
10       printf("Input source filename:");
11       scanf("%s", srcFilename);
12       int n = ReadFile(srcFilename, str);
13       int total = 0;
14       for (int i=0; i<n; i++)
15       {
```

```
16          total += CountWords(str[i]);
17      }
18      printf("Total words:%d\n", total);
19      return 0;
20  }
21  //函数功能：从 srcName 文件中读取字符串，存入数组 str，返回字符串总数
22  int ReadFile(const char *srcName, char str[][N])
23  {
24      FILE *fpSrc = fopen(srcName, "r");
25      if (fpSrc == NULL)
26      {
27          printf("Failure to open %s!\n", srcName);
28          return 0;
29      }
30      int i;
31      for (i=0; !feof(fpSrc); i++)
32      {
33          fgets(str[i], sizeof(str[i]), fpSrc);
34      }
35      fclose(fpSrc);
36      return i;  //返回读取的英文（或中文）字符串的数量
37  }
38  //统计 str 中的一行字符串中的单词的个数
39  int CountWords(char str[])
40  {
41      int  num = (str[0]!=' ') ? 1 : 0;
42      for (int i=1; str[i]!='\0'; i++)
43      {
44          if (str[i]!=' ' && str[i-1]==' ')
45          {
46              num++;
47          }
48      }
49      return num;          //return (str[0]!=' ') ? num+1 : num;
50  }
```

程序运行结果如下：

```
Input source filename:english.txt✓
Total words:96
```

4. 单词替换。在第 3 题的基础上，从文本文件中读取这首歌的英文歌词（假设每行歌词的字符数不超过 800），将其中出现的 I'd 替换为 I would，将 they'd 替换为 they would，将 they're 替换为 they are，将 It's 替换为 It is，将 he's 替换为 he is，然后保存到一个新的文件中，再从该文件中读出这些英文歌词，重新统计并输出其中的单词数。

【参考答案】参考程序：

```
1   #include <stdio.h>
2   #define M   100      //最多 100 行
3   #define N   80       //每行最多 80 个字符
4   int ReadFile(const char *srcName, char str[][N]);
5   int ReplacetoFile(const char *dstName, char str[][N], int n);
6   int CountWords(char str[]);
7   int main(void)
8   {
9       char srcFilename[N];
10      char dstFilename[N];
11      char str[M][N];
12      printf("Input source filename:");
13      scanf("%s", srcFilename);
```

```
14          printf("Input destination filename:");
15          scanf("%s", dstFilename);
16          int n = ReadFile(srcFilename, str);
17          if (ReplacetoFile(dstFilename, str, n))
18          {
19              printf("Replace succeed!\n");
20          }
21          else
22          {
23              printf("Replace failed!\n");
24          }
25          n = ReadFile(dstFilename, str);
26          int total = 0;
27          for (int i=0; i<n; i++)
28          {
29              total += CountWords(str[i]);
30          }
31          printf("Total words:%d\n", total);
32          return 0;
33      }
34      //函数功能: 从 srcName 文件中读取字符串, 存入数组 str, 返回字符串总数
35      int ReadFile(const char *srcName, char str[][N])
36      {
37          FILE *fpSrc = fopen(srcName, "r");
38          if (fpSrc == NULL)
39          {
40              printf("Failure to open %s!\n", srcName);
41              return 0;
42          }
43          int i;
44          for (i=0; !feof(fpSrc); i++)
45          {
46              fgets(str[i], sizeof(str[i]), fpSrc);
47          }
48          fclose(fpSrc);
49          return i - 1;    //返回读取的字符串数量, 最后一行的换行不计算在内
50      }
51      //函数功能: 将数组 str 中的 n 个字符串中的特殊单词替换后写入 dstName 文件
52      int ReplacetoFile(const char *dstName, char str[][N], int n)
53      {
54          FILE *fpDst = fopen(dstName, "w");
55          if (fpDst == NULL)
56          {
57              printf("Failure to open %s!\n", dstName);
58              return 0;
59          }
60          for (int i=0; i<n; i++)
61          {
62              for (int j=0; str[i][j]!='\0'; j++)
63              {
64                  if (str[i][j]=='\'' && str[i][j+1]=='d')
65                  {
66                      fputc(' ', fpDst);
67                      fputc('w', fpDst);
68                      fputc('o', fpDst);
69                      fputc('u', fpDst);
70                      fputc('l', fpDst);
71                      fputc('d', fpDst);
72                      j++;
```

```
73                  }
74              else if (str[i][j]=='\'' && str[i][j+1]=='s')
75              {
76                  fputc(' ', fpDst);
77                  fputc('i', fpDst);
78                  fputc('s', fpDst);
79                  j++;
80              }
81              else if (str[i][j]=='\'' && str[i][j+1]=='r' && str[i][j+2]=='e')
82              {
83                  fputc(' ', fpDst);
84                  fputc('a', fpDst);
85                  fputc('r', fpDst);
86                  fputc('e', fpDst);
87                  j += 2;
88              }
89              else
90              {
91                  fputc(str[i][j], fpDst);
92              }
93          }
94      }
95      fclose(fpDst);
96      return 1;
97  }
98  //函数功能：统计 str 中的一行字符串中的单词的个数
99  int CountWords(char str[])
100 {
101     int  num = (str[0]!=' ') ? 1 : 0;
102     for (int i=1; str[i]!='\0'; i++)
103     {
104         if (str[i]!=' ' && str[i-1]==' ')
105         {
106             num++;
107         }
108     }
109     return num;
110 }
```

程序运行结果如下：

```
Input source filename:english.txt✓
Input destination filename:new.txt✓
Replace succeed!
Total words:103
```

5. 词频统计。在第 4 题的基础上，从文本文件中读取这首歌的英文歌词（假设每行歌词的字符数不超过 800），然后输入一个指定的英文单词，统计并输出该单词在英文歌词中出现的频次。

【参考答案】参考程序：

```
1   #include <stdio.h>
2   #include <string.h>
3   #define M    400          //最多 400 个单词
4   #define N    10           //每个单词最多 10 个字符
5   int ReadFile(const char *srcName, char str[][N]);
6   int WordMatching(char str[][N], int n, char word[]);
7   int main(void)
8   {
9       char srcFilename[N];
10      char str[M][N], word[N];
11      printf("Input source filename:");
```

```
12        scanf("%s", srcFilename);
13        int n = ReadFile(srcFilename, str);
14        printf("Input a word:");
15        scanf("%s", word);
16        printf("Total words:%d\n", WordMatching(str, n, word));
17        return 0;
18    }
19    //函数功能：从 srcName 文件中读取字符串，存入数组 str，返回字符串总数
20    int ReadFile(const char *srcName, char str[][N])
21    {
22        FILE *fpSrc = fopen(srcName, "r");
23        if (fpSrc == NULL)
24        {
25            printf("Failure to open %s!\n", srcName);
26            return 0;
27        }
28        int i;
29        for (i=0; !feof(fpSrc); i++)
30        {
31            fscanf(fpSrc, "%s", str[i]);
32        }
33        fclose(fpSrc);
34        return i - 1; //返回读取的字符串数量，最后一行的换行不计算在内
35    }
36    //函数功能：统计 str 中有多少个与 word 匹配的单词
37    int WordMatching(char str[][N], int n, char word[])
38    {
39        int num = 0;
40        for (int i=1; i<n; i++)
41        {
42            if (strcmp(str[i], word) == 0)
43            {
44                num++;
45            }
46        }
47        return num;
48    }
```

程序运行结果如下：

```
Input source filename:new.txt✓
Input a word:they✓
Total words:5
```

6. 数字字符提取。请编程从键盘输入一个字符串，将其中的数字字符存储到一个数组中，并将其转换为整数输出。例如，用户输入字符串 1243abc3，则将 12433 取出以整数形式输出。

【参考答案】参考程序 1：

```
1     #include <math.h>
2     #include <stdio.h>
3     #include <ctype.h>
4     #define N 100
5     int digitExtract(char s[], char t[]);
6     int main(void)
7     {
8         char str[N], tOrigin[9];
9         printf("Input string s:");
10        scanf("%s", str);
11        int k = digitExtract(str, tOrigin);
12        long int n = tOrigin[0] - '0';
13        for (int i=1; i<k; i++)
```

```
14          {
15              n = n * 10 + (tOrigin[i] - '0');
16          }
17          printf("The result is: %ld", n);
18          return 0;
19      }
20      //函数功能：从数组 s 中提取数字字符到数组 t 中，返回数字字符的位数
21      int digitExtract(char s[], char t[])
22      {
23          int k = 0;
24          for (int i = 0; s[i]!='\0'; i++)
25          {
26              if (isdigit(s[i]))
27              {
28                  t[k] = s[i];
29                  k++;
30              }
31          }
32          t[k] = '\0';
33          return k;
34      }
```

参考程序 2：

```
1       #include <math.h>
2       #include <stdio.h>
3       #include <ctype.h>
4       #define N 100
5       void digitExtract(char s[], char t[], int *k);
6       int main(void)
7       {
8           char str[N], tOrigin[9];
9           printf("Input string s:");
10          scanf("%s", str);
11          int k;
12          digitExtract(str, tOrigin, &k);
13          long int n = tOrigin[0] - '0';
14          for (int i=1; i<k; i++)
15          {
16              n = n * 10 + (tOrigin[i] - '0');
17          }
18          printf("The result is: %ld", n);
19          return 0;
20      }
21      //函数功能：从数组 s 中提取数字字符到数组 t 中，由指针参数 k 返回数字字符的位数
22      void digitExtract(char s[], char t[], int *k)
23      {
24          *k = 0;
25          for (int i = 0; s[i]!='\0'; i++)
26          {
27              if ('0'<=s[i] && s[i]<='9')
28              {
29                  t[*k] = s[i];
30                  *k += 1;
31              }
32          }
33          t[*k] = '\0';
34      }
```

参考程序 3：

```
1       #include <math.h>
```

```
2    #include <stdio.h>
3    #include <ctype.h>
4    #define N 100
5    void digitExtract(char s[], char t[], int *k);
6    int main(void)
7    {
8        char str[N], tOrigin[9];
9        printf("Input string s:");
10       scanf("%s", str);
11       int k;
12       digitExtract(str, tOrigin, &k);
13       double n = 0;
14       for (int i=0; i<k; i++)
15       {
16           n += (tOrigin[k-1-i]-'0')*pow(10,i);
17       }
18       printf("The result is: %d", (int)n);
19       return 0;
20   }
21   //函数功能：从数组 s 中提取数字字符到数组 t 中，由指针参数 k 返回数字字符的位数
22   void digitExtract(char s[], char t[], int *k)
23   {
24       *k = 0;
25       for (int i = 0; s[i]!='\0'; i++)
26       {
27           if ('0'<=s[i] && s[i]<='9')
28           {
29               t[*k] = s[i];
30               *k += 1;
31           }
32       }
33       t[*k] = '\0';
34   }
```

程序运行结果如下：

```
Input string s:123abc4✓
The result is: 1234
```

7. 首字符查询。请编程从键盘输入一个字符串，查找字符串中首个重复出现的小写字母，输出该字母及其在字符串中第一次出现的位置。

【参考答案】参考程序：

```
1    #include <stdio.h>
2    #include <ctype.h>
3    #define N 80
4    #define M 26
5    void SearchRepeatedChar(char s[]);
6    int main(void)
7    {
8        char  str[N+1];
9        printf("Input a string:");
10       gets(str);
11       SearchRepeatedChar(str);
12       return 0;
13   }
14   void SearchRepeatedChar(char s[])
15   {
16       char a[M+1] = {0};
17       for (int i=0; s[i]!='\0'; i++)
18       {
```

```
19        if (islower(s[i]))
20        {
21            if (a[s[i]-'a'+1] == 0)
22            {
23                a[s[i]-'a'+1] = i+1;
24            }
25            else
26            {
27                printf("%c:%d\n", s[i], a[s[i]-'a'+1]);
28                return;
29            }
30        }
31    }
32    printf("0\n");
33 }
```

程序运行结果如下：

```
Input a string:abcdebcb↙
b:2
```

8. 行程长度编码。请编写一个程序，依次记录字符串中每个字符及其重复出现的次数，然后输出压缩后的结果。先输入一串字符，以按 Enter 键表示输入结束，然后将其全部转换为大写后输出，最后依次输出字符串中每个字符及其重复的次数。例如，如果待压缩字符串为"AAABBBBCBB"，则压缩结果为3A4B1C2B。要求字符的大小写不影响压缩结果。假设输入的字符串中的实际字符数小于 80，且全部由大小写字母组成。

行程长度编码

【分析】首先，需要为每个重复的字符设置一个计数器 count，然后遍历字符串 s 中的所有字符，若 s[i] == s[i+1]，则将该字符对应的计数器 count 加 1，否则输出或者保存当前已经计数的重复字符的重复次数和该重复字符，同时开始下一个重复字符的计数。

【参考答案】参考程序 1：

```
1  #include <stdio.h>
2  #include <string.h>
3  #define N 80
4  void ToUpperString(char s[]);
5  void RunlenEncoding(char s[]);
6  int main(void)
7  {
8      char s[N+1] = {""};
9      printf("Input a string:");
10     gets(s);
11     ToUpperString(s);
12     puts(s);
13     RunlenEncoding(s);
14     return 0;
15 }
16 //函数功能：将字符串 s 中的字符全部转换为大写字符
17 void ToUpperString(char s[])
18 {
19     for (int i=0; s[i]!='\0'; i++)
20     {
21         if (s[i] >= 'a')
22         {
23             s[i] = s[i] - 32;
24         }
25     }
26 }
```

```
27    //函数功能：输出对字符串 s 进行行程压缩后的结果
28    void RunlenEncoding(char s[])
29    {
30        int i, k;
31        int count[N] = {0}; //保存连续重复字符的个数
32        for (k=0, i=0; s[i]!='\0'; i++)
33        {
34            if (s[i] == s[i+1])
35            {
36                count[k]++;
37            }
38            else
39            {
40                printf("%d%c", count[k] + 1, s[i]);
41                k++;
42            }
43        }
44    }
```

参考程序 2：

```
1     #include <stdio.h>
2     #include <string.h>
3     #define N 80
4     void ToUpperString(char s[]);
5     void RunlenEncoding(char s[], char d[]);
6     int main(void)
7     {
8         char s[N+1] = {""}, d[N+1]={""};
9         printf("Input a string:");
10        gets(s);
11        ToUpperString(s);
12        puts(s);
13        RunlenEncoding(s, d);
14        puts(d);
15        return 0;
16    }
17    //函数功能：将字符串 s 中的字符全部转换为大写字符
18    void ToUpperString(char s[])
19    {
20        for (int i=0; s[i]!='\0'; i++)
21        {
22            if (s[i] >= 'a')
23            {
24                s[i] = s[i] - 32;
25            }
26        }
27    }
28    //函数功能：将对字符串 s 进行行程压缩后的结果保存到数组 d 中
29    void RunlenEncoding(char s[], char d[])
30    {
31        int i, k;
32        int count[N] = {0}; //保存连续重复字符的个数
33        char tmp[N];
34        for (k=0, i=0; s[i]!='\0'; i++)
35        {
36            if (s[i] == s[i+1])
37            {
38                count[k]++;
39            }
40            else
```

```
41          {
42              sprintf(tmp, "%d%c", count[k] + 1, s[i]);
43              strcat(d, tmp);
44              k++;
45          }
46      }
47  }
```

程序运行结果如下：

```
Input a string:aaabbccccdd↙
AAABBCCCCDD
3A2B4C2D
```

9. 单词接龙。阿刚和女友小莉用英语短信玩单词接龙游戏。其中，一人先写一个英文单词，然后另一个人回复一个英文单词，要求回复单词的开头有若干个字母和上一个人所写单词的结尾若干个字母相同，重合部分的长度不限（例如，阿刚输入"happy"，小莉可以回复"python"，重合部分为 py）。现在，小莉回复了阿刚一个单词，阿刚想知道这个单词与自己发过去的单词的重合部分是什么，但是阿刚觉得用肉眼找重合部分实在是太难了，所以请你编写程序来帮他找出重合部分。

【参考答案】参考程序 1：

```
1   #include <stdio.h>
2   #include <string.h>
3   #define N 81
4   void TestDuplication(char a[], char b[], char c[]);
5   int main(void)
6   {
7       char a[N], b[N], c[N];
8       scanf("%s%s", a, b);
9       TestDuplication(a, b, c);
10      puts(c);
11      return 0;
12  }
13  //函数功能：将数组 a 中的末尾子串与 b 中的首子串相同的子串存到数组 c 中
14  void TestDuplication(char a[], char b[], char c[])
15  {
16      int  maxlen, testlen, len, i, j;
17      len = strlen(a);
18      maxlen = strlen(b);
19      for(testlen=maxlen; testlen>0; testlen--)
20      {
21          if(strncmp(b, a + len - testlen, testlen) == 0)
22          {
23              for (i=len-testlen, j=0; a[i]!='\0'; i++,j++)
24              {
25                  c[j] = a[i];
26              }
27              c[j] = '\0';
28          }
29      }
30  }
```

参考程序 2：

```
1   #include <stdio.h>
2   #include <string.h>
3   void TestDuplication(char a[], char b[], char c[]);
4   int main(void)
5   {
```

```
6        char a[81], b[81], c[81];
7        gets(a);
8        gets(b);
9        TestDuplication(a, b, c);
10       puts(c);
11       return 0;
12   }
13   //函数功能：将数组 a 中的末尾子串与 b 中的首子串相同的子串存到数组 c 中
14   void TestDuplication(char a[], char b[], char c[])
15   {
16       int i=0, j=0, len;
17       len = strlen(a);
18       do{
19          if (b[i] == a[j])//字母相同时
20          {
21              c[i] = b[i];
22              i++;
23              j++;
24          }
25          else
26          {
27              j++;
28          }
29          if (i>0&&b[i-1]==a[j-1]&&b[i]!=a[j]&&a[j]!='\0')
30          {
31              i = 0; //前一字母相同，后一字母不同时，重新指向第二个字符串的首字母
32          }
33       }while(j < len);
34       c[i] = '\0';
35   }
```

程序运行结果如下：

```
python✓
online✓
on
```

10. 垃圾邮件过滤。请考察研究一些常见的垃圾邮件中的单词，并检查你的垃圾邮箱，从中抽出若干个（用宏常量来定义）最常见的单词，形成一个疑似垃圾邮件的单词列表。编写一个程序请用户读入一封电子邮件的内容，将邮件中以空格为分隔符的字符串读入一个很大的字符数组，并将每个字符串转换为全小写字符串，去除其中的非英文字符（如句点、问号、圆括号等），然后扫描这些单词，每当出现疑似垃圾邮件的单词列表中的单词时，就给邮件的"垃圾分数"加 1。请编程输出该邮件的垃圾分数，以辅助用户评价这封邮件是垃圾邮件的可能性。

【参考答案】参考程序 1：

```
1    #include <stdio.h>
2    #include <string.h>
3    #define M  400          //最多 400 个单词
4    #define N  10           //每个单词最多 10 个字符
5    #define L  16           //垃圾邮件中常见的单词数量
6    int ReadFile(const char *srcName, char str[][N]);
7    int SpamFilter(char str[][N], int n);
8    char* ToLower(char word[]);
9    int main(void)
10   {
11       char srcFilename[N];
12       char str[M][N];
13       printf("Input source filename:");
14       scanf("%s", srcFilename);
```

```
15      int n = ReadFile(srcFilename, str);
16      printf("Spam words:%d\n", SpamFilter(str, n));
17      return 0;
18  }
19  //函数功能：从 srcName 文件中读取字符串，存入数组 str，返回字符串总数
20  int ReadFile(const char *srcName, char str[][N])
21  {
22      FILE *fpSrc = fopen(srcName, "r");
23      if (fpSrc == NULL)
24      {
25          printf("Failure to open %s!\n", srcName);
26          return 0;
27      }
28      int i;
29      for (i=0; !feof(fpSrc); i++)
30      {
31          fscanf(fpSrc, "%s", str[i]);
32      }
33      fclose(fpSrc);
34      return i - 1; //返回读取的字符串数量，最后一行的换行不计算在内
35  }
36  //函数功能：返回 mail 中包含的疑似垃圾邮件的单词数量
37  int SpamFilter(char mail[][N], int n)
38  {
39      char spam[L][N] = {"payment","invitation","wanted","special","join","hi",
40                          "fax","account", "dollars","business","bank","banks",
41                          "private","your","you","phone"};
42      int num = 0;
43      for (int i=0; i<n; i++)
44      {
45          for (int j=0; j<L; j++)
46          {
47              if (strcmp(ToLower(mail[i]), spam[j]) == 0)
48              {
49                  num++;
50              }
51          }
52      }
53      return num;
54  }
55  //函数功能：将单词中的字符全部变为小写字符
56  char *ToLower(char word[])
57  {
58      char temp[M];
59      int i, j;
60      for (i=0, j=0; word[i]!='\0'; i++)
61      {
62          if (word[i]>='A' && word[i]<='Z')
63          {
64              temp[j++] = word[i] + 'a' - 'A';
65          }
66          else if (word[i]>='a' && word[i]<='z')
67          {
68              temp[j++] = word[i];
69          }
70      }
71      temp[j] = '\0';
72      strcpy(word, temp);
73      return word;
74  }
```

参考程序 2：

```
1    #include <stdio.h>
2    #include <string.h>
3    #include <ctype.h>
4    #define M   400          //最多 400 个单词
5    #define N   10           //每个单词最多 10 个字符
6    #define L   16           //垃圾邮件中常见的单词数量
7    int ReadFile(const char *srcName, char str[][N]);
8    int SpamFilter(char str[][N], int n);
9    char* ToLower(char word[]);
10   int main(void)
11   {
12       char srcFilename[N];
13       char str[M][N];
14       printf("Input source filename:");
15       scanf("%s", srcFilename);
16       int n = ReadFile(srcFilename, str);
17       printf("Spam words:%d\n", SpamFilter(str, n));
18       return 0;
19   }
20   //函数功能：从 srcName 文件中读取字符串，存入数组 str，返回字符串总数
21   int ReadFile(const char *srcName, char str[][N])
22   {
23       FILE *fpSrc = fopen(srcName, "r");
24       if (fpSrc == NULL)
25       {
26           printf("Failure to open %s!\n", srcName);
27           return 0;
28       }
29       int i;
30       for (i=0; !feof(fpSrc); i++)
31       {
32           fscanf(fpSrc, "%s", str[i]);
33       }
34       fclose(fpSrc);
35       return i - 1; //返回读取的字符串数量，最后一行的换行不计算在内
36   }
37   //函数功能：返回 mail 中包含的疑似垃圾邮件的单词数量
38   int SpamFilter(char mail[][N], int n)
39   {
40       char *spam[L] = {"payment","invitation","wanted","special","join","hi",
41                   "fax","account", "dollars","business","bank","banks",
42                   "private","your","you","phone"};
43       int num = 0;
44       for (int i=0; i<n; i++)
45       {
46           for (int j=0; j<L; j++)
47           {
48               if (strcmp(ToLower(mail[i]), spam[j]) == 0)
49               {
50                   num++;
51               }
52           }
53       }
54       return num;
55   }
56   //函数功能：将单词中的字符全部变为小写字符
57   char *ToLower(char word[])
58   {
```

```
59      char temp[M];
60      int i, j;
61      for (i=0, j=0; word[i]!='\0'; i++)
62      {
63          if (isalpha(word[i]) && isupper(word[i]))
64          {
65              temp[j++] = word[i] + 'a' - 'A';
66          }
67          else if (isalpha(word[i]) && islower(word[i]))
68          {
69              temp[j++] = word[i];
70          }
71      }
72      temp[j] = '\0';
73      strcpy(word, temp);
74      return word;
75  }
```

程序运行结果如下：

```
Input source filename:d1.txt↙
Spam words:17
```

11. 关键字统计 V1。请编写一个程序，完成对输入的以回车符分隔的多个标识符中 C 关键字的统计。要求先输入多个标识符，每个标识符以回车符结束，所有标识符输入完毕后以 end 和回车符结束，然后输出其中出现的 C 语言关键字的统计结果，即每个关键字出现的次数。

关键字统计

关键字统计进阶

【参考答案】参考程序 1（用二维字符数组构造关键字字典并采用线性查找统计关键字）：

```
1   #include <stdio.h>
2   #include <string.h>
3   #define N 32          //关键字数量
4   #define M 20          //输入的单词数
5   #define LEN 10        //每个单词的最大长度
6   int InputWord(char s[][LEN]);
7   void OutputCountResults(char keywords[][LEN], int count[], int n);
8   int IsKeyword(char s[]);
9   void CountKeywords(char s[][LEN], int n);
10  int main(void)
11  {
12      char s[M][LEN];
13      int n = InputWord(s);
14      CountKeywords(s, n);
15      return 0;
16  }
17  //函数功能：以回车符作为分隔符输入多个单词，以 end 结束
18  int InputWord(char s[][LEN])
19  {
20      int i = 0;
21      printf("Input keywords with end:\n");
22      do{
23          scanf("%s", s[i]); //gets(s[i]);
24          i++;
25      }while (strcmp(s[i-1], "end") != 0);
26      return i - 1;
27  }
28  //函数功能：输出关键字统计结果
29  void OutputCountResults(char keywords[][LEN], int count[], int n)
30  {
```

```
31      printf("Results:\n");
32      for (int i=0; i<n; i++)
33      {
34          if (count[i] != 0)
35          {
36              printf("%s:%d\n", keywords[i], count[i]);
37          }
38      }
39  }
40  //函数功能：判断 s 是否为 C 语言关键字，若是，则返回其下标，否则返回-1
41  int IsKeyword(char s[])
42  {
43      char keywords[N][LEN] = {"auto", "break", "case", "char", "const",
44                               "continue", "default", "do", "double","else",
45                               "enum", "extern", "float", "for", "goto",
46                               "if", "int", "long", "register", "return",
47                               "short", "singed", "sizeof", "static",
48                               "struct", "switch", "typedef", "union",
49                               "unsigned", "void", "volatile", "while"
50                              };//二维字符数组构造关键字词典
51      for (int i=0; i<N; i++)//线性查找字符串 s 是否在关键字字典中
52      {
53          if (strcmp(s, keywords[i]) == 0)  return i;
54      }
55      return -1;
56  }
57  //函数功能：统计二维字符数组 s 中关键字的数量存于结构体数组 keywords 的 count 成员中
58  void CountKeywords(char s[][LEN], int n)
59  {
60      char keywords[N][LEN] = {"auto", "break", "case", "char", "const",
61                               "continue", "default", "do", "double","else",
62                               "enum", "extern", "float", "for", "goto",
63                               "if", "int", "long", "register", "return",
64                               "short", "singed", "sizeof", "static",
65                               "struct", "switch", "typedef", "union",
66                               "unsigned", "void", "volatile", "while"
67                              };//二维字符数组构造关键字词典
68      int count[N] = {0};
69      for (int i=0; i<n; i++)
70      {
71          int k = IsKeyword(s[i]);
72          if (k != -1)
73          {
74              count[k]++;
75          }
76      }
77      OutputCountResults(keywords, count, N);
78  }
```

参考程序 2（用字符指针数组构造关键字字典并采用二分查找统计关键字）：

```
1   #include <stdio.h>
2   #include <string.h>
3   #define N 32      // 关键字数量
4   #define M 20      // 输入的单词数
5   #define LEN 10    // 每个单词的最大长度
6   int InputWord(char s[][LEN]);
7   void OutputCountResults(char *keywords[], int count[], int n);
8   int IsKeyword(char s[]);
9   int BinSearch(char *keywords[], char s[], int n);
10  void CountKeywords(char s[][LEN], int n);
```

```
11    int main(void)
12    {
13        char s[M][LEN];
14        int n = InputWord(s);
15        CountKeywords(s, n);
16        return 0;
17    }
18    // 函数功能：以回车符作为分隔符输入多个单词，以 end 结束
19    int InputWord(char s[][LEN])
20    {
21        int i = 0;
22        printf("Input keywords with end:\n");
23        do
24        {
25            scanf("%s", s[i]); // gets(s[i]);
26            i++;
27        } while (strcmp(s[i - 1], "end") != 0);
28        return i - 1;
29    }
30    // 函数功能：输出关键字统计结果
31    void OutputCountResults(char *keywords[], int count[], int n)
32    {
33        printf("Results:\n");
34        for (int i = 0; i < n; i++)
35        {
36            if (count[i] != 0)
37            {
38                printf("%s:%d\n", keywords[i], count[i]);
39            }
40        }
41    }
42    // 函数功能：判断 s 是否为 C 语言关键字，若是，则返回其下标，否则返回-1
43    int IsKeyword(char s[])
44    {
45        char *keywords[N] = {"auto", "break", "case", "char", "const",
46                             "continue", "default", "do", "double","else",
47                             "enum", "extern", "float", "for", "goto",
48                             "if", "int", "long", "register", "return",
49                             "short", "singed", "sizeof", "static",
50                             "struct", "switch", "typedef", "union",
51                             "unsigned", "void", "volatile", "while"
52                             };                  //字符指针数组构造关键字词典
53        return BinSearch(keywords, s, N);        //在关键字字典中二分查找字符串 s
54    }
55    //函数功能：用二分法查找字符串 s 是否在 n 个关键字字典中
56    int BinSearch(char *keywords[], char s[], int n)
57    {
58        int  low = 0, high = n - 1, mid;
59        while (low <= high)
60        {
61            mid = low + (high - low) / 2;
62            if (strcmp(s, keywords[mid]) > 0)
63            {
64                low = mid + 1;   //在后一子表查找
65            }
66            else if (strcmp(s, keywords[mid]) < 0)
67            {
68                high = mid - 1; //在前一子表查找
69            }
```

```
70          else
71          {
72              return mid;      //返回找到的位置下标
73          }
74      }
75      return -1;               //没找到
76  }
77  // 函数功能：统计二维字符数组 s 中关键字的数量存于结构体数组 keywords 的 count 成员中
78  void CountKeywords(char s[][LEN], int n)
79  {
80      char *keywords[N] = {"auto", "break", "case", "char", "const",
81                           "continue", "default", "do", "double","else",
82                           "enum", "extern", "float", "for", "goto",
83                           "if", "int", "long", "register", "return",
84                           "short", "singed", "sizeof", "static",
85                           "struct", "switch", "typedef", "union",
86                           "unsigned", "void", "volatile", "while"
87                              }; //字符指针数组构造关键字词典
88      int count[N] = {0};
89      for (int i = 0; i < n; i++)
90      {
91          int k = IsKeyword(s[i]);
92          if (k != -1)
93          {
94              count[k]++;
95          }
96      }
97      OutputCountResults(keywords, count, N);
98  }
```

程序运行结果如下：

```
Input keywords with end:
auto✓
while✓
for✓
int✓
int✓
float✓
end✓
Results:
auto:1
float:1
for:1
int:2
while:1
```

12. 关键字统计 V2。请编写一个程序，完成对输入的以空格符分隔的多个标识符中 C 语言关键字的统计。要求先输入多个标识符，以空格符为分隔符，所有标识符输入完毕后以回车符结束，然后输出其中出现的 C 语言关键字的统计结果，即每个关键字出现的次数。

【参考答案】参考程序：

```
1  #include <stdio.h>
2  #include <string.h>
3  #include <ctype.h>
4  #define N 32        //关键字数量
5  #define M 50        //输入的句子中的字符数
6  #define LEN 10      //每个单词的最大长度
7  int InputWord(char s[][LEN]);
8  void OutputCountResults(char *keywords[] , int count[], int n);
9  int IsKeyword(char s[]);
```

```
10    void CountKeywords(char s[][LEN], int n);
11    int main(void)
12    {
13        char s[M][LEN];
14        int n = InputWord(s);
15        CountKeywords(s, n);
16        return 0;
17    }
18    //函数功能：以空格符作为分隔符输入包含多个单词的字符序列，切分单词并保存到二维字符数组
19    int InputWord(char word[][LEN])
20    {
21        char s[M];
22        gets(s);
23        int i = 0, j = 0, k = 0, flag = 0;
24        //去掉字符串前面多余的空格
25        while (isspace(s[i]))
26        {
27            i++;
28        }
29        for (; s[i]!='\0'; i++)
30        {
31            if (isalpha(s[i]))
32            {
33                word[j][k] = s[i];
34                k++;
35                flag = 0;                //必须有，否则第 3 个单词无法分离
36            }
37            else if (!flag)              //必须有，否则单词之间的多余空格无法处理
38            {
39                word[j][k] = '\0';       //必须有，否则第一个单词统计结果显示不出来
40                j++;
41                k = 0;
42                flag = 1;
43            }
44        }
45        word[j][k] = '\0';              //必须有，否则最后一个单词统计结果少 1
46        return j+1;
47    }
48    //函数功能：输出关键字统计结果
49    void OutputCountResults(char *keywords[], int count[], int n)
50    {
51        printf("Results:\n");
52        for (int i=0; i<n; i++)
53        {
54            if (count[i] != 0)
55            {
56                printf("%s:%d\n", keywords[i], count[i]);
57            }
58        }
59    }
60    //函数功能：判断 s 是否为 C 语言关键字，若是，则返回其下标，否则返回-1
61    int IsKeyword(char s[])
62    {
63        char *keywords[N] = {"auto", "break", "case", "char", "const",
64                             "continue", "default", "do", "double","else",
65                             "enum", "extern", "float", "for", "goto",
66                             "if", "int", "long", "register", "return",
67                             "short", "singed", "sizeof", "static",
68                             "struct", "switch", "typedef", "union",
```

```
69                              "unsigned", "void", "volatile", "while"
70    };  //字符指针数组构造关键字词典
71        for (int i=0; i<N; i++)//线性查找字符串 s 是否在关键字字典中
72        {
73            if (strcmp(s, keywords[i]) == 0)  return i;
74        }
75        return -1;
76    }
77    //函数功能：统计二维字符数组 s 中关键字的数量存于结构体数组 keywords 的 count 成员中
78    void CountKeywords(char s[][LEN], int n)
79    {
80        char *keywords[N] = {"auto", "break", "case", "char", "const",
81                            "continue", "default", "do", "double","else",
82                            "enum", "extern", "float", "for", "goto",
83                            "if", "int", "long", "register", "return",
84                            "short", "singed", "sizeof", "static",
85                            "struct", "switch", "typedef", "union",
86                            "unsigned", "void", "volatile", "while"
87                            };  //字符指针数组构造关键字词典
88        int count[N] = {0};
89        for (int i=0; i<n; i++)
90        {
91            int k = IsKeyword(s[i]);
92            if (k != -1)
93            {
94                count[k]++;
95            }
96        }
97        OutputCountResults(keywords, count, N);
98    }
```

程序运行结果如下：

```
Input keywords with space:
for while for int float↙
Results:
float:1
for:2
int:1
while:1
```

13. 计算数字根。把一个正整数的各位数字相加，若和为一位数，则此和即其数字根，否则把和的各位数字继续相加，直到和为一位数。例如，对于 39，3+9=12，12 不是一位数，但 1+2=3 是一位数，其数字根是 3。请编写一个程序，从键盘任意输入一个数字，然后输出其数字根。

【参考答案】参考程序 1：

```
1    #include <stdio.h>
2    #include <string.h>
3    #define N 100
4    int DigitSum(int num);
5    int main(void)
6    {
7        int n;
8        printf("Input n:");
9        scanf("%d", &n);
10       do{
11           n = DigitSum(n);
12       }while (n/10 != 0);
13       printf("%d\n", n);
14       return 0;
15   }
```

```
16    //函数功能：计算 num 的各位数字之和并返回
17    int DigitSum(int num)
18    {
19        int i, sum = 0;
20        for (i=0; num != 0; i++)
21        {
22            sum += num % 10;
23            num = num / 10;
24        }
25        return sum;
26    }
```

参考程序 2：

```
1     #include <stdio.h>
2     #include <string.h>
3     #define N 100
4     int DigitSum(int num);
5     int main(void)
6     {
7         int n;
8         printf("Input n:");
9         scanf("%d", &n);
10        do{
11            n = DigitSum(n);
12        }while (n/10 != 0);
13        printf("%d\n", n);
14        return 0;
15    }
16    //函数功能：计算 num 的各位数字之和并返回
17    int DigitSum(int num)
18    {
19        int i, n, sum;
20        int a[N];
21        for (i=0; num != 0; i++)
22        {
23            a[i] = num % 10;
24            num = num / 10;
25        }
26        n = i;
27        for (sum=0,i=0; i<n; i++)
28        {
29            sum += a[i];
30        }
31        return sum;
32    }
```

参考程序 3：

```
1     #include <stdio.h>
2     #include <string.h>
3     #define N 100
4     int DigitSum(int num);
5     int main(void)
6     {
7         int n;
8         printf("Input n:");
9         scanf("%d", &n);
10        do{
11            n = DigitSum(n);
12        }while (n/10 != 0);
13        printf("%d\n", n);
```

```
14        return 0;
15    }
16    //函数功能: 计算 num 的各位数字之和并返回
17    int DigitSum(int num)
18    {
19        int i, sum;
20        char a[N];
21        sprintf(a, "%d", num); //分离各位数字到字符数组 a 中
22        for (sum=0,i=0; a[i]!='\0'; i++)
23        {
24            sum += (a[i] - '0');
25        }
26        return sum;
27    }
```

程序运行结果如下:

```
Input n:39↙
3
```

14. 字符串模式匹配 V1。请编写一个程序，判断一个字符串是不是另一个字符串的子串。要求先输入两个长度小于 80 的字符串 A 和 B，且 A 的长度大于 B 的长度，如果 B 是 A 的子串，则输出"Yes"，否则输出"No"。

【参考答案】参考程序 1:

```
1     #include <stdio.h>
2     #include <string.h>
3     #define N 80
4     int IsSubString(char target[], char pattern[]);
5     int main(void)
6     {
7         char str[N], sub[N];
8         printf("Input the target string:");
9         gets(str);
10        printf("Input the pattern string:");
11        gets(sub);
12        int flag = IsSubString(str, sub);
13        if (flag)
14        {
15            printf("Yes\n");
16        }
17        else
18        {
19            printf("No\n");
20        }
21        return 0;
22    }
23    //判断 pattern 是否为 target 的子串, 是, 则返回 1; 否则返回 0
24    int IsSubString(char target[], char pattern[])
25    {
26        for (int i=0; target[i]!='\0'; i++) //暴力搜索
27        {
28            int j = i;
29            int k = 0;   //重新回到模式串起始位置
30            while (pattern[k] == target[j] && target[j] != '\0')
31            {
32                j++;
33                k++;
34            }
35            if (pattern[k] == '\0') //if (k == strlen(pattern))
36            {
```

```
37          return 1;
38       }
39    }
40    return 0;
41 }
```

参考程序 2：

```
1  #include <stdio.h>
2  #include <string.h>
3  #define N 80
4  int IsSubString(char a[], char b[]);
5  int main(void)
6  {
7     char a[N+1], b[N+1];
8     printf("Input the first string:");
9     gets(a);
10    printf("Input the second string:");
11    gets(b);
12    int flag = IsSubString(a, b);
13    printf(flag? "Yes\n":"No\n");   //flag 为真时输出 Yes, 否则输出 No
14    return 0;
15 }
16 //函数功能：判断 b 是否为 a 的子串，是，则返回 1；否则返回 0
17 int IsSubString(char a[], char b[])
18 {
19    int i, j, flag = 0;
20    for (i=0; i<strlen(a)-strlen(b)+1; i++)
21    {
22       for (j=0; j<strlen(b); j++)
23       {
24          if (a[i+j] != b[j])
25          {
26             break;
27          }
28       }
29       if (j == strlen(b))
30       {
31          flag = 1;
32       }
33    }
34    return flag;
35 }
```

程序的第一次测试结果如下：

```
Input the target string:强国有我↙
Input the pattern string:我↙
Yes
```

程序的第二次测试结果如下：

```
Input the target string:abcdef↙
Input the pattern string:ghi↙
No
```

15. 字符串模式匹配 V2。请编写一个程序，统计一个字符串在另一个字符串中出现的次数。先输入两个长度小于 80 的字符串 A 和 B，且 A 的长度大于 B 的长度，然后输出 B 在 A 中出现的次数。

【参考答案】参考程序：

```
1    #include <stdio.h>
2    #include <string.h>
3    #define N 80
4    int CountSubString(char target[], char pattern[]);
5    int main(void)
6    {
7        char str[N+1], sub[N+1];
8        int count;
9        printf("Input the target string:");
10       gets(str);
11       printf("Input the pattern string:");
12       gets(sub);
13       count = CountSubString(str, sub);
14       printf("count = %d\n", count);
15       return 0;
16   }
17   //函数功能：返回 pattern 在 target 中出现的次数
18   int CountSubString(char target[], char pattern[])
19   {
20       int n = 0;
21       for (int i=0; target[i]!='\0'; i++)        //暴力搜索
22       {
23           int j = i;
24           int k = 0;                             //重新回到模式串起始位置
25           while (pattern[k] == target[j] && target[j] != '\0')
26           {
27               j++;
28               k++;
29           }
30           if (pattern[k] == '\0') //if (k == strlen(pattern))
31           {
32               n++;                               //记录出现的次数
33           }
34       }
35       return n;
36   }
```

程序运行结果如下：

```
Input the target string:江山就是人民，人民就是江山↙
Input the pattern string:人民↙
count = 2
```

16. 字符串模式匹配 V3。请编写一个程序，统计一个字符串在另一个字符串中首次出现的位置。先输入两个长度小于 80 的字符串 A 和 B，且 A 的长度大于 B 的长度，然后输出 B 在 A 中首次出现的位置。

【参考答案】参考程序：

```
1    #include <stdio.h>
2    #include <string.h>
3    #define N 80
4    int SearchSubString(char target[], char pattern[]);
5    int main(void)
6    {
7        char str[N+1], sub[N+1];
8        printf("Input the target string:");
9        gets(str);
10       printf("Input the pattern string:");
11       gets(sub);
```

```
12          int pos = SearchSubString(str, sub);
13          if (pos != -1)
14          {
15              printf("%s in %d\n", sub, pos);
16          }
17          else
18          {
19              printf("Not found!\n");
20          }
21          return 0;
22      }
23      //函数功能：返回pattern在target中首次出现的位置，若未出现，则返回-1
24      int SearchSubString(char target[], char pattern[])
25      {
26          for (int i=0; target[i]!='\0'; i++)        //暴力搜索
27          {
28              int j = i;
29              int k = 0;                              //重新回到模式串起始位置
30              while (pattern[k] == target[j])
31              {
32                  j++;
33                  k++;
34              }
35              if (pattern[k] == '\0')                 //if (k == strlen(pattern))
36              {
37                  return i;                           //返回出现的起始位置
38              }
39          }
40          return -1;                                  //表示未出现
41      }
```

程序的第一次测试结果如下：

```
Input the target string:abcdefdegde↙
Input the pattern string:de↙
de in 3
```

程序的第二次测试结果如下：

```
Input the target string:中国共产党领导人民打江山、守江山，守的是人民的心↙
Input the pattern string:江山↙
江山 in 20
```

数字年份转换为
汉字年份

17. 数字到中文字符的转换 V1。请用字符指针数组编程，将输入的数字年份转化为中文书写的年份输出。例如，输入"2017"后，程序输出"二零一七"。

【参考答案】参考程序：

```
1   #include <stdio.h>
2   #define N 11
3   #define M 4
4   int DigitSeperate(int y, int x[]);
5   void ChnNumPrt(int x[], int bit);
6   int main(void)
7   {
8       int num, bit, x[M];
9       scanf("%d", &num);
10      bit = DigitSeperate(num, x);
11      ChnNumPrt(x, bit);
12      return 0;
13  }
14  int DigitSeperate(int num, int x[])
15  {
16      int i;
```

```
17      for (i=0; num!=0; i++)
18      {
19          x[i] = num % 10;
20          num = num / 10;
21      }
22      return i;
23  }
24  void ChnNumPrt(int x[], int bit)
25  {
26      const char *chnNumChar[N] = {"零", "一", "二", "三", "四", "五", "六",
27                                   "七", "八", "九"};
28      for (int i=bit-1; i>=0; i--)
29      {
30          printf("%s", chnNumChar[x[i]]);
31      }
32  }
```

程序运行结果如下：

```
2022✓
二零二二
```

汉字加法运算

18. 数字到中文字符的转换 V2。请用字符指针数组编程，进行一位数字的加法和中文汉数的加法运算。例如，输入"1+2"，则输出"1+2=3"和"一+二=三"。

【参考答案】参考程序：

```
1   #include <stdio.h>
2   #define N 11
3   #define M 4
4   int DigitSeperate(int y, int x[]);
5   void ChnNumPrt(int x[], int bit);
6   int main(void)
7   {
8       int num1, digit1, num2, digit2, digit3, x[M];
9       printf("Input expression:");
10      scanf("%d + %d", &num1, &num2);
11      printf("%d + %d = %d\n", num1, num2, num1+num2);
12      digit1 = DigitSeperate(num1, x);
13      ChnNumPrt(x, digit1);
14      printf(" + ");
15      digit2 = DigitSeperate(num2, x);
16      ChnNumPrt(x, digit2);
17      printf(" = ");
18      digit3 = DigitSeperate(num1+num2, x);
19      ChnNumPrt(x, digit3);
20      printf("\n");
21      return 0;
22  }
23  int DigitSeperate(int num, int x[])
24  {
25      int i;
26      for (i=0; num!=0; i++)
27      {
28          x[i] = num % 10;
29          num = num / 10;
30      }
31      return i;
32  }
33  void ChnNumPrt(int x[], int bit)
34  {
35      const char *chnNumChar[N] = {"零", "一", "二", "三", "四", "五", "六",
```

```
36                              "七", "八", "九"
37                          };
38      for (int i=bit-1; i>=0; i--)
39      {
40              printf("%s", chnNumChar[x[i]]);
41          }
42      }
```

程序运行结果如下：

```
Input expression:2 + 3↙
2 + 3 = 5
二 + 三 = 五
```

汉字乘法表

19. 汉字乘法表。请用字符指针数组编程，输出如下汉字乘法表。

```
一一得一
一二得二    二二得四
一三得三    二三得六    三三得九
一四得四    二四得八    三四一十二    四四一十六
一五得五    二五一十    三五一十五    四五二十      五五二十五
一六得六    二六一十二  三六一十八    四六二十四    五六三十      六六三十六
一七得七    二七一十四  三七二十一    四七二十八    五七三十五    六七四十二    七七四十九
一八得八    二八一十六  三八二十四    四八三十二    五八四十      六八四十八    七八五十六    八八六十四
一九得九    二九一十八  三九二十七    四九三十六    五九四十五    六九五十四    七九六十三    八九七十二    九九八十一
```

【参考答案】参考程序：

```
1   #include <stdio.h>
2   #include <stdlib.h>
3   int main(void)
4   {
5       char *digit[]={" ", "一", "二", "三", "四", "五", "六", "七", "八",
6                      "九", "十"};
7       for (int i=1; i<=9; i++)
8       {
9           for (int j=1; j<=i; j++)
10          {
11              if (i*j<10)
12              {
13                  printf("%s%s得%s   ", digit[j], digit[i], digit[i*j]);
14              }
15              else
16              {
17                  printf("%s%s%s十%s   ", digit[j], digit[i],
18                                  digit[i*j/10],digit[i*j%10]);
19              }
20          }
21          printf("\n");
22      }
23      return 0;
24  }
```

程序运行结果如下：

```
一一得一
一二得二    二二得四
一三得三    二三得六    三三得九
一四得四    二四得八    三四一十二    四四一十六
一五得五    二五一十    三五一十五    四五二十      五五二十五
一六得六    二六一十二  三六一十八    四六二十四    五六三十      六六三十六
一七得七    二七一十四  三七二十一    四七二十八    五七三十五    六七四十二    七七四十九
一八得八    二八一十六  三八二十四    四八三十二    五八四十      六八四十八    七八五十六    八八六十四
一九得九    二九一十八  三九二十七    四九三十六    五九四十五    六九五十四    七九六十三    八九七十二    九九八十一
```

20. 矩阵转置。利用例 9.2 中的交换函数，按如下函数原型编程计算并输出 $n \times n$ 矩阵的转置矩阵。其中，n 由用户从键盘输入。已知 n 值不超过 10。

```
    void Transpose(int (*a)[N], int n);
```

【参考答案】参考程序：

```
1   #include <stdio.h>
2   #define N 10
3   void  Swap(int *x, int *y);
4   void Transpose(int (*a)[N], int n);
5   void InputMatrix(int (*a)[N], int n);
6   void PrintMatrix(int (*a)[N], int n);
7   int main(void)
8   {
9       int s[N][N], n;
10      printf("Input n:");
11      scanf("%d", &n);
12      printf("Input %d*%d matrix:\n", n, n);
13      InputMatrix(s, n);
14      Transpose(s, n);
15      printf("The transposed matrix is:\n");
16      PrintMatrix(s, n);
17      return 0;
18  }
19  //函数功能：交换两个整型数的值
20  void  Swap(int *x, int *y)
21  {
22      int  temp;
23      temp = *x;
24      *x = *y;
25      *y = temp;
26  }
27  //函数功能：用指向一维数组的指针作函数参数，计算 n*n 矩阵的转置矩阵
28  void Transpose(int (*a)[N], int n)
29  {
30      for (int i=0; i<n; i++)
31      {
32          for (int j=i; j<n; j++)
33          {
34              Swap(*(a+i)+j, *(a+j)+i);
35          }
36      }
37  }
38  //函数功能：输入 n*n 矩阵的值
39  void InputMatrix(int (*a)[N], int n)
40  {
41      for (int i=0; i<n; i++)
42      {
43          for (int j=0; j<n; j++)
44          {
45              scanf("%d", *(a+i)+j);
46          }
47      }
48  }
49  //函数功能：输出 n*n 矩阵的值
50  void PrintMatrix(int (*a)[N], int n)
51  {
52      for (int i=0; i<n; i++)
53      {
54          for (int j=0; j<n; j++)
55          {
56              printf("%d\t", *(*(a+i)+j));
57          }
```

```
58          printf("\n");
59      }
60  }
```

程序运行结果如下：

```
Input n:3↙
Input 3*3 matrix:
1 2 3↙
4 5 6↙
7 8 9↙
The transposed matrix is:
1       4       7
2       5       8
3       6       9
```

习 题 11

1. 日期转换 V1。输入某年某月某日，请用结构体编程计算并输出它是这一年的第几天。

【参考答案】参考程序 1：

```
1   #include <stdio.h>
2   typedef struct date
3   {
4       int year;
5       int month;
6       int day;
7   }DATE;
8   int DayofYear(DATE d);
9   int IsLeapYear(int y);
10  int IsLegalDate(struct date d);
11  int main(void)
12  {
13      int n;
14      DATE d;
15      do{
16          printf("Input year,month,day:");
17          n = scanf("%d,%d,%d", &d.year, &d.month, &d.day);
18          if (n != 3) while (getchar() != '\n');
19      } while (n!=3 || !IsLegalDate(d));
20      int days = DayofYear(d);
21      printf("yearDay = %d\n", days);
22      return 0;
23  }
24  //函数功能：计算从当年1月1日起到日期d的天数，即计算日期d是当年的第几天
25  int DayofYear(DATE d)
26  {
27      int dayofmonth[2][12]={{31,28,31,30,31,30,31,31,30,31,30,31},
28                             {31,29,31,30,31,30,31,31,30,31,30,31}
29                            };
30      int leap = IsLeapYear(d.year);
31      int sum = 0;
32      for (int i=1; i<d.month; i++)
33      {
34          sum = sum + dayofmonth[leap][i-1];
35      }
36      sum = sum + d.day;
37      return sum;
```

```
38      }
39      //函数功能：判断 y 是否为闰年，若是，则返回 1，否则返回 0
40      int IsLeapYear(int y)
41      {
42          return ((y%4==0&&y%100!=0) || (y%400==0)) ? 1 : 0;
43      }
44      //函数功能：判断日期 d 是否合法，若合法，则返回 1，否则返回 0
45      int IsLegalDate(struct date d)
46      {
47          int dayofmonth[2][12]= {{31,28,31,30,31,30,31,31,30,31,30,31},
48                                  {31,29,31,30,31,30,31,31,30,31,30,31}
49                                 };
50          if (d.year<1 || d.month<1 || d.month>12 || d.day<1)  return 0;
51          int leap = IsLeapYear(d.year) ? 1 : 0;
52          return d.day > dayofmonth[leap][d.month-1] ? 0 : 1;
53      }
```

参考程序 2：

```
1       #include <stdio.h>
2       typedef struct date
3       {
4           int  year;
5           int  month;
6           int  day;
7       } DATE;
8       int DayofYear(DATE *pd);
9       int IsLeapYear(int y);
10      int IsLegalDate(struct date *d);
11      int main(void)
12      {
13          int   n;
14          DATE  d;
15          do{
16              printf("Input year,month,day:");
17              n = scanf("%d,%d,%d", &d.year, &d.month, &d.day);
18              if (n != 3) while (getchar() != '\n');
19          } while (n!=3 || !IsLegalDate(&d));
20          int days = DayofYear(&d);
21          printf("yearDay = %d\n", days);
22          return 0;
23      }
24      //函数功能：计算从当年 1 月 1 日起到日期 d 的天数，即计算日期 d 是当年的第几天
25      int DayofYear(DATE *pd)
26      {
27          int dayofmonth[2][12]= {{31,28,31,30,31,30,31,31,30,31,30,31},
28                                  {31,29,31,30,31,30,31,31,30,31,30,31}
29                                 };
30          int leap = IsLeapYear(pd->year);
31          int sum = 0;
32          for (int i=1; i<pd->month; i++)
33          {
34              sum = sum + dayofmonth[leap][i-1];
35          }
36          sum = sum + pd->day;
37          return sum;
38      }
39      //函数功能：判断 y 是否为闰年，若是，则返回 1，否则返回 0
40      int IsLeapYear(int y)
41      {
42          return ((y%4==0&&y%100!=0) || (y%400==0)) ? 1 : 0;
```

```
43      }
44      //函数功能：判断日期 d 是否合法，若合法，则返回 1，否则返回 0
45      int IsLegalDate(struct date *d)
46      {
47          int dayofmonth[2][12]= {{31,28,31,30,31,30,31,31,30,31,30,31},
48                                  {31,29,31,30,31,30,31,31,30,31,30,31}
49                                 };
50          if (d->year<1 || d->month<1 || d->month>12 || d->day<1)  return 0;
51          int leap = IsLeapYear(d->year) ? 1 : 0;
52          return d->day > dayofmonth[leap][d->month-1] ? 0 : 1;
53      }
```

程序运行结果如下：

```
Input year,month,day:2022,7,15↙
yearDay = 196
```

2. 日期转换 V2。输入某一年的第几天，请用结构体编程计算并输出它是这一年的第几月第几日。

【参考答案】参考程序：

```
1       #include <stdio.h>
2       typedef  struct  date
3       {
4           int  year;
5           int  month;
6           int  day;
7       } DATE;
8       void MonthDay(DATE *pd, int yearDay);
9       int IsLeapYear(int y);
10      int main(void)
11      {
12          int  yearDay, n;
13          DATE d;
14          do{
15              printf("Input year,yearDay:");
16              n = scanf("%d,%d", &d.year, &yearDay);
17              if (n != 2) while (getchar() != '\n');
18          } while (n!=2 || d.year<0 || yearDay<1 || yearDay>366);
19          MonthDay(&d, yearDay);
20          printf("month = %d,day = %d\n", d.month, d.day);
21          return 0;
22      }
23      //函数功能：对给定的某一年的第几天，计算并返回它是这一年的第几月第几日
24      void MonthDay(DATE *pd, int yearDay)
25      {
26          int dayofmonth[2][12]={{31,28,31,30,31,30,31,31,30,31,30,31},
27                                 {31,29,31,30,31,30,31,31,30,31,30,31}
28                                };
29          int i, leap;
30          leap = IsLeapYear(pd->year);
31          for (i=1; yearDay>dayofmonth[leap][i-1]; i++)
32          {
33              yearDay = yearDay - dayofmonth[leap][i-1];
34          }
35          pd->month = i;              //将计算出的月份值赋值给 pd 指向的 month 成员变量
36          pd->day = yearDay;          //将计算出的日号赋值给 pd 指向的 yearDay 变量
37      }
38      //函数功能：判断 y 是否为闰年，若是，则返回 1，否则返回 0
39      int IsLeapYear(int y)
40      {
```

```
41        return ((y%4==0&&y%100!=0) || (y%400==0)) ? 1 : 0;
42    }
```

程序运行结果如下：

```
Input year,yearDay:2022,196↙
month = 7,day = 15
```

3. 洗发牌模拟。一副扑克牌除去大小王有 52 张牌，分为 4 种花色（suit）：黑桃（Spades）、红桃（Hearts）、草花（Clubs）、方块（Diamonds）。每种花色有 13 张牌面（Face）：A、2、3、4、5、6、7、8、9、10、Jack、Queen、King。要求用结构体数组 card 表示 52 张牌，每张牌包括花色和牌面两个字符数组类型的数据成员。请采用如下结构体类型和字符指针数组编程实现模拟洗牌和发牌的过程。

洗发牌模拟

```
typedef struct card
{
    char  suit[10];
    char  face[10];
}CARD;
char *suit[] = {"Spades","Hearts","Clubs","Diamonds"};
char *face[] = {"A","2","3","4","5","6","7","8","9","10",
              "Jack","Queen","King"};
```

【参考答案】参考程序：

```
1   #include <stdio.h>
2   #include <string.h>
3   #include <time.h>
4   #include <stdlib.h>
5   typedef struct card
6   {
7       char  suit[10];
8       char  face[10];
9   } CARD;
10  void Deal(CARD *wCard);
11  void Shuffle(CARD *wCard);
12  void FillCard(CARD wCard[], char *wFace[], char *wSuit[]);
13  int main(void)
14  {
15      char *suit[] = {"Spades","Hearts","Clubs","Diamonds"};
16      char *face[] = {"A","2","3","4","5","6","7","8","9","10",
17                    "Jack","Queen","King"
18                    };
19      CARD card[52];
20      srand (time(NULL));
21      FillCard(card, face, suit);
22      Shuffle(card);
23      Deal(card);
24      return 0;
25  }
26  //函数功能：花色按黑桃、红桃、草花、方块的顺序，面值按A~K的顺序，排列52张牌
27  void FillCard(CARD wCard[], char *wFace[], char *wSuit[])
28  {
29      for (int i=0; i<52; i++)
30      {
31          strcpy(wCard[i].suit, wSuit[i/13]);
32          strcpy(wCard[i].face, wFace[i%13]);
33      }
34  }
35  //函数功能：将52张牌的顺序打乱以模拟洗牌过程
36  void Shuffle(CARD *wCard)
```

```
37    {
38        CARD temp;
39        for (int i=0; i<52; i++)      //每次循环产生一个随机数，交换当前牌与随机数指示的牌
40        {
41            int j = rand()%52;        //每次循环产生一个 0~51 的随机数
42            temp = wCard[i];
43            wCard[i] = wCard[j];
44            wCard[j] = temp;
45        }
46    }
47    //函数功能：输出每张牌的花色和面值以模拟发牌过程
48    void Deal(CARD *wCard)
49    {
50        for (int i=0; i<52; i++)
51        {
52            printf("%9s%9s%c",wCard[i].suit,wCard[i].face,i%2==0?'\t':'\n' );
53        }
54    }
```

程序运行结果如下：

Clubs	3	Spades	4
Clubs	Queen	Hearts	6
Spades	8	Hearts	7
Spades	3	Diamonds	5
Spades	5	Hearts	9
Spades	10	Clubs	2
Clubs	A	Spades	Queen
Spades	King	Hearts	2
Spades	7	Diamonds	8
Diamonds	A	Diamonds	7
Spades	2	Diamonds	3
Hearts	Queen	Hearts	4
Diamonds	9	Diamonds	10
Clubs	7	Clubs	9
Diamonds	6	Hearts	5
Clubs	King	Spades	9
Hearts	3	Clubs	10
Clubs	8	Clubs	5
Clubs	4	Diamonds	2
Clubs	Jack	Hearts	King
Diamonds	Queen	Spades	6
Diamonds	King	Spades	Jack
Diamonds	Jack	Hearts	A
Hearts	10	Diamonds	4
Clubs	6	Hearts	8
Hearts	Jack	Spades	A

4. 数字时钟模拟。请按如下结构体类型定义编程模拟显示一个数字时钟。

```
typedef struct clock
{
    int hour;
    int minute;
    int second;
}CLOCK;
```

【参考答案】参考程序 1：

```
1    #include <stdio.h>
2    typedef struct clock
3    {
4        int hour;
```

```
5        int minute;
6        int second;
7    } CLOCK;
8    //函数功能：时、分、秒时间的更新
9    void Update(CLOCK *t)
10   {
11       t->second++;
12       if (t->second == 60)//若 second 值为 60，表示已过一分钟，则 minute 加 1
13       {
14           t->second = 0;
15           t->minute++;
16       }
17       if (t->minute == 60)     //若 minute 值为 60，表示已过一小时，则 hour 加 1
18       {
19           t->minute = 0;
20           t->hour++;
21       }
22       if (t->hour == 24)       //若 hour 值为 24，则 hour 从 0 开始计时
23       {
24           t->hour = 0;
25       }
26   }
27   //函数功能：时、分、秒时间的显示
28   void Display(CLOCK *t)
29   {
30       printf("%2d:%2d:%2d\r", t->hour, t->minute, t->second);
31   }
32   //函数功能：模拟延迟 1 秒的时间
33   void Delay(void)
34   {
35       for (long t=0; t<50000000; t++)
36       {
37           //循环体为空语句的循环，起延时作用
38       }
39   }
40   int main(void)
41   {
42       CLOCK myclock;
43       myclock.hour = myclock.minute = myclock.second = 0;
44       for (long i=0; i<100000; i++)     //利用循环，控制时钟运行的时间
45       {
46           Update(&myclock);             //时钟值更新
47           Display(&myclock);            //时间显示
48           Delay();                      //模拟延时 1 秒
49       }
50       return 0;
51   }
```

参考程序 2：

```
1    #include <stdio.h>
2    typedef struct clock
3    {
4        int hour;
5        int minute;
6        int second;
7    } CLOCK;
8    //函数功能：时、分、秒时间的更新
9    void Update(CLOCK *t)
10   {
11       static long m = 1;
```

```
12        t->hour = m / 3600;
13        t->minute = (m - 3600 * t->hour) / 60;
14        t->second = m % 60;
15        m++;
16        if (t->hour == 24)
17        {
18            m = 1;
19        }
20    }
21    //函数功能：时、分、秒时间的显示
22    void Display(CLOCK *t)
23    {
24        printf("%2d:%2d:%2d\r", t->hour, t->minute, t->second);
25    //函数功能：模拟延迟1秒的时间
26
27    void Delay(void)
28    {
29        for (long t=0; t<50000000; t++)
30        {
31            //循环体为空语句的循环，起延时作用
32        }
33    }
34    int main(void)
35    {
36        CLOCK myclock;
37        myclock.hour = myclock.minute = myclock.second = 0;
38        for (long i=0; i<100000; i++)    //利用循环，控制时钟运行的时间
39        {
40            Update(&myclock);                //时钟值更新
41            Display(&myclock);               //时间显示
42            Delay();                         //模拟延时1秒
43        }
44        return 0;
45    }
```

程序运行结果（略）

5. 复数乘法。请用结构体编程，从键盘输入两个复数，然后计算并输出其相乘后的结果。

复数乘法

【参考答案】参考程序：

```
1     #include <stdio.h>
2     typedef struct complex
3     {
4         int real;
5         int im;
6     }COMPLEX;
7     COMPLEX ComplexMultiply(COMPLEX za, COMPLEX zb);
8     void ComplexPrint(COMPLEX za, COMPLEX zb, COMPLEX zc);
9     int main(void)
10    {
11        COMPLEX x, y, z;
12        printf("Input x+yi:");
13        scanf("%d+%di", &x.real, &x.im);
14        printf("Input a+bi:");
15        scanf("%d+%di", &y.real, &y.im);
16        z = ComplexMultiply(x, y);
17        ComplexPrint(x, y, z);
18        return 0;
19    }
20    //函数功能：计算两个复数之积
21    COMPLEX ComplexMultiply(COMPLEX za, COMPLEX zb)
```

```
22  {
23      COMPLEX zc;
24      zc.real = za.real*zb.real - za.im*zb.im;
25      zc.im   = za.real*zb.im + za.im*zb.real;
26      return zc;
27  }
28  //函数功能: 输出复数乘积结果
29  void ComplexPrint(COMPLEX za, COMPLEX zb, COMPLEX zc)
30  {
31      printf("(%d+%di)*(%d+%di)=", za.real, za.im, zb.real, zb.im);
32      printf("(%d+%di)\n", zc.real, zc.im);
33  }
```

程序运行结果如下:

```
Input x+yi:3+4i↙
Input a+bi:5+6i↙
(3+4i)*(5+6i)=(-9+38i)
```

6. 有理数加法。请用结构体编程,从键盘输入两个分数形式的有理数,然后计算并输出其相加后的结果。

【参考答案】参考程序:

```
1   #include <stdio.h>
2   #include <stdlib.h>
3   typedef struct rational
4   {
5       int numerator;
6       int denominator;
7   }RATIONAL;
8   RATIONAL AddRational(RATIONAL a, RATIONAL b);
9   RATIONAL SimplifyRational(RATIONAL a);
10  int Gcd(int a, int b);
11  int main(void)
12  {
13      RATIONAL x, y, z;
14      printf("Input x/y:");
15      scanf("%d/%d", &x.numerator, &x.denominator);
16      printf("Input a/b:");
17      scanf("%d/%d", &y.numerator, &y.denominator);
18      z = AddRational(x, y);
19      printf("%d/%d\n", z.numerator, z.denominator);
20      return 0;
21  }
22  //函数功能: 返回有理数加法运算结果
23  RATIONAL AddRational(RATIONAL a, RATIONAL b)
24  {
25      RATIONAL c;
26      c.numerator   = a.numerator*b.denominator + a.denominator*b.numerator;
27      c.denominator = a.denominator*b.denominator;
28      c = SimplifyRational(c);
29      return c;
30  }
31  //函数功能: 有理数约简
32  RATIONAL SimplifyRational(RATIONAL a)
33  {
34      RATIONAL c;
35      int divisor;
36      divisor = Gcd(abs(a.numerator), abs(a.denominator));
37      if (divisor > 0)
38      {
```

```
39              c.numerator = a.numerator / divisor;
40              c.denominator = a.denominator / divisor;
41          }
42          return c;
43      }
44      //函数功能：计算a和b的最大公约数，输入负数时返回-1
45      int Gcd(int a, int b)
46      {
47          int r;
48          if (a <= 0 || b <= 0)
49          {
50              return -1;
51          }
52          do{
53              r = a % b;
54              a = b;
55              b = r;
56          }while (r != 0);
57          return a;
58      }
```

程序运行结果如下：

```
Input x/y:2/5✓
Input a/b:2/4✓
9/10
```

7. 冬奥会金牌排行榜。参考例 11.6，用如下结构体类型编程，输入 n 及 n 个国家的国名及其获得的金牌数，然后对国名进行排序。

```
typedef struct country
{
    char name[N];
    int goldMedal;
}COUNTRY;
```

【参考答案】参考程序 1：

```
1   #include <stdio.h>
2   #include <string.h>
3   #define   M  150    //最多的字符串个数
4   #define   N  10     //每个字符串的最大长度
5   struct country
6   {
7       char name[10];
8       int  goldMedal;
9   };
10  void SortString(struct country c[], int n);
11  int main(void)
12  {
13      int  n;
14      struct country countries[M];
15      printf("How many countries?");
16      scanf("%d",&n);
17      printf("Input names and goldmedals:\n");
18      for (int i=0; i<n; i++)
19      {
20          scanf("%s%d", countries[i].name, &countries[i].goldMedal);
21      }
22      SortString(countries, n);
23      printf("Sorted results:\n");
24      for (int i=0; i<n; i++)
25      {
```

```
26          printf("%s:%d\n",countries[i].name, countries[i].goldMedal);
27      }
28      return 0;
29  }
30  //函数功能: 按国名字典顺序排序
31  void SortString(struct country c[], int n)
32  {
33      int   t;
34      char  temp[N];
35      for (int i=0; i<n-1; i++)
36      {
37          for (int j=i+1; j<n; j++)
38          {
39              if (strcmp(c[j].name, c[i].name) < 0)
40              {
41                  strcpy(temp, c[i].name);
42                  strcpy(c[i].name, c[j].name);
43                  strcpy(c[j].name, temp);
44                  t = c[i].goldMedal;
45                  c[i].goldMedal = c[j].goldMedal;
46                  c[j].goldMedal = t;
47              }
48          }
49      }
50  }
```

参考程序 2：

```
1   #include <stdio.h>
2   #include <string.h>
3   #define   M  150    //最多的国家数
4   #define   N  10     //每个字符串的最大长度
5   struct country
6   {
7       char name[10];
8       int  goldMedal;
9   };
10  void SortString(struct country c[], int n);
11  void SwapInt(int *x, int *y);
12  void SwapChar(char *x, char *y);
13  int main(void)
14  {
15      int  n;
16      struct country countries[M];
17      printf("How many countries?");
18      scanf("%d",&n);
19      printf("Input names and goldmedals:\n");
20      for (int i=0; i<n; i++)
21      {
22          scanf("%s%d", countries[i].name, &countries[i].goldMedal);
23      }
24      SortString(countries, n);
25      printf("Sorted results:\n");
26      for (int i=0; i<n; i++)
27      {
28          printf("%s:%d\n", countries[i].name, countries[i].goldMedal);
29      }
30      return 0;
31  }
32  //函数功能: 按国名字典顺序排序
33  void SortString(struct country c[], int n)
```

```
34  {
35      for (int i=0; i<n-1; i++)
36      {
37          for (int j=i+1; j<n; j++)
38          {
39              if (strcmp(c[j].name, c[i].name) < 0)
40              {
41                  SwapChar(c[i].name, c[j].name);
42                  SwapInt(&c[i].goldMedal, &c[j].goldMedal);
43
44              }
45          }
46      }
47  }
48  //函数功能：交换两个整数
49  void SwapInt(int *x, int *y)
50  {
51      int t;
52      t = *x;
53      *x = *y;
54      *y = t;
55  }
56  //函数功能：交换两个字符串
57  void SwapChar(char *x, char *y)
58  {
59      char t[N];
60      strcpy(t, x);
61      strcpy(x, y);
62      strcpy(y, t);
63  }
```

参考程序 3：

```
1   #include <stdio.h>
2   #include <string.h>
3   #define  M  150    //最多的字符串个数
4   #define  N  10     //每个字符串的最大长度
5   struct country
6   {
7       char name[10];
8       int  goldMedal;
9   };
10  void SortString(struct country c[], int n);
11  int main(void)
12  {
13      int  n;
14      struct country countries[M];
15      printf("How many countries?");
16      scanf("%d",&n);
17      printf("Input names and goldmedals:\n");
18      for (int i=0; i<n; i++)
19      {
20          scanf("%s%d", countries[i].name, &countries[i].goldMedal);
21      }
22      SortString(countries, n);
23      printf("Sorted results:\n");
24      for (int i=0; i<n; i++)
25      {
26          printf("%s:%d\n",countries[i].name, countries[i].goldMedal);
27      }
28      return 0;
```

```
29    }
30    //函数功能：按国名字典顺序排序
31    void SortString(struct country c[], int n)
32    {
33        struct country temp;
34        for (int i=0; i<n-1; i++)
35        {
36            for (int j=i+1; j<n; j++)
37            {
38                if (strcmp(c[j].name, c[i].name) < 0)
39                {
40                    temp = c[i];
41                    c[i] = c[j];
42                    c[j] = temp;
43                }
44            }
45        }
46    }
```

参考程序 4：

```
1     #include <stdio.h>
2     #include <string.h>
3     #define   M  150    //最多的字符串个数
4     #define   N  10     //每个字符串的最大长度
5     struct country
6     {
7         char name[10];
8         int  goldMedal;
9     };
10    void SortString(struct country c[], int n);
11    void SwapStruct(struct country *x, struct country *y);
12    int main(void)
13    {
14        int  n;
15        struct country countries[M];
16        printf("How many countries?");
17        scanf("%d",&n);
18        printf("Input names and goldmedals:\n");
19        for (int i=0; i<n; i++)
20        {
21            scanf("%s%d", countries[i].name, &countries[i].goldMedal);
22        }
23        SortString(countries, n);
24        printf("Sorted results:\n");
25        for (int i=0; i<n; i++)
26        {
27            printf("%s:%d\n",countries[i].name, countries[i].goldMedal);
28        }
29        return 0;
30    }
31    //函数功能：按国名字典顺序排序
32    void SortString(struct country c[], int n)
33    {
34        for (int i=0; i<n-1; i++)
35        {
36            for (int j=i+1; j<n; j++)
37            {
38                if (strcmp(c[j].name, c[i].name) < 0)
39                {
40                    SwapStruct(&c[i], &c[j]);
```

```
41              }
42          }
43      }
44  }
45  void SwapStruct(struct country *x, struct country *y)
46  {
47      struct country t;
48      t = *x;
49      *x = *y;
50      *y = t;
51  }
```

程序运行结果如下：

```
How many countries?3↙
Input names and goldmedals:
China 15↙
America 12↙
Japan 10↙
Sorted results:
America:12
China:15
Japan:10
```

8. 冬奥会运动员信息统计。2022 年北京冬奥会的后勤组需要了解各国参赛选手的基本情况，为各国选手定制个性化服务。现某国有 $n(1 \leqslant n \leqslant 10)$ 个运动员，对每个运动员记录了其姓名（拼音表示，且无空格）、性别和年龄，要求从键盘输入 n 及 n 个运动员的数据，然后输出该国家年龄不大于 n 个运动员的平均年龄的运动员数量 m。请按照以下结构体类型编写该程序。

```
struct athlete
{
    char name[N];   //姓名
    int gender;     //性别标记，0 表示男性，1 表示女性
    int age;        //年龄
};
```

【参考答案】参考程序：

```
1   #include<stdio.h>
2   #define N 10
3   #define LEN 30
4   struct athlete
5   {
6       char name[LEN];
7       int  gender;
8       int  age;
9   };
10  int Input(struct athlete Ath []);
11  int AgeCount(struct athlete Ath[], int n);
12  int main(void)
13  {
14      struct athlete Ath[N];
15      int n = Input(Ath);
16      int ans = AgeCount(Ath, n);
17      printf("%d", ans);
18      return 0;
19  }
20  //函数功能：输入运动员数量和信息，返回运动员数量
21  int Input(struct athlete Ath [])
22  {
23      int n;
24      printf("Input n:");
```

```
25      scanf("%d", &n);
26      printf("Input name, gender, age:\n");
27      for (int i=0; i<n; i++)
28      {
29          scanf("%s%d%d", Ath[i].name, &Ath[i].gender, &Ath[i].age);
30      }
31      return n;
32  }
33  //函数功能：统计并返回年龄不大于 n 个运动员平均年龄的运动员数量
34  int AgeCount(struct athlete Ath[], int n)
35  {
36      int sum = 0, count = 0, i;
37      for (i=0; i<n; i++)
38      {
39          sum += Ath[i].age;
40      }
41      for (i=0; i<n; i++)
42      {
43          if (Ath[i].age <= sum / n)
44          {
45              count++;
46          }
47      }
48      return count;
49  }
```

程序运行结果如下：

```
Input n:7↙
Input name, gender, age:
Zhangsan 0 24↙
Lisi 0 22↙
Wangwu 0 28↙
Liyu 1 21↙
Zhoujian 1 25↙
Wangfang 1 21↙
Niuniu 1 18↙
4
```

9．时间都去哪了。某学生为了证明时间"缩水"，做了一道数学题，气坏了数学老师！

```
求证：1 h = 1 min
解：因为 1 h = 60 min
= 6 min * 10 min
= 360 s * 600 s
= 1 / 10 h * 1 / 6 h
= 1 / 60 h
= 1 min
证明完毕。
```

一寸光阴一寸金。如果不珍惜时间，那么你的时间很可能就这样稀里糊涂地流逝了。现在，请你定义一个 struct time 类型，编写程序，实现如下两个任务。

（1）输入小时、分和秒，然后将其转化为以秒为单位的时间。例如，输入"2，20，30"（表示 2 小时 20 分 30 秒），转换为秒数应为 8430。

（2）输入以秒为单位的时间，然后将其转化为小时、分和秒。例如，输入"8430"，转换为 2 小时 20 分 30 秒。

【参考答案】参考程序 1：

```
1   #include <stdio.h>
2   #include <math.h>
```

```
3    typedef struct clock
4    {
5        int hour;
6        int minute;
7        int second;
8    }CLOCK;
9    int Time2Second(CLOCK t);
10   CLOCK Second2Time(int second);
11   int main(void)
12   {
13       CLOCK t1, t2;
14       int seconds;
15       printf("Input hour, minute, second:");
16       scanf("%d,%d,%d", &t1.hour, &t1.minute, &t1.second);
17       printf("To second:%d\n", Time2Second(t1));
18       printf("Input seconds:");
19       scanf("%d", &seconds);
20       t2 = Second2Time(seconds);
21       printf("To time:%d小时%d分%d秒\n", t2.hour, t2.minute, t2.second);
22       return 0;
23   }
24   //函数功能：将时分秒时间转换为秒
25   int Time2Second(CLOCK t)
26   {
27       int second = t.hour * 3600 + t.minute * 60 + t.second;
28       return second;
29   }
30   //函数功能：将秒转换为时分秒时间
31   CLOCK Second2Time(int second)
32   {
33       CLOCK t;
34       t.hour = second / 3600;
35       t.minute = (second - t.hour * 3600) / 60;
36       t.second = second % 60;
37       return t;
38   }
```

参考程序2：

```
1    #include <stdio.h>
2    #include <math.h>
3    typedef struct clock
4    {
5        int hour;
6        int minute;
7        int second;
8    }CLOCK;
9    int Time2Second(CLOCK *t);
10   void Second2Time(int second, CLOCK *t);
11   int main(void)
12   {
13       CLOCK t1, t2;
14       int seconds;
15       printf("Input hour, minute, second:");
16       scanf("%d,%d,%d", &t1.hour, &t1.minute, &t1.second);
17       printf("To second:%d\n", Time2Second(&t1));
18       printf("Input seconds:");
19       scanf("%d", &seconds);
20       Second2Time(seconds, &t2);
21       printf("To time:%d小时%d分%d秒\n", t2.hour, t2.minute, t2.second);
22       return 0;
```

```
23      }
24      //函数功能: 将时分秒时间转换为秒
25      int Time2Second(CLOCK *t)
26      {
27          int second = t->hour * 3600 + t->minute * 60 + t->second;
28          return second;
29      }
30      //函数功能: 将秒转换为时分秒时间
31      void Second2Time(int second, CLOCK *t)
32      {
33          t->hour = second / 3600;
34          t->minute = (second - t->hour * 3600) / 60;
35          t->second = second % 60;
36      }
```

程序运行结果如下:

```
Input hour, minute, second:2,20,30↙
To second:8430
Input seconds:8430↙
To time:2 小时 20 分 30 秒
```

10. 卫星载重量。"天问一号"于 2021 年 2 月到达火星附近, 实施火星捕获。于 2021 年 5 月择机实施降轨, 着陆巡视器与环绕器分离, 软着陆火星表面, 火星车驶离着陆平台, 开展巡视探测等工作。在此之前, 我国已向太空发射多颗人造卫星, 现有 $n(1 \leqslant n \leqslant 5)$ 颗人造卫星。其中, 每颗卫星具有 3 个属性, 分别为卫星制造年份、卫星编号、卫星载重量(属性均为 int 型数据), 现要求从键盘输入 n 及 n 颗卫星的数据, 然后输出载重量低于 n 颗卫星的平均载重量的卫星数量(平均载重量采用整型除法求解即可, 无须使用浮点数除法)。请按以下结构体类型编写该程序。

```
struct sate
{
    int year;       //卫星制造年份
    int id;         //卫星编号
    int load;       //卫星载重量
};
```

【参考答案】参考程序:

```
1       #include<stdio.h>
2       #define N 5
3       typedef struct sate
4       {
5           int year;
6           int id;
7           int load;
8       }STATE;
9       int Input(STATE sate[]);
10      int SatelliteCount(STATE sate[], int n);
11      int main(void)
12      {
13          STATE sate[N];
14          int n = Input(sate);
15          printf("%d", SatelliteCount(sate, n));
16          return 0;
17      }
18      int Input(STATE sate[])
19      {
20          int n;
21          printf("Input n:");
22          scanf("%d", &n);
23          printf("Input year, id, load:\n");
```

```
24        for (int i=0; i<n; i++)
25        {
26            scanf("%d%d%d", &sate[i].year, &sate[i].id, &sate[i].load);
27        }
28        return n;
29    }
30    int SatelliteCount(STATE sate[], int n)
31    {
32        int sum = 0, count  = 0, i;
33        for (i=0; i<n; i++)
34        {
35            sum += sate[i].load;
36        }
37        for (i=0; i<n; i++)
38        {
39            if (sate[i].load < sum / n)
40            {
41                count++;
42            }
43        }
44        return count;
45    }
```

程序运行结果如下：

```
Input n:3↙
Input year, id, load:
1984 334 40000↙
2012 531 20000↙
2021 341 60000↙
1
```

习　题　12

1. 链表逆序。请编程将一个链表的节点逆序排列，即把链头变成链尾，把链尾变成链头。先输入原始链表的节点编号顺序，按组合键 Ctrl+Z 或输入非数字表示输入结束，然后输出链表逆序后的节点顺序。

【参考答案】参考程序：

```
1    #include <stdio.h>
2    #include <stdlib.h>
3    struct node
4    {
5        int num;
6        struct node *next;
7    };
8    struct node *CreatLink(void);
9    void OutputLink(struct node *head);
10   struct node *TurnbackLink(struct node *head);
11   int main(void)
12   {
13       struct node *head;
14       head = CreatLink();
15       printf("原始表: \n");
16       OutputLink(head);
17       head = TurnbackLink(head);
18       printf("链表逆序后: \n");
```

```
19        OutputLink(head);
20        return 0;
21   }
22   //函数功能: 创建链表
23   struct node *CreatLink(void)
24   {
25        int temp;
26        struct node *head = NULL;
27        struct node *p1 = NULL, *p2 = NULL;
28        printf("请输入链表(非数表示结束): \n 节点值: ");
29        while (scanf("%d", &temp) == 1)
30        {
31            p1 = (struct node *)malloc(sizeof(struct node));
32            (head == NULL) ? (head = p1) : (p2->next = p1);
33            p1->num = temp;
34            printf("节点值: ");
35            p2 = p1;
36        }
37        p2->next = NULL;
38        return head;
39   }
40   //函数功能: 输出链表
41   void OutputLink(struct node *head)
42   {
43        struct node *p1;
44        for (p1=head; p1!=NULL; p1=p1->next)
45        {
46            printf("%4d", p1->num);
47        }
48        printf("\n");
49   }
50   //函数功能: 返回链表逆序后的头节点
51   struct node *TurnbackLink(struct node *head)
52   {
53        struct node *new, *p1, *p2, *newhead = NULL;
54        do{
55            p2 = NULL;
56            //从头节点开始找表尾
57            for (p1 = head; p1->next!=NULL; p1=p1->next)
58            {
59                p2 = p1;                        //p2 指向 p1 的前一节点
60            }
61            if (newhead == NULL)                //表尾节点变成头节点
62            {
63                newhead = p1;                   //newhead 指向 p1
64                new = newhead->next = p2;       //new 指向 p1 的前一节点 p2
65            }
66            new = new->next = p2;               //new 指向其前一节点 p2
67            p2->next = NULL;                    //标记 p2 为新的表尾节点
68        }while (head->next != NULL);            //head 指向的表为空时结束
69        return newhead;
70   }
```

程序运行结果如下:

请输入链表(非数表示结束):
节点值: 3✓
节点值: 4✓
节点值: 5✓
节点值: 6✓
节点值: 7✓

节点值: end↙
原始表:
    3   4   5   6   7
链表逆序后:
    7   6   5   4   3

2. 竞赛评分。假设某比赛有 *n* 个学生作为选手参赛（参赛信息包含学号、姓名和最终得分），有 5 名评委给选手打分，请采用如下结构体类型定义创建单向链表保存选手的参赛信息。

```
struct student
{
    int ID;                  //学生学号
    char name[20];           //学生姓名
    float score;             //最终得分
    struct student *next;
} STUD;
```

然后，采用单向链表编程完成以下功能。

（1）创建单向链表存储 *n* 个选手的信息，选手的最终得分为 5 名评委打分的平均分。

（2）对比赛的最终得分进行降序排列。

（3）输出排序后的参赛选手信息。

（4）释放单向链表所占的内存。

【参考答案】参考程序:

```
1   #include <stdio.h>
2   #include<stdlib.h>
3   #include<string.h>
4   #define N 5
5   #define L 10
6   typedef struct student
7   {
8       int ID;
9       char name[10];
10      float score;
11      struct student *pNextNode;
12  } STU, *PSTU;
13  STU *ByeNode(int ID, char name[], float score);
14  STU *InsertTail(STU *pHead, int ID, char name[], float score);
15  void SortList(PSTU pHead);
16  void PrintList(STU *pHead);
17  void Pfree(STU *head);
18  int main(void)
19  {
20      STU *pList1 = NULL;
21      int tempID = 0;
22      char tempname[L];
23      int tempscore[N];
24      int n;
25      printf("Input number of person:\n");
26      scanf("%d",&n);
27      printf("Input user ID and name:\n");
28      for (int i=1, sum=0; i<=n; i++)
29      {
30          printf("Input ID and name:\n");
31          scanf("%d %s", &tempID, tempname);
32          printf("Input %d scores:\n", N);
33          for (int j=0; j<N; j++)
34          {
35              scanf("%d", &tempscore[j]);
```

```
36          sum = sum + tempscore[j];
37      }
38      float aveScore = (float)sum / N;
39      pList1 = InsertTail(pList1, tempID, tempname, aveScore);
40      sum = 0;
41  }
42  SortList(pList1);
43  printf("The sorted list:\n");
44  PrintList(pList1);
45  Pfree(pList1);
46  return 0;
47  }
48  //函数功能：在尾部插入节点
49  STU *InsertTail(STU *pHead, int ID, char name[], float score)
50  {
51      STU *pNode = NULL, *pNewNode = NULL;
52      if (pHead == NULL)
53      {
54          pHead = ByeNode(ID, name, score);
55      }
56      else
57      {
58          pNode = pHead;
59          while (pNode->pNextNode != NULL)
60          {
61              pNode = pNode->pNextNode;
62          }
63          pNewNode = ByeNode(ID, name, score);
64          pNode->pNextNode = pNewNode;
65      }
66      return pHead;
67  }
68  //函数功能：创建并输入一个节点的内容
69  STU *ByeNode(int ID, char name[], float score)
70  {
71      STU *pNewNode = (STU *)malloc(sizeof(STU));
72      if (pNewNode != NULL)
73      {
74          pNewNode->ID = ID;
75          strcpy(pNewNode->name, name);
76          pNewNode->score = score;
77          pNewNode->pNextNode = NULL;
78      }
79      return pNewNode;
80  }
81  //函数功能：使用冒泡排序按选手的最终得分对链表中的节点进行降序排序
82  void SortList(PSTU pHead)
83  {
84      int IDTemp;
85      char nameTemp[10];
86      float scoreTemp;
87      int flag = 0;
88      PSTU pTailNode = NULL;
89      if (pHead == NULL)
90      {
91          return;
92      }
93      else
94      {
```

```
95              flag = 0;
96              pTailNode = NULL;
97              while (pTailNode != pHead)
98              {
99                  PSTU pPreNode = pHead;
100                 while (pPreNode->pNextNode != pTailNode)
101                 {
102                     PSTU pCurNode = pPreNode->pNextNode;
103                     if (pPreNode->score < pCurNode->score)
104                     {
105                         IDTemp = pPreNode->ID;
106                         strcpy(nameTemp, pPreNode->name);
107                         scoreTemp = pPreNode->score;
108                         pPreNode->ID = pCurNode->ID;
109                         strcpy(pPreNode->name, pCurNode->name);
110                         pPreNode->score = pCurNode->score;
111                         pCurNode->ID = IDTemp;
112                         strcpy(pCurNode->name, nameTemp);
113                         pCurNode->score = scoreTemp;
114                         flag = 1;
115                     }
116                     pPreNode = pPreNode->pNextNode;
117                 }
118                 //对冒泡优化，只要有一趟比较未发生节点交换，即可退出冒泡算法
119                 if (!flag)
120                 {
121                     break;
122                 }
123                 pTailNode = pPreNode;
124             }
125         }
126 }
127 //函数功能：从头到尾输出单链表
128 void PrintList(STU *pHead)
129 {
130     STU *tempPnode = pHead;
131     if (pHead != NULL)
132     {
133         while (tempPnode != NULL)
134         {
135             printf("%d %s %.2f\n", tempPnode->ID,
136                                    tempPnode->name, tempPnode->score);
137             tempPnode = tempPnode->pNextNode;
138         }
139     }
140 }
141 //函数功能：释放链表中的节点
142 void Pfree(STU *head)
143 {
144     STU *p = head, *pr = NULL;
145     while (p != NULL)
146     {
147         pr = p;
148         p = p->pNextNode;
149         free(pr);
150     }
151 }
```

程序运行结果如下：

```
Input number of person:
3↙
Input user ID and name:
Input ID and name:
1 li↙
Input 5 scores:
80 80 80 80 80↙
Input ID and name:
2 wang↙
Input 5 scores:
90 90 90 90 90↙
Input ID and name:
3 zhang↙
Input 5 scores:
70 70 70 70 70↙
The sorted list:
2 wang  90.00
1 li  80.00
3 zhang  70.00
```

3. 模拟手机通讯录。请编程实现手机通讯录管理系统，采用如下结构体类型定义创建单向链表来保存联系人的姓名和电话号码等信息。

```
struct friends
{
    char name[20];
    char phone[12];
    struct friends *next;
};
```

然后，采用单向链表编程完成以下功能（在主函数中依次调用这些函数即可）。

（1）建立单向链表来存放联系人的信息，如果输入大写字母 Y，则继续创建节点存储联系人信息，否则按任意键结束输入。

（2）输出单向链表中联系人的信息。

（3）查询联系人的信息。

（4）释放单向链表所占的内存。

【参考答案】参考程序：

```
1   #include<stdio.h>
2   #include<stdlib.h>
3   #include <string.h>
4   struct friends
5   {
6       char name[20];
7       char phone[12];
8       struct friends*next;
9   };
10  struct friends *CreatList(struct friends *head);
11  void PrintList(struct friends *head);
12  struct friends *Search(struct friends *head, char name[]);
13  void Pfree(struct friends *head);
14  int main(void)
15  {
16      struct friends *head = NULL;
17      head = CreatList(head);
18      if (head == NULL)
19      {
```

```
20        return 0;
21      }
22      PrintList(head);
23      char name[20];
24      printf("请输入要查找联系人的姓名：\n");
25      scanf("%s", name);
26      struct friends *p = Search(head, name);
27      if (p != NULL)
28      {
29          printf("该联系人的姓名：%s 电话：%s   \n", p->name, p->phone);
30      }
31      else
32      {
33          printf("不存在此联系人\n");
34      }
35      Pfree(head);
36      return 0;
37  }
38  //函数功能：创建链表
39  struct friends *CreatList(struct friends *head)
40  {
41      struct friends *q, *tail;
42      char flag = 'Y';
43      head = (struct friends *)malloc(sizeof(struct friends));
44      head->next = NULL;
45      tail = head;
46      while (flag == 'Y')
47      {
48          printf("请依次输入每个联系人的姓名，电话：\n");
49          q = (struct friends *)malloc(sizeof(struct friends));
50          if (head == NULL)
51          {
52              printf("创建失败! ");
53              return NULL;
54          }
55          q->next = NULL;
56          scanf("%s %s", q->name, q->phone);
57          tail->next = q;
58          tail = q;
59          printf("是否继续输入,按 Y 键继续输入，其他键就结束.\n");
60          getchar();
61          flag = getchar();
62      }
63      return head;
64  }
65  //函数功能：输出链表
66  void PrintList(struct friends *head)
67  {
68      printf("输出所有联系人的信息:姓名 电话\n");
69      struct friends *p = head->next;
70      while (p != NULL)
71      {
72          printf("%s %s\n", p->name, p->phone);
73          p = p->next;
74      }
75  }
76  //函数功能：查询联系人信息
77  struct friends *Search(struct friends *head, char name[])
78  {
```

```
79          struct friends *p = head->next;
80          while (p != NULL)
81          {
82              if (strcmp(p->name, name) == 0)
83              {
84                  return p;
85              }
86              p = p->next;
87          }
88          return NULL;
89      }
90      //函数功能：释放链表中的节点
91      void Pfree(struct friends *head)
92      {
93          struct friends *p = head, *pr = NULL;
94          while (p != NULL)
95          {
96              pr = p;
97              p = p->next;
98              free(pr);
99          }
100     }
```

程序运行结果如下：

```
请依次输入每个联系人的姓名，电话：
wang 1363456↙
是否继续输入，按 Y 键继续输入，其他键就结束.
Y↙
请依次输入每个联系人的姓名，电话：
li 34567890↙
是否继续输入，按 Y 键继续输入，其他键就结束.
Y↙
请依次输入每个联系人的姓名，电话：
zhang 138964523↙
是否继续输入，按 Y 键继续输入，其他键就结束.
N↙
输出所有联系人的信息：姓名 电话
wang 1363456
li 34567890
zhang 138964523
请输入要查找联系人的姓名：
zhang↙
该联系人的姓名：zhang 电话：138964523
```

4. 图书信息管理。请编程实现图书信息管理系统，采用如下结构体类型定义创建单向链表保存图书编号和书名等信息：

```
struct book
{
    char ID[10];        //图书编号
    char name[20];      //书名
    struct book *next;
};
```

然后，采用单向链表编程完成以下功能。

（1）创建单向链表并存储图书信息，以空格为分隔符输入 ID 和 name，当 ID 为 0 时表示单向链表创建结束，并输出创建后的单向链表信息。

（2）删除某一编号的图书，并输出删除节点后的单向链表信息。

（3）释放单向链表所占的内存。

【参考答案】参考程序 1：

```
1    #include <stdio.h>
2    #include <stdlib.h>
3    #include <string.h>
4    typedef struct book
5    {
6        char ID[10];
7        char name[20];
8        struct book *next;
9    }NODE;
10   struct book *CreatList(struct book *head);
11   NODE *DeleteNode(NODE *head, char id[]);
12   void PrintList(NODE *head);
13   void Pfree(NODE *head);
14   int main(void)
15   {
16       struct book *head = NULL;
17       char id[10];
18       head = CreatList(head);
19       if (head == NULL)
20       {
21           return 0;
22       }
23       printf("创建的链表: \n");
24       PrintList(head);
25       printf("请输入要删除图书的编号: \n");
26       scanf("%s",id);
27       head = DeleteNode(head, id);
28       printf("删除后的链表: \n");
29       PrintList(head);
30       Pfree(head);
31       return 0;
32   }
33   //函数功能: 创建链表
34   NODE *CreatList(NODE *head)
35   {
36       NODE *tail, *pnew;
37       char ID[10],name[20];
38       head = (NODE *)malloc(sizeof(NODE));
39       if (head == NULL)
40       {
41           printf("创建失败! ");
42           return NULL;
43       }
44       head->next = NULL;
45       tail = head;
46       printf("输入图书的编号和书名: \n");
47       while (1)
48       {
49           scanf("%s %s", ID, name);
50           if (strcmp(ID, "0") == 0)
51           {
52               break;
53           }
54           pnew = (NODE *)malloc(sizeof(NODE));
55           if (pnew == NULL)
56           {
57               printf("创建失败! ");
58               return NULL;
```

```
59            }
60            strcpy(pnew->ID, ID);
61            strcpy(pnew->name, name);
62            pnew->next = NULL;
63            tail->next = pnew;
64            tail = pnew;
65        }
66        return head;
67  }
68  //函数功能：删除节点
69  NODE *DeleteNode(NODE *head, char id[])
70  {
71      NODE *p = head, *pr = NULL;        //p 开始时指向头节点
72      if (head == NULL)                  //若链表为空表，则退出程序
73      {
74          printf("链表为空!\n");
75          return head;
76      }
77      while (strcmp(p->ID, id) != 0 && p->next != NULL)    //未找到且未到表尾
78      {
79          pr = p;                        //在 pr 中保存当前节点的指针
80          p = p->next;                   //p 指向当前节点的后继节点
81      }
82      if (strcmp(p->ID, id) == 0)        //若当前节点的节点值为 nodeData，找到待删除节点
83      {
84          if (p == head)                 //若待删除节点为头节点
85          {
86              head = p->next;            //让头指针指向待删除节点 p 的后继节点
87          }
88          else                           //若待删除节点不是头节点
89          {
90              pr->next = p->next;        //让前驱节点的指针域指向待删除节点的后继节点
91          }
92          free(p);                       //释放为已删除节点分配的内存
93      }
94      else                               //找到表尾仍未发现节点值为 nodeData 的节点
95      {
96          printf("不存在! \n");
97      }
98      return head;                       //返回删除节点后的链表头指针 head 的值
99  }
100 //函数功能：输出链表
101 void PrintList(NODE *head)
102 {
103     NODE *p;
104     for (p = head->next; p!= NULL; p = p->next)
105     {
106         printf("%s,%s\n", p->ID, p->name);
107     }
108 }
109 //函数功能：释放链表中的节点
110 void Pfree(NODE *head)
111 {
112     NODE *p = head, *pr = NULL;
113     while (p != NULL)
114     {
115         pr = p;
116         p = p->next;
```

```
117          free(pr);
118       }
119  }
```

参考程序 2：

```
1    #include <stdio.h>
2    #include <stdlib.h>
3    #include <string.h>
4    typedef struct book
5    {
6        char ID[10];
7        char name[20];
8        struct book *next;
9    } NODE;
10   struct book *CreatList(struct book *head);
11   NODE *DeleteNode(NODE *head, char id[]);
12   void PrintList(NODE *head);
13   void Pfree(NODE *head);
14   int main(void)
15   {
16       struct book *head = NULL;
17       char id[10];
18       head = CreatList(head);
19       if (head == NULL)
20       {
21           return 0;
22       }
23       printf("创建的链表：\n");
24       PrintList(head);
25       printf("请输入要删除图书的编号：\n");
26       scanf("%s",id);
27       head = DeleteNode(head, id);
28       printf("删除后的链表：\n");
29       PrintList(head);
30       Pfree(head);
31       return 0;
32   }
33   //函数功能：创建链表
34   NODE *CreatList(NODE *head)
35   {
36       NODE *tail, *pnew;
37       char ID[10],name[20];
38       head = (NODE *)malloc(sizeof(NODE));
39       if (head == NULL)
40       {
41           printf("创建失败！");
42           return NULL;
43       }
44       head->next = NULL;
45       tail = head;
46       printf("输入图书的编号和书名：\n");
47       while (1)
48       {
49           scanf("%s %s", ID, name);
50           if (strcmp(ID, "0") == 0)
51           {
52               break;
53           }
54           pnew = (NODE *)malloc(sizeof(NODE));
55           if (pnew == NULL)
```

```
56          {
57              printf("创建失败！");
58              return NULL;
59          }
60          strcpy(pnew->ID, ID);
61          strcpy(pnew->name, name);
62          pnew->next = NULL;
63          tail->next = pnew;
64          tail = pnew;
65      }
66      return head;
67  }
68  //函数功能：删除节点
69  NODE *DeleteNode(NODE *head, char id[])
70  {
71      NODE *p = head, *pr = NULL;
72      while (strcmp(p->ID, id) != 0)
73      {
74          pr = p;
75          p = p->next;
76          if (p == NULL)
77          {
78              printf("不存在！");
79              return head;
80          }
81      }
82      if (p == head)              //若待删除节点为头节点
83      {
84          head = p->next;         //让头指针指向待删除节点 p 的后继节点
85      }
86      else                        //若待删除节点不是头节点
87      {
88          pr->next = p->next;     //让前驱节点的指针域指向待删除节点的后继节点
89      }
90      free(p);                    //释放为已删除节点分配的内存
91      return head;
92  }
93  //函数功能：输出链表
94  void PrintList(NODE *head)
95  {
96      NODE *p;
97      for (p = head->next; p!= NULL; p = p->next)
98      {
99          printf("%s,%s\n", p->ID, p->name);
100     }
101 }
102 //函数功能：释放链表中的节点
103 void Pfree(NODE *head)
104 {
105     NODE *p = head, *pr = NULL;
106     while (p != NULL)
107     {
108         pr = p;
109         p = p->next;
110         free(pr);
111     }
112 }
```

程序运行结果如下：

输入图书的编号和书名：

```
01 c✓
02 c++✓
03 java✓
0 0✓
创建的链表：
01,c
02,c++
03,java
请输入要删除图书的编号：
01✓
删除后的链表：
02,c++
03,java
```

5. 逆波兰表达式求值。在常见的表达式中，二元运算符总是置于与之相关的两个运算对象之间（如 $a+b$），这种表示法称为中缀表示。波兰逻辑学家卢卡西维茨（J.Lukasiewicz）于 1929 年提出了另一种表示表达式的方法，按此方法，每一个运算符都置于其运算对象之后（如 $a\ b+$），故这种表示法称为后缀表示。后缀表达式也称为逆波兰表达式。例如，逆波兰表达式 $a\ b\ c+d*+$ 对应的中缀表达式为 $a+(b+c)*d$。请编写一个程序，计算逆波兰表达式的值，要求以空格为分隔符输入逆波兰表达式，按 Enter 键后再按组合键 Ctrl+Z 表示输入结束。假设表达式中的所有操作数均为整型。

【分析】采用具有后进先出特性的栈数据结构来实现。如果当前字符为变量或者数字，则将其压栈；如果当前字符是运算符，则将栈顶两个元素弹出做相应运算，然后将运算结果入栈，当表达式扫描完毕，栈里的结果就是逆波兰表达式的计算结果。

【参考答案】顺序存储实现的参考程序 1：

```c
1   #include <stdio.h>
2   #include <string.h>
3   #include <ctype.h>
4   #include <stdlib.h>
5   #define N 20
6   typedef struct node
7   {
8       int ival;
9   }NodeType;
10  typedef struct stack
11  {
12      NodeType data[N];
13      int top;                        //控制栈顶
14  }STACK;                             //栈的顺序存储
15  void Push(STACK *stack, NodeType data);
16  NodeType Pop(STACK *stack);
17  NodeType OpInt(int d1, int d2, int op);
18  NodeType OpData(NodeType *d1, NodeType *d2, int op);
19  int main(void)
20  {
21      char word[N];
22      NodeType d1, d2, d3;
23      STACK stack;
24      stack.top = 0;                  //初始化栈顶
25      //以空格为分隔符输入逆波兰表达式，以 Ctrl+Z 组合键结束
26      while (scanf("%s", word) == 1)
27      {
28          if (isdigit(word[0]))       //若为数字，则转换为整型后压栈
29          {
30              d1.ival = atoi(word);   //将 word 转换为整型数据
```

```
31              Push(&stack, d1);
32          }
33          else                        //否则弹出两个操作数，执行相应运算后再将结果压栈
34          {
35              d2 = Pop(&stack);
36              d1 = Pop(&stack);
37              d3 = OpData(&d1, &d2, word[0]);
38              Push(&stack, d3);
39          }
40      }
41      d1 = Pop(&stack);   //弹出栈顶保存的最终计算结果
42      printf("result = %d\n", d1.ival);
43      return 0;
44  }
45  //函数功能：将数据data压入堆栈
46  void Push(STACK *stack, NodeType data)
47  {
48      memcpy(&stack->data[stack->top], &data, sizeof(NodeType));
49      stack->top = stack->top + 1;
50  }
51  //函数功能：弹出栈顶数据并返回
52  NodeType Pop(STACK *stack)
53  {
54      stack->top = stack->top - 1;
55      return stack->data[stack->top];
56  }
57  //函数功能：对整型的数据d1和d2执行运算op，并返回计算结果
58  NodeType OpInt(int d1, int d2, int op)
59  {
60      NodeType res = {0};
61      switch (op)
62      {
63      case '+':
64          res.ival = d1 + d2;
65          break;
66      case '-':
67          res.ival = d1 - d2;
68          break;
69      case '*':
70          res.ival = d1 * d2;
71          break;
72      case '/':
73          res.ival = d1 / d2;
74          break;
75      }
76      return res;
77  }
78  //函数功能：对d1和d2执行运算op，并返回计算结果
79  NodeType OpData(NodeType *d1, NodeType *d2, int op)
80  {
81      NodeType res;
82      res = OpInt(d1->ival, d2->ival, op);
83      return res;
84  }
```

链式存储实现的参考程序 2：

```
1   #include <stdio.h>
2   #include <string.h>
3   #include <ctype.h>
4   #include <stdlib.h>
```

```
5    #define N 20
6    typedef struct node
7    {
8        int ival;
9    }NodeType;
10   typedef struct stack
11   {
12       NodeType data;
13       struct stack *next;              //指向栈顶
14   }STACK;                              //栈的链式存储
15   STACK *Push(STACK *top, NodeType data);
16   STACK *Pop(STACK *top);
17   NodeType OpInt(int d1, int d2, int op);
18   NodeType OpData(NodeType *d1, NodeType *d2, int op);
19   int main(void)
20   {
21       char word[N];
22       NodeType d1, d2, d3;
23       STACK *top = NULL;               //初始化栈顶
24       //以空格为分隔符输入逆波兰表达式，以 Ctrl+Z 组合键结束
25       while (scanf("%s", word) == 1)
26       {
27           if (isdigit(word[0]))        //若为数字，则转换为整型后压栈
28           {
29               d1.ival = atoi(word);    //将 word 转换为整型数据
30               top = Push(top, d1);
31           }
32           else  //否则弹出两个操作数，执行相应运算后再将结果压栈
33           {
34               d2 = top->data;
35               top = Pop(top);
36               d1 = top->data;
37               top = Pop(top);
38               d3 = OpData(&d1, &d2, word[0]);
39               top = Push(top, d3);
40           }
41       }
42       d1 = top->data;
43       printf("%d\n", d1.ival);
44       top = Pop(top);                  //弹出栈顶保存的最终计算结果
45       return 0;
46   }
47   //函数功能：将数据 data 压入堆栈
48   STACK *Push(STACK *top, NodeType data)
49   {
50       STACK *p;
51       p = (STACK *)malloc(sizeof(STACK));
52       p->data = data;
53       p->next = top;
54       top = p;
55       return top;
56   }
57   //函数功能：弹出栈顶数据并返回
58   STACK *Pop(STACK *top)
59   {
60       STACK *p;
61       if (top == NULL)
62       {
63           return NULL;
```

```
64        }
65        else
66        {
67            p = top;
68            top = top->next;
69            free(p);  //注意弹出栈顶数据后要释放其所占用的内存
70        }
71        return top;
72    }
73    //函数功能：对整型的数据 d1 和 d2 执行运算 op，并返回计算结果
74    NodeType OpInt(int d1, int d2, int op)
75    {
76        NodeType res = {0};
77        switch (op)
78        {
79        case '+':
80            res.ival = d1 + d2;
81            break;
82        case '-':
83            res.ival = d1 - d2;
84            break;
85        case '*':
86            res.ival = d1 * d2;
87            break;
88        case '/':
89            res.ival = d1 / d2;
90            break;
91        }
92     return res;
93    }
94    //函数功能：对 d1 和 d2 执行运算 op，并返回计算结果
95    NodeType OpData(NodeType *d1, NodeType *d2, int op)
96    {
97        NodeType res;
98        res = OpInt(d1->ival, d2->ival, op);
99        return res;
100   }
```

程序运行结果如下：

```
3 2 1 + 2 * +✓
^Z✓
result = 9
```

6. 舞伴配对。假设在大学生的周末舞会上，男、女学生各自排成一队。舞会开始时，依次从男队和女队的队头各出一人配对。如果两队初始人数不等，则较长的那一队中未配对者等待下一轮舞曲。请使用循环队列编程解决这一问题，要求男、女学生人数、姓名及舞会的轮数由用户从键盘输入，屏幕输出每一轮的配对名单，如果在该轮有未配对的，刚在屏幕上显示下一轮第一个出场的未配对者的姓名。

【参考答案】参考程序：

```
1   #include <stdio.h>
2   #include <stdlib.h>
3   #include <string.h>
4   #define N 100
5   typedef struct queue
6   {
7       char elem[N][N];
8       int  qSize;      //队列长度
9       int  front;      //控制对头
```

```
10      int  rear;       //控制队尾
11  }QUEUE;
12  void CreatQueue(QUEUE *Q);
13  int QueueEmpty(const QUEUE *Q);
14  void DeQueue(QUEUE *Q, char *str);
15  void GetQueue(const QUEUE *Q, char *str);
16  void DancePartners(QUEUE *man, QUEUE *women);
17  void Match(QUEUE *shortQ, QUEUE *longQ);
18
19  int main(void)
20  {
21      QUEUE man, women;
22      printf("男队：\n");
23      CreatQueue(&man);
24      printf("女队：\n");
25      CreatQueue(&women);
26      DancePartners(&man, &women);
27      return 0;
28  }
29  //函数功能：创建一个队列
30  void CreatQueue(QUEUE *Q)
31  {
32      int n, i;
33      Q->front = Q->rear = 0;
34      printf("请输入跳舞人数：");
35      scanf("%d", &n);
36      Q->qSize = n + 1;
37      printf("请输入各舞者人名：");
38      for (i=0; i<n; i++)
39      {
40          scanf("%s", Q->elem[i]);
41      }
42      Q->rear = n;
43  }
44  //函数功能：判断循环队列是否为空
45  int QueueEmpty(const QUEUE *Q)
46  {
47      if (Q->front == Q->rear)//循环队列为空
48      {
49          return 1;
50      }
51      else
52      {
53          return 0;
54      }
55  }
56  //函数功能：循环队列出队，即删除队首元素
57  void DeQueue(QUEUE *Q, char *str)
58  {
59      strcpy(str, Q->elem[Q->front]);
60      Q->front = (Q->front + 1) % Q->qSize;
61  }
62  //函数功能：取出队首元素，队头指针不改变
63  void GetQueue(const QUEUE *Q, char *str)
64  {
65      strcpy(str, Q->elem[Q->front]);
66  }
67  //函数功能：根据队列长短确定如何调用舞伴配对函数
68  void DancePartners(QUEUE *man, QUEUE *women)
```

```
69  {
70      if (man->qSize < women->qSize)
71      {
72          Match(man, women);
73      }
74      else
75      {
76          Match(women, man);
77      }
78  }
79  //函数功能：舞伴配对
80  void Match(QUEUE *shortQ, QUEUE *longQ)
81  {
82      int n;
83      char str1[N], str2[N];
84      printf("请输入舞会的轮数：");
85      scanf("%d", &n);
86      while (n--)  //循环 n 轮次
87      {
88          while (!QueueEmpty(shortQ))  //短队列不为空
89          {
90              if (QueueEmpty(longQ))
91              {
92                  longQ->front = (longQ->front + 1) % longQ->qSize;
93              }
94              DeQueue(shortQ, str1);
95              DeQueue(longQ, str2);
96              printf("配对的舞者：%s %s\n", str1, str2);
97          }
98          shortQ->front = (shortQ->front + 1) % shortQ->qSize;
99          if (QueueEmpty(longQ))
100         {
101             longQ->front = (longQ->front + 1) % longQ->qSize;
102         }
103         GetQueue(longQ, str1);
104         printf("第一个出场的未配对者的姓名：%s\n", str1);
105     }
106 }
```

程序运行结果如下：

```
男队
请输入跳舞人数：4✓
请输入各舞者人名：m1 m2 m3 m4✓
女队
请输入跳舞人数：3✓
请输入各舞者人名：w1 w2 w3✓
请输入舞会的轮数：3✓
配对的舞者：w1 m1
配对的舞者：w2 m2
配对的舞者：w3 m3
第一个出场的未配对者的姓名：m4
配对的舞者：w1 m4
配对的舞者：w2 m1
配对的舞者：w3 m2
第一个出场的未配对者的姓名：m3
配对的舞者：w1 m3
配对的舞者：w2 m4
配对的舞者：w3 m1
第一个出场的未配对者的姓名：m2
```

1. 菜单驱动的学生成绩管理

【实验任务和要求】由用户从键盘输入某班的学生人数（最多不超过 30 人）和课程门数（最多不超过 6 门），然后显示如下菜单并提示用户输入选项：

```
Management for Students' scores
1.Input record
2.Append record
3.Delete record
4.Modify record
5.Sort in descending order by total score of every student
6.Sort in ascending order by total score of every student
7.Sort in ascending order by number
8.Sort in dictionary order by name
9.Search by number
10.Search by name
11.Statistic analysis for every course
12.List record
13.Write to a file
14.Read from a file
0.Exit
Please enter your choice:
```

根据用户输入的选项执行相应的操作，上述菜单中的选项分别对应如下操作。

（1）录入每个学生的信息。

（2）追加某个学生的信息。

（3）删除某个学生的信息。

（4）修改某个学生的信息。

（5）按每个学生的总分由高到低排出名次表。

（6）按每个学生的总分由低到高排出名次表。

（7）按学号由小到大排出成绩表。

（8）按姓名的字典顺序排出成绩表。

（9）按学号查询学生排名及其考试成绩。

（10）按姓名查询学生排名及其考试成绩。

（11）按满分（100 分）、优秀（90~99）、良好（80~89）、中等（70~79）、及格（60~69）、不及格（0~59）6 个类别，对每门课程分别统计每个类别的人数及所占的百分比。

（12）输出每个学生的学号、姓名、各科考试成绩，以及每门课程的总分和平均分。

（13）将每个学生的记录信息写入文件。

（14）从文件中读出每个学生的记录信息并显示。

请使用结构体数组和模块化程序设计方法编程实现菜单驱动的学生成绩管理系统。

【问题分析】根据题意所要求的功能菜单，可以将程序划分为图 3-1 所示的 14 个主要功能模块。

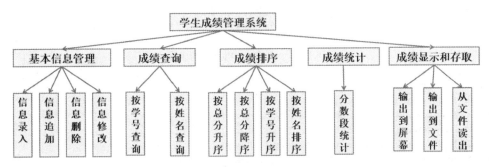

图 3-1　学生成绩管理系统的功能模块分解图

其中，在调用信息录入、信息追加、信息修改函数时，还需要调用计算总分和平均分函数，在调用信息删除和信息修改函数时还要调用查找学号函数，对找到的待删除或待修改的学号学生的信息进行删除或修改。在调用成绩排序函数时，还要调用交换两个结构体的函数及控制升序和降序的函数。在调用按学号或姓名进行成绩查询的函数时，还要调用顺序查找学号或姓名的函数。上述函数的调用关系如图 3-2 所示。

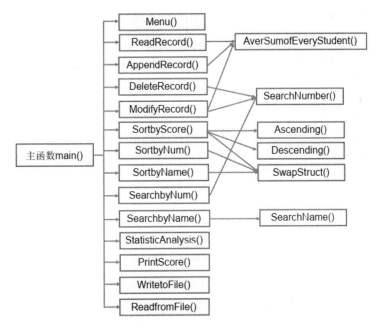

图 3-2　学生成绩管理系统的函数调用关系

参考程序：

```
1    #include <stdio.h>
2    #include <stdlib.h>
3    #include <string.h>
4    #define  MAX_LEN 10                    //字符串最大长度
```

```
5   #define   STU_NUM 30                  //最多的学生人数
6   #define   COURSE_NUM 6                //最多的考试科目数
7   #define   MAX_SIZE 10                 //文件名最大长度
8   typedef struct student
9   {
10      long num;                        //每个学生的学号
11      char name[MAX_LEN];              //每个学生的姓名
12      float score[COURSE_NUM];         //每个学生 COURSE_NUM 门功课的成绩
13      float sum;                       //每个学生的总成绩
14      float aver;                      //每个学生的平均成绩
15  } STU;
16  int   Menu(void);
17  void  ReadRecord(STU stu[], int n, int m);
18  int   AppendRecord(STU stu[], int n, int m);
19  int   DeleteRecord(STU stu[], int n, int m);
20  void  ModifyRecord(STU stu[], int n, int m);
21  void  AverSumofEveryStudent(STU stu[], int n, int m);
22  void  SortbyScore(STU stu[], int n, int m, int (*compare)(float a, float b));
23  void  SortbyNum(STU stu[], int n, int m);
24  void  SortbyName(STU stu[], int n, int m);
25  int   Ascending(float a, float b);
26  int   Descending(float a, float b);
27  void  SwapStruct(STU *x, STU *y);
28  int   SearchNumber(STU stu[], int n, int m, long number);
29  void  SearchbyNum(STU stu[], int n, int m);
30  int   SearchName(STU stu[], int n, int m, char name[]);
31  void  SearchbyName(STU stu[], int n, int m);
32  void  StatisticAnalysis(STU stu[], int n, int m);
33  void  PrintScore(STU stu[], int n, int m);
34  void  WritetoFile(char fileName[], STU record[], int n, int m);
35  void  ReadfromFile(char fileName[], STU record[], int *n, int *m);
36  int main(void)
37  {
38      char  ch;
39      int   n = 0, m = 0;
40      STU   stu[STU_NUM];
41      char  fileName[MAX_SIZE];
42      printf("Input student number(n<%d):", STU_NUM);
43      scanf("%d", &n);
44      printf("Input course number(m<=%d):", COURSE_NUM);
45      scanf("%d", &m);
46      while (1)
47      {
48          ch = Menu();              //显示菜单，并读取用户输入
49          switch (ch)
50          {
51          case 1:
52              ReadRecord(stu, n, m);
53              break;
54          case 2:
55              n = AppendRecord(stu, n, m);
56              printf("Total records:", n);
57              break;
58          case 3:
59              n = DeleteRecord(stu, n, m);
60              printf("Total records:", n);
```

```
61              break;
62          case 4:
63              ModifyRecord(stu, n, m);
64              break;
65          case 5:
66              SortbyScore(stu, n, m, Descending);
67              printf("\nSort in descending order by score:\n");
68              PrintScore(stu, n, m);
69              break;
70          case 6:
71              SortbyScore(stu, n, m, Ascending);
72              printf("\nSort in ascending order by score:\n");
73              PrintScore(stu, n, m);
74              break;
75          case 7:
76              SortbyNum(stu, n, m);
77              printf("\nSort in ascending order by number:\n");
78              PrintScore(stu, n, m);
79              break;
80          case 8:
81              SortbyName(stu, n, m);
82              printf("\nSort in dictionary order by name:\n");
83              PrintScore(stu, n, m);
84              break;
85          case 9:
86              SearchbyNum(stu, n, m);
87              break;
88          case 10:
89              SearchbyName(stu, n, m);
90              break;
91          case 11:
92              StatisticAnalysis(stu, n, m);
93              break;
94          case 12:
95              PrintScore(stu, n, m);
96              break;
97          case 13:
98              printf("Input FileName:");
99              scanf("%s", fileName);
100             WritetoFile(fileName, stu, n, m);
101             break;
102         case 14:
103             printf("Input FileName:");
104             scanf("%s", fileName);
105             ReadfromFile(fileName, stu, &n, &m);
106             break;
107         case 0:
108             printf("End of program!");
109             exit(0);
110         default:
111             printf("Input error!");
112         }
113     }
114     return 0;
115 }
116 //函数功能：显示菜单并输入用户的选项
117 int Menu(void)
```

```
118  {
119      int itemSelected;
120      printf("Management for Students' scores\n");
121      printf("1.Input record\n");
122      printf("2.Append record\n");
123      printf("3.Delete record\n");
124      printf("4.Modify record\n");
125      printf("5.Sort in descending order by score\n");
126      printf("6.Sort in ascending order by score\n");
127      printf("7.Sort in ascending order by number\n");
128      printf("8.Sort in dictionary order by name\n");
129      printf("9.Search by number\n");
130      printf("10.Search by name\n");
131      printf("11.Statistic analysis\n");
132      printf("12.List record\n");
133      printf("13.Write to a file\n");
134      printf("14.Read from a file\n");
135      printf("0.Exit\n");
136      printf("Please Input your choice:");
137      scanf("%d", &itemSelected);        // 读入用户输入
138      return itemSelected;
139  }
140  //函数功能: 输入 n 个学生的信息
141  void ReadRecord(STU stu[], int n, int m)
142  {
143      printf("Input student's ID, name and score:\n");
144      for (int i=0; i<n; i++)
145      {
146          scanf("%ld%s", &stu[i].num, stu[i].name);
147          for (int j=0; j<m; j++)
148          {
149              scanf("%f", &stu[i].score[j]);
150          }
151      }
152      AverSumofEveryStudent(stu, n, m);
153  }
154  //函数功能: 追加某个学生的信息
155  int AppendRecord(STU stu[], int n, int m)
156  {
157      printf("Input student's ID, name and score:\n");
158      scanf("%ld%s", &stu[n].num, stu[n].name);
159      for (int j=0; j<m; j++)
160      {
161          scanf("%f", &stu[n].score[j]);
162      }
163      AverSumofEveryStudent(stu, n+1, m);
164      return n+1;
165  }
166  //函数功能: 删除某个学生的信息, 返回记录总数
167  int DeleteRecord(STU stu[], int n, int m)
168  {
169      long num;
170      printf("Input the student's ID you want to delete:\n");
171      scanf("%ld", &num);
172      int pos = SearchNumber(stu, n, m, num);
173      if (pos != -1)
174      {
```

```
175        printf("Input new ID, name and score:\n");
176        scanf("%ld%s", &stu[n].num, stu[n].name);
177        for (int j=0; j<m; j++)
178        {
179            scanf("%f", &stu[n].score[j]);
180        }
181        return n-1;
182     }
183     else
184     {
185        printf("Not found!\n");
186        return n;
187     }
188 }
189 //函数功能：修改某个学生的信息，若找到则返回 1，否则返回 0
190 void ModifyRecord(STU stu[], int n, int m)
191 {
192     long num;
193     printf("Input the student's ID you want to modify:\n");
194     scanf("%ld", &num);
195     int pos = SearchNumber(stu, n, m, num);
196     if (pos != -1)
197     {
198        for (int i=pos+1; i<n; i++)
199        {
200            stu[i-1] = stu[i];
201        }
202        AverSumofEveryStudent(stu, n+1, m);
203     }
204     else
205     {
206        printf("Not found!\n");
207     }
208 }
209 //函数功能：计算 n 个学生中每个学生的 m 门课程总分和平均分
210 void AverSumofEveryStudent(STU stu[], int n, int m)
211 {
212     for (int i=0; i<n; i++)
213     {
214        stu[i].sum = 0;
215        for (int j=0; j<m; j++)
216        {
217            stu[i].sum += stu[i].score[j];
218        }
219        stu[i].aver = m>0 ? stu[i].sum / m : -1;
220        printf("student %d: sum = %.0f, aver = %.0f\n",
221               i+1, stu[i].sum, stu[i].aver);
222     }
223 }
224 //函数功能：按选择排序将数组 sum 的元素值排序
225 void SortbyScore(STU stu[], int n, int m, int (*compare)(float a, float b))
226 {
227     for (int i=0; i<n-1; i++)
228     {
229        int k = i;
230        for (int j=i+1; j<n; j++)
231        {
```

```
232            if ((*compare)(stu[j].sum, stu[k].sum))
233            {
234                k = j;
235            }
236        }
237        if (k != i)
238        {
239            SwapStruct(&stu[k], &stu[i]);      //交换两个结构体数组元素
240        }
241    }
242 }
243 //函数功能：使数据按升序排序
244 int Ascending(float a, float b)
245 {
246    return a < b;        //按升序排序，如果a<b，则交换
247 }
248 //函数功能：使数据按降序排序
249 int Descending(float a, float b)
250 {
251    return a > b;        //按降序排序，如果a>b，则交换
252 }
253 //函数功能：交换两个结构体数据
254 void SwapStruct(STU *x, STU *y)
255 {
256    STU t;
257    t = *x;
258    *x = *y;
259    *y = t;
260 }
261 //函数功能：按选择排序将数组num的元素值按从低到高排序
262 void SortbyNum(STU stu[], int n, int m)
263 {
264    int k, j;
265    for (int i=0; i<n-1; i++)
266    {
267        k = i;
268        for (j=i+1; j<n; j++)
269        {
270            if (stu[j].num < stu[k].num)
271            {
272                k = j;
273            }
274        }
275        if (k != i)
276        {
277            SwapStruct(&stu[i], &stu[j]);      //交换两个结构体数组元素
278        }
279    }
280 }
281 //函数功能：交换排序实现字符串按字典顺序排序
282 void SortbyName(STU stu[], int n, int m)
283 {
284    for (int i=0; i<n-1; i++)
285    {
286        for (int j = i+1; j<n; j++)
287        {
288            if (strcmp(stu[j].name, stu[i].name) < 0)
```

```
289             {
290                 SwapStruct(&stu[i], &stu[j]);    //交换两个结构体数组元素
291             }
292         }
293     }
294 }
295 //函数功能：按学号查找学生信息，若找到则返回下标，否则返回-1
296 int SearchNumber(STU stu[], int n, int m, long number)
297 {
298     for (int i=0; i<n; i++)
299     {
300         if (stu[i].num == number)
301         {
302             return i;
303         }
304     }
305     return -1;
306 }
307 //函数功能：按学号查找学生信息，并输出查找结果
308 void SearchbyNum(STU stu[], int n, int m)
309 {
310     long  number;
311     printf("Input the number you want to search:");
312     scanf("%ld", &number);
313     int pos = SearchNumber(stu, n, m, number);
314     if (pos != -1)
315     {
316         printf("%ld\t%s\t", stu[pos].num, stu[pos].name);
317         for (int j=0; j<m; j++)
318         {
319             printf("%.0f\t", stu[pos].score[j]);
320         }
321         printf("%.0f\t%.0f\n", stu[pos].sum, stu[pos].aver);
322     }
323     else
324     {
325         printf("\nNot found!\n");
326     }
327 }
328 //函数功能：按学号查找学生信息，若找到则返回下标，否则返回-1
329 int SearchName(STU stu[], int n, int m, char name[])
330 {
331     for (int i=0; i<n; i++)
332     {
333         if (strcmp(stu[i].name, name) == 0)
334         {
335             return i;
336         }
337     }
338     return -1;
339 }
340 //函数功能：按姓名的字典顺序排出成绩表
341 void SearchbyName(STU stu[], int n, int m)
342 {
343     char x[MAX_LEN];
344     printf("Input the name you want to search:");
```

```
345        scanf("%s", x);
346        int pos = SearchName(stu, n, m, x);
347        if (pos != -1)
348        {
349            printf("%ld\t%s\t", stu[pos].num, stu[pos].name);
350            for (int j=0; j<m; j++)
351            {
352                printf("%.0f\t", stu[pos].score[j]);
353            }
354            printf("%.0f\t%.0f\n", stu[pos].sum, stu[pos].aver);
355        }
356        else
357        {
358            printf("\nNot found!\n");
359        }
360  }
361  //函数功能：统计各分数段的学生人数及所占的百分比
362  void StatisticAnalysis(STU stu[], int n, int m)
363  {
364        int  t[6];
365        for (int j=0; j<m; j++)
366        {
367            printf("For course %d:\n", j+1);
368            memset(t, 0, sizeof(t));        //将数组 t 的全部元素初始化为 0
369            for (int i=0; i<n; i++)
370            {
371                if (stu[i].score[j] >= 0 && stu[i].score[j] < 60)
372                    t[0]++;
373                else if (stu[i].score[j] < 70)
374                    t[1]++;
375                else if (stu[i].score[j] < 80)
376                    t[2]++;
377                else if (stu[i].score[j] < 90)
378                    t[3]++;
379                else if (stu[i].score[j] < 100)
380                    t[4]++;
381                else if (stu[i].score[j] == 100)
382                    t[5]++;
383            }
384            for (int i=0; i<=5; i++)
385            {
386                if (i == 0)
387                {
388                    printf("<60\t%d\t%.2f%%\n", t[i], (float)t[i]/n*100);
389                }
390                else if (i == 5)
391                {
392                    printf("%d\t%d\t%.2f%%\n", (i+5)*10, t[i], (float)t[i]/n*100);
393                }
394                else
395                {
396                    printf("%d-%d\t%d\t%.2f%%\n",
397                           (i+5)*10, (i+5)*10+9, t[i], (float)t[i]/n*100);
398                }
399            }
400        }
401  }
```

```
402    //函数功能：输出学生成绩
403    void PrintScore(STU stu[], int n, int m)
404    {
405        for (int i=0; i<n; i++)
406        {
407            printf("%ld\t%s\t", stu[i].num, stu[i].name);
408            for (int j=0; j<m; j++)
409            {
410                printf("%.0f\t", stu[i].score[j]);
411            }
412            printf("%.0f\t%.0f\n", stu[i].sum, stu[i].aver);
413        }
414    }
415    //函数功能：输出 n 个学生的学号、姓名及 m 门课程的成绩到文件 student.txt 中
416    void WritetoFile(char fileName[], STU stu[], int n, int m)
417    {
418        FILE *fp;
419        if ((fp = fopen(fileName,"w")) == NULL)
420        {
421            printf("Failure to open %s!\n", fileName);
422            exit(0);
423        }
424        fprintf(fp, "%d\t%d\n", n, m);        //将学生人数和课程门数写入文件
425        for (int i=0; i<n; i++)
426        {
427            fprintf(fp, "%10ld%10s", stu[i].num, stu[i].name);
428            for (int j=0; j<m; j++)
429            {
430                fprintf(fp, "%10.0f", stu[i].score[j]);
431            }
432            fprintf(fp, "%10.0f%10.0f\n", stu[i].sum, stu[i].aver);
433        }
434        fclose(fp);
435    }
436    //从文件中读取学生的学号、姓名及成绩等信息写入结构体数组 stu 中
437    void ReadfromFile(char fileName[], STU stu[], int *n, int *m)
438    {
439        FILE *fp;
440        if ((fp = fopen(fileName,"r")) == NULL)
441        {
442            printf("Failure to open %s!\n", fileName);
443            exit(0);
444        }
445        fscanf(fp, "%d\t%d", n, m);            // 从文件中读出学生人数和课程门数
446        for (int i=0; i<*n; i++)               //学生人数保存在 n 指向的存储单元
447        {
448            fscanf(fp, "%10ld", &stu[i].num);
449            fscanf(fp, "%10s", stu[i].name);
450            for (int j=0; j<*m; j++)//课程门数保存在 m 指向的存储单元
451            {
452                fscanf(fp, "%10f", &stu[i].score[j]); //输入不能指定精度，不能用%10.0f
453            }
454            fscanf(fp, "%10f%10f", &stu[i].sum, &stu[i].aver);//不能用%10.0f
455        }
456        fclose(fp);
457    }
```

2. 螺旋矩阵生成

已知 5×5 的螺旋矩阵如下：

螺旋矩阵生成

1	2	3	4	5
16	17	18	19	6
15	24	25	20	7
14	23	22	21	8
13	12	11	10	9

请编程输出以(0,0)为起点、以数字 1 为起始数字的 $n×n$ 的螺旋矩阵。

以下是当用户输入"4"和"5"时两次运行的结果示例。

```
Input n:4↙
1    2    3    4
12   13   14   5
11   16   15   6
10   9    8    7
Input n:5↙
1    2    3    4    5
16   17   18   19   6
15   24   25   20   7
14   23   22   21   8
13   12   11   10   9
```

【分析】第一种思路：控制走过指定的圈数，即按圈赋值。对于 $n×n$ 的螺旋矩阵，一共需要走过的圈数为(n+1)/2。首先根据输入的阶数 n，判断需要用几圈生成螺旋矩阵。然后在每一圈中再设置 4 个循环，生成每一圈的上、下、左、右 4 个方向的数字，直到每一圈都生成完毕为止。n 为奇数的情况下，最后一圈有 1 个数；n 为偶数的情况下，最后一圈有 4 个数。

第二种思路：控制走过指定的格子数。首先根据输入的阶数，判断需要生成多少个数字。然后在每一圈中再设置 4 个循环，生成每一圈的上、下、左、右 4 个方向的数字，直到每一圈都生成完毕为止（奇数情况下最后一圈有 1 个数，$i=j$）。以 5×5 的螺旋矩阵为例，第一圈一共走的格子数是 16=4×4，即生成 4×4=16 个数字，起点是（0，0），右边界是 4，下边界是 4，先向右走 4 个格子，然后向下走 4 个格子，再向左走 4 个格子，向上走 4 个格子回到起点。第二圈一共走的格子数是 8=2×4，即生成 2×4=8 个数字，起点是（1，1），右边界是 3，下边界是 3，向右走 2 个格子，然后向下走 2 个格子，再向左走 2 个格子，再向上走 2 个格子回到起点。第三圈一共走的格子数是 1=1×1，起点是（2，2），右边界 2，下边界是 2，起点在边界上，表明此时只剩一个点，直接走完这个点即可退出。

方法 1　基于控制走过指定的圈数，非递归实现的参考程序如下：

```
1    #include<stdio.h>
2    #include <stdlib.h>
3    #define N 10
4    void PrintArray(int a[][N], int n);
5    void SetArray(int a[][N], int n);
6    int main(void)
7    {
8        int a[N][N], n;
9        printf("Input n:");
10       scanf("%d", &n);
11       SetArray(a, n);
12       PrintArray(a, n);
13       return 0;
```

```
14      }
15      //函数功能：通过控制走过指定的圈数，生成 n×n 螺旋矩阵
16      void SetArray(int a[][N], int n)
17      {
18          int m, k, level, len = 1;
19          level = n>0 ? (n+1)/2 : -1;
20          for (m=0; m<level; ++m)
21          {
22              //top
23              for(k=m; k<n-m; ++k)
24              {
25                  a[m][k] = len++;
26              }
27              //right
28              for(k=m+1; k<n-m-1; ++k)
29              {
30                  a[k][n-m-1] = len++;
31              }
32              //bottom
33              for(k=n-m-1; k>m; --k)
34              {
35                  a[n-m-1][k] = len++;
36              }
37              //left
38              for(k=n-m-1; k>m; --k)
39              {
40                  a[k][m] = len++;
41              }
42          }
43      }
44      //函数功能：输出 n×n 矩阵 a
45      void PrintArray(int a[][N], int n)
46      {
47          for (int i=0; i<n; ++i)
48          {
49              for (int j=0; j<n; ++j)
50              {
51                  printf("%d\t", a[i][j]);
52              }
53              printf("\n");
54          }
55      }
```

方法 2　基于控制走过指定的圈数，递归实现的参考程序如下：

```
1       #include<stdio.h>
2       #include <stdlib.h>
3       #define N 10
4       void PrintArray(int a[][N], int n);
5       void SetArray(int a[][N], int n);
6       int main(void)
7       {
8           int a[N][N], n;
9           printf("Input n:");
10          scanf("%d", &n);
11          SetArray(a, n);
12          PrintArray(a, n);
13          return 0;
14      }
15      //函数功能：通过控制走过指定的圈数，递归生成 n×n 螺旋矩阵
16      void SetArray(int a[][N], int n)
```

```
17  {
18      int k, level;
19      static int m = 0, len = 1;
20      level = n>0 ? (n+1)/2 : -1;
21      if (m >= level) return;
22      else
23      {
24          //top
25          for(k=m; k<n-m; ++k)
26          {
27              a[m][k] = len++;
28          }
29          //right
30          for(k=m+1; k<n-m-1; ++k)
31          {
32              a[k][n-m-1] = len++;
33          }
34          //bottom
35          for(k=n-m-1; k>m; --k)
36          {
37              a[n-m-1][k] = len++;
38          }
39          //left
40          for(k=n-m-1; k>m; --k)
41          {
42              a[k][m] = len++;
43          }
44          m++;
45          SetArray(a, n);
46      }
47  }
48  //函数功能：输出 n×n 矩阵 a
49  void PrintArray(int a[][N], int n)
50  {
51      for (int i=0; i<n; ++i)
52      {
53          for (int j=0; j<n; ++j)
54          {
55              printf("%d\t", a[i][j]);
56          }
57          printf("\n");
58      }
59  }
```

方法3 控制走过指定的格子数，非递归实现的参考程序如下：

```
1   #include<stdio.h>
2   #include <stdlib.h>
3   #define N 10
4   void PrintArray(int a[][N], int n);
5   void SetArray(int a[][N], int n);
6   int main(void)
7   {
8       int a[N][N], n;
9       printf("Input n:");
10      scanf("%d", &n);
11      SetArray(a, n);
12      PrintArray(a, n);
13      return 0;
14  }
15  //函数功能：通过控制走过指定的格子数，生成 n×n 螺旋矩阵
```

```
16    void SetArray(int a[][N], int n)
17    {
18        int start=0, border=n-1, k, m=1, len=1;
19        while (m <= n*n)
20        {
21            if (start > border) return;
22            else if (start == border)
23            {
24                a[start][start] = len;
25                return ;
26            }
27            else
28            {
29                //top
30                for (k=start; k<=border-1; ++k)
31                {
32                    a[start][k] = len++;
33                    m++;
34                }
35                //right
36                for (k=start; k<=border-1; ++k)
37                {
38                    a[k][border] = len++;
39                    m++;
40                }
41                //bottom
42                for (k=border; k>=start+1; --k)
43                {
44                    a[border][k] = len++;
45                    m++;
46                }
47                //left
48                for (k=border; k>=start+1; --k)
49                {
50                    a[k][start] = len++;
51                    m++;
52                }
53                start++;
54                border--;
55            }
56        }
57    }
58    //函数功能：输出 n×n 矩阵 a
59    void PrintArray(int a[][N], int n)
60    {
61        for (int i=0; i<n; ++i)
62        {
63            for (int j=0; j<n; ++j)
64            {
65                printf("%d\t", a[i][j]);
66            }
67            printf("\n");
68        }
69    }
```

方法 4　控制走过指定的格子数，递归实现的参考程序如下：

```
1    #include<stdio.h>
2    #include <stdlib.h>
3    #define N 10
4    void PrintArray(int a[][N], int n);
```

```
5    void SetArray(int a[][N], int n, int start, int border);
6    int main(void)
7    {
8        int a[N][N], n;
9        printf("Input n:");
10       scanf("%d", &n);
11       SetArray(a, n, 0, n-1);
12       PrintArray(a, n);
13       return 0;
14   }
15   //函数功能：递归生成 n×n 螺旋矩阵
16   void SetArray(int a[][N], int n, int start, int border)
17   {
18       static int len = 1, m = 1;
19       int k;
20       if (start > border) return;
21       else if (start == border)
22       {
23           a[start][start] = len;
24           return ;
25       }
26       else
27       {
28           //top
29           for (k=start; k<=border-1; ++k)
30           {
31               a[start][k] = len++;
32               m++;
33           }
34           //right
35           for (k=start; k<=border-1; ++k)
36           {
37               a[k][border] = len++;
38               m++;
39           }
40           //bottom
41           for (k=border; k>=start+1; --k)
42           {
43               a[border][k] = len++;
44               m++;
45           }
46           //left
47           for (k=border; k>=start+1; --k)
48           {
49               a[k][start] = len++;
50               m++;
51           }
52           start++;
53           border--;
54           SetArray(a, n, start, border);
55       }
56   }
57   //函数功能：输出 n×n 矩阵 a
58   void PrintArray(int a[][N], int n)
59   {
60       for (int i=0; i<n; ++i)
61       {
62           for (int j=0; j<n; ++j)
63           {
64               printf("%d\t", a[i][j]);
65           }
```

```
66          printf("\n");
67      }
68  }
```

思考题：请修改上述代码，以任意数字为起始数字开始输出 $n×n$ 的螺旋矩阵，并且显示出每个数字依次写入矩阵的过程。

3. 幸运大抽奖

【实验任务和要求】请编写一个幸运抽奖程序，从文件中读取抽奖者的名字和手机号信息，从键盘输入奖品数量 n，然后循环向屏幕输出抽奖者的信息，按任意键后清屏并停止循环输出，仅输出一位中奖者信息，从抽奖者中随机抽取 n 个幸运中奖者后结束程序的运行，要求已抽中的中奖者不能重复抽奖。

假设保存抽奖者信息的文本文件中每一行代表一位抽奖者的信息，每一行的格式：

```
鲁智深12345678989
```

【问题分析】检测是否有键盘输入可以用在头文件 conio.h 中定义的函数 kbhit()，该函数在用户有键盘输入时返回 1(真)，否则返回 0(假)，按任意键暂停可用 getchar(); 或 system("pause");可以定义一个标志变量来记录每位参与抽奖者是否已经中奖，仅当标志变量为 0 的抽奖者才有可能被抽中，一旦已经中奖，则将该抽奖者的标志变量标记为 1。为此，需要定义下面的结构体类型：

幸运大抽奖

```
typedef struct
{
    char name[SIZE];        //抽奖者信息，包括姓名和手机号
    short flag;             //标志是否被抽中过
}LUCKY;
```

参考程序：

```
1   #include <stdio.h>
2   #include <string.h>
3   #include <conio.h>
4   #include <stdlib.h>
5   #define NO 120
6   #define SIZE 20
7   typedef struct
8   {
9       char name[SIZE];
10      short flag;
11  }LUCKY;
12  int ReadFromFile(char fileName[], LUCKY msg[]);
13  void PrizeDraw(LUCKY msg[], int total, int prizesNum);
14  int main(void)
15  {
16      LUCKY msg[NO];
17      char fileName[SIZE];
18      printf("Input FileName:");
19      scanf("%s", fileName);
20      int total = ReadFromFile(fileName, msg);
21      printf("总计%d名学生\n", total);
22      int prizesNum;
23      do {
24          printf("请输入小于等于学生人数的奖品数量: ");
25          scanf("%d", &prizesNum);
26      }while (prizesNum > total);
27      printf("嘘，小声点，抽奖马上开始啦...");
28      system("pause");//冻结屏幕
```

```
29        PrizeDraw(msg, total, prizesNum);
30        system("pause");
31        return 0;
32    }
33    int ReadFromFile(char fileName[], LUCKY msg[])
34    {
35        FILE *fp = fopen(fileName, "r");
36        if (fp == NULL)
37        {
38            printf("can not open file %s\n", fileName);
39            return 1;
40        }
41        int i = 0;
42        while(fgets(msg[i].name, sizeof(msg[i].name), fp))
43        {
44            i++;
45        }
46        fclose(fp);
47        return i;
48    }
49    void PrizeDraw(LUCKY msg[], int total, int prizesNum)
50    {
51        for (int i=0; i<total; i++)
52        {
53          msg[i].flag = 0;//标志都没有被抽过
54        }
55        int i = 0;
56        int j = 0;
57        int k;
58        while (j != prizesNum) //奖品尚未抽完，则继续循环
59        {
60          k = i % total;        //确保循环显示抽奖者信息
61          if (kbhit() && msg[k].flag == 0)//当有按键，并且第k个人也没有被抽过
62          {
63              j++;              //计数器记录已中奖人数
64              system("cls");//清屏
65              printf("哇塞! 你好幸运啊! \n%d:%s", j, msg[k].name);
66              msg[k].flag = 1;//标志其已经被抽过
67              system("pause");//等待用户按任意键，以回车符结束输入
68          }
69          else
70          {
71              printf("%s", msg[k].name); //若没有检测到按键，则循环显示抽奖者信息
72          }
73          i++;
74        }
75        printf("哈哈，奖品抽完啦^-^\n");
76    }
```

请读者自己在电脑上运行此程序，观察程序运行结果。

4. 文本文件中的词频统计

【实验任务和要求】

对文本文件中的关键词进行统计，并将统计结果保存到另一个文本文件中。

在新时代，我国建成了世界上的高速铁路网、高速公路网，水利、能源、信息等基础设施建设取得重大成就，在这背后，教育（education）、科技（technology）和人才（talent）事业的发展和变革发挥了至关重要的作用。现在，请读取一个文本文件中的内容，用 end 标记文件的结束，

对其中出现的 "education" "technology" "talent" 三个关键词进行统计，并将统计结果保存到另一个文本文件中。假设该文本文件的内容如下：

Education, science and technology, and human resources are the foundational and strategic pillars for building a modern socialist country in all respects. We must regard science and technology as our primary productive force, talent as our primary resource, and innovation as our primary driver of growth. We will fully implement the strategy for invigorating China through science and education, the workforce development strategy, and the innovation-driven development strategy. We will open up new areas and new arenas in development and steadily foster new growth drivers and new strengths.

end

注意：在 VS 和 CB 下需要将该文件和源代码文件放在同一个文件夹下。而在 VS Code 下需要将该文件和由源代码编译生成的.exe 文件放在同一个文件夹下，如果该文件放在了.exe 文件所在的上一级文件夹下，则用 fopen 打开文件时，应该在文件名前面加上 "..///"，例如 "..///file.txt"，告诉编译器要到.exe 可执行文件的上一级文件夹下打开该文件。

此外，为了正确统计关键词的数量，还需要将单词的首字母统一转换为小写，并且将单词后面的标点符号删去（可以采用将其改成'\0'的方式删去）。

参考程序：

```
1   #include <stdio.h>
2   #include <stdlib.h>
3   #include <string.h>
4   #include <ctype.h>
5   #define N 3    //关键字数量
6   #define M 500  //输入的句子中的字符数
7   #define LEN 30 //每个单词的最大长度
8   typedef struct key
9   {
10      char word[LEN];
11      int  count;
12  }KEY;
13  int InputFromFile(char fileName[], char token[][LEN]);
14  void OutputToFile(char fileName[], KEY keywords[], int n);
15  int IsKeyword(char s[]);
16  int BinSearch(KEY keywords[], char s[], int n);
17  void CountKeywords(char s[][LEN], int n);
18  int main(void)
19  {
20      char s[M][LEN];
21      int n = InputFromFile("file.txt", s);
22      CountKeywords(s, n);
23      return 0;
24  }
25  //函数功能：从文件中读取字符串并返回不包含"end"在内的字符串总数
26  int InputFromFile(char fileName[], char token[][LEN])
27  {
28      printf("Read from file %s:\n", fileName);
29      FILE *fp = fopen(fileName, "r");
30      if (fp == NULL)
31      {
32          printf("Cannot open file %s!\n", fileName);
```

```
33          exit(0);
34      }
35      int i = 0;
36      do{
37          fscanf(fp, "%s", token[i]);
38          i++;
39      }while (strcmp(token[i-1], "end") != 0);
40      fclose(fp);
41      printf("Read finished!\n");
42      int n = i - 1;
43      for (i = 0; i < n; i++)
44      {
45          if (isalpha(token[i][0]) && isupper(token[i][0]))
46          {
47              token[i][0] = token[i][0] + ('a' - 'A');
48          }
49          if (!isalpha(token[i][strlen(token[i])-1]))
50          {
51              token[i][strlen(token[i])-1] = '\0';
52          }
53      }
54      return n;
55  }
56  // 函数功能：输出关键词统计结果
57  void OutputToFile(char fileName[], KEY keywords[], int n)
58  {
59      printf("Write to file %s:\n", fileName);
60      FILE *fp = fopen(fileName, "w");
61      if (fp == NULL)
62      {
63          printf("Cannot open file %s!\n", fileName);
64          exit(0);
65      }
66      for (int i = 0; i < n; i++)
67      {
68          if (keywords[i].count != 0)
69          {
70              fprintf(fp, "%s:%d\n", keywords[i].word, keywords[i].count);
71          }
72      }
73      fclose(fp);
74      printf("Write finished!\n");
75  }
76  // 函数功能：判断 s 是否为指定的关键词，若是，则返回其下标；否则返回-1
77  int IsKeyword(char s[])
78  {
79      KEY keywords[N] = {{"education", 0}, {"talent", 0}, {"technology", 0}
80                  };//字符指针数组构造关键词词典以及关键词计数初始化
81      return BinSearch(keywords, s, N);        //在关键词字典中二分查找字符串 s
82  }
83  //函数功能：用二分法查找字符串 s 是否在 n 个关键词字典中
84  int BinSearch(KEY keywords[], char s[], int n)
85  {
86      int low = 0, high = n - 1, mid;
87      while (low <= high)
88      {
```

```
89        mid = low + (high - low) / 2;
90        if (strcmp(s, keywords[mid].word) > 0)
91        {
92            low = mid + 1; //在后一子表查找
93        }
94        else if (strcmp(s, keywords[mid].word) < 0)
95        {
96            high = mid - 1; //在前一子表查找
97        }
98        else
99        {
100           return mid; //返回找到的位置下标
101       }
102   }
103   return -1; //没找到
104 }
105 // 函数功能：统计二维字符数组 s 中关键字的数量存于结构体数组 keywords 的 count 成员中
106 void CountKeywords(char s[][LEN], int n)
107 {
108   KEY keywords[N] = {{"education", 0}, {"talent", 0}, {"technology", 0}
109                       };//字符指针数组构造关键字词典以及关键字计数初始化
110   for (int i = 0; i < n; i++)
111   {
112       int k = IsKeyword(s[i]);
113       if (k != -1)
114       {
115           keywords[k].count++;
116       }
117   }
118   OutputToFile("result.txt", keywords, N);
119 }
```

程序运行结果：

```
Read from file file.txt:
Read finished!
Write to file result.txt:
Write finished!
```

通过记事本来查看保存统计结果的文件内容，如果结果为

```
education:2
talent:1
technology:2
```

则表示程序运行正确。

5. 文曲星猜数游戏

【实验任务和要求】文曲星电子词典上有个经典的猜数游戏。游戏规则是这样的：文曲星内部会产生一个各位相异的 4 位数，我们对这个 4 位数字进行猜测，每次猜测后，文曲星会提示 xAyB。其中，A 前面的数字表示有几位数字不仅数字猜对了，而且位置也正确；B 前面的数字表示有几位数字猜对了，但是位置不正确。例如，文曲星内部产生的 4 位数字是 4213，我们猜 1234，则文曲星提示 1A3B，表示有 1 个数字不仅猜对了，而且还处于正确的位置，有 3 个数字虽然猜对了，但是位置不正确。当给出的提示为 4A0B 时表示用户猜数成功。图 3-3 演示了猜数时给的提示信息。

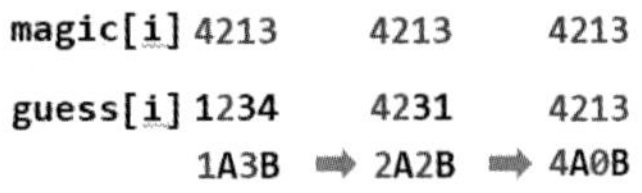

magic[i]	4213	4213	4213
guess[i]	1234	4231	4213
	1A3B ⇒	2A2B ⇒	4A0B

图 3-3　演示猜数时给的提示信息

现在，请编程模拟文曲星上的猜数游戏，先由计算机随机生成一个各位相异的 4 位数字，最多允许用户猜的次数由用户从键盘输入。用户每猜一次，就根据用户猜测的结果给出提示"xAyB"。如果完全猜对，则提示"Congratulations!"；如果在规定次数以内仍然猜不对，则给出提示"Sorry!"。程序结束之前，在屏幕上显示这个正确的数字。

【问题分析】用数组 magic 存储计算机随机生成的各位相异的 4 位数，用数组 guess 存储用户猜的 4 位数，对 magic 和 guess 中相同位置的元素进行比较，得到 A 前面待显示的数字，对 magic 和 guess 的不同位置的元素进行比较，得到 B 前面待显示的数字。

按照模块化设计方法，我们将该任务划分为 MakeDigit()、InputGuess()、IsRightPosition()、IsRightDigit()4 个模块，它们之间的函数调用关系如图 3-4 所示。

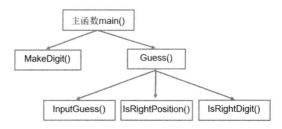

图 3-4　文曲星猜数游戏模块分解的函数调用关系

（1）计算机随机生成一个各位相异的 4 位数，保存在数组 magic 中，函数原型为
```
void MakeDigit(int magic[]);
```
（2）猜数并统计 A 和 B 前面的数字，最多猜 level 次，返回 4 表示猜数成功，函数原型为
```
int Guess(int magic[], int guess[], int level);
```
（3）输入用户猜的 4 位数，保存在数组 guess 中，函数原型为
```
int InputGuess(int guess[]);
```
（4）统计数字和位置都猜对的个数，比较 magic 和 guess 的相同位置的元素，得到 A 前面的数字，函数原型为
```
int IsRightPosition(int magic[], int guess[]);
```
（5）统计数字猜对但位置没猜对的数字个数，比较 magic 和 guess 的不同位置的元素，得到 B 前面的数字，函数原型为
```
int IsRightDigit(int magic[], int guess[]);
```
其中，计算机随机生成一个各位相异的 4 位数的算法思路：如图 3-5 所示，将 0 ~ 9 这 10 个数字顺序放入数组 a（应该定义得足够大）中，然后将其排列顺序随机打乱 10 次，取前 4 个数组元素的值，即可得到一个各位相异的 4 位数。

初始情况	0	1	2	3	4	5	6	7	8	9
第1次置乱	0	1	2	9	4	5	6	7	8	3
第2次置乱	4	1	2	9	0	5	6	7	8	3
第3次置乱	4	1	6	9	0	5	2	7	8	3

……

图 3-5　计算机随机生成一个各位相异的 4 位数的算法演示

参考程序：
```
1    #include <stdio.h>
2    #include <time.h>
3    #include <stdlib.h>
4    void MakeDigit(int magic[]);
```

```
5    int Guess(int magic[], int guess[], int level);
6    int InputGuess(int guess[]);
7    int IsRightPosition(int magic[], int guess[]);
8    int IsRightDigit(int magic[], int guess[]);
9    //主函数
10   int main(void)
11   {
12       int magic[10];                 //记录计算机所想的数
13       int guess[4];                  //记录用户猜的数
14       int level;                     //打算最多可以猜的次数
15       MakeDigit(magic);              //随机生成一个各位相异的 4 位数
16       //下面语句在程序调试时将注释打开，有助于程序排错
17       //printf("%d%d%d%d\n", magic[0], magic[1], magic[2], magic[3]);
18       printf("How many times do you want to guess?");
19       scanf("%d", &level);
20       if (Guess(magic, guess, level) == 4)
21       {
22           printf("Congratulations!\n");
23       }
24       else
25       {
26           printf("Sorry!\n");
27       }
28       printf("Correct answer is:%d%d%d%d\n", magic[0], magic[1],
29                                              magic[2], magic[3]);
30       return 0;
31   }
32   //函数功能：随机生成一个各位相异的 4 位数
33   void MakeDigit(int magic[])
34   {
35       int j, k, temp;
36       srand(time(NULL));
37       for (j=0; j<10; j++)
38       {
39           magic[j] = j;
40       }
41       for (j=0; j<10; j++)
42       {
43           k = rand() % 10;
44           temp = magic[j];
45           magic[j]  = magic[k];
46           magic[k] = temp;
47       }
48   }
49   //函数功能：猜数并统计 A 和 B 前面的数字，最多猜 level 次，返回 4 表示猜数成功
50   int Guess(int magic[], int guess[], int level)
51   {
52       int count = 0;               //记录已经猜的次数并初始化为 0
53       int rightDigit = 0;          //猜对的数字个数
54       int rightPosition = 0; //数字和位置都猜对的个数
55       do
56       {
57           printf("\nNo.%d of %d times\n", count + 1, level);
58           printf("Input your guess:\n");
59           //输入猜的数，保存在数组 b 中，返回 0 表示输入错误
```

```
60          if (InputGuess(guess) == 0)
61          {
62              continue;
63          }
64          count++;
65          //统计数字和位置都猜对的个数
66          rightPosition = IsRightPosition(magic, guess);
67          //统计用户猜对的数字个数
68          rightDigit = IsRightDigit(magic, guess);
69          //统计数字猜对但位置没猜对的个数
70          rightDigit = rightDigit - rightPosition;
71          printf("%dA%dB\n", rightPosition, rightDigit);
72      }while (count < level && rightPosition != 4);
73      return rightPosition;
74  }
75  //函数功能：输入用户猜的数，保存在数组 b 中
76  int InputGuess(int guess[])
77  {
78      int i, ret = 1;
79      for (i=0; i<4; i++)
80      {
81          ret = scanf("%1d", &guess[i]);
82          if (ret != 1)                    //如果输入非法数字字符
83          {
84              printf("Input Error!\n");
85              while (getchar() != '\n');    //清除输入缓冲区中的内容
86              return 0;
87          }
88      }
89      if (guess[0] == guess[1] || guess[0] == guess[2] ||
90          guess[0] == guess[3] || guess[1] == guess[2] ||
91          guess[1] == guess[3] || guess[2] == guess[3])
92      {
93          printf("The numbers must be different from each other!\n");
94          return 0;
95      }
96      else
97      {
98          return 1;
99      }
100 }
101 //函数功能：统计计算机随机生成的 guess 和用户猜测的 magic 数字和位置都一致的个数
102 int IsRightPosition(int magic[], int guess[])
103 {
104     int  rightPosition = 0;
105     int j;
106     for (j=0; j<4; j++)
107     {
108         if (guess[j] == magic[j])         //统计数字和位置都猜对的个数
109         {
110             rightPosition++;
111         }
112     }
113     return rightPosition;
114 }
```

```
115  //函数功能：统计 guess 和 magic 数字一致（不考虑位置是否一致）的个数
116  int IsRightDigit(int magic[], int guess[])
117  {
118      int  rightDigit = 0;
119      int j, k;
120      for (j=0; j<4; j++)
121      {
122          for (k=0; k<4; k++)
123          {
124              if (guess[j] == magic[k])        //统计用户猜对的数字个数
125              {
126                  rightDigit++;
127              }
128          }
129      }
130      return rightDigit;
131  }
```

赶快来试试吧，看看你能否在六步之内完全猜中。

6. 飞机大战游戏

6.1 飞机大战游戏初级版

【实验任务和要求】请编写一个初级版的飞机大战游戏。游戏设计要求如下。

（1）在游戏窗口中显示我方飞机和敌机，敌机的位置随机产生。

（2）用户使用 a、d、w、s 键控制我方飞机向左、向右、向上、向下移动。

（3）用户使用空格键发射激光子弹，如图 3-6 所示。

（4）在没有用户按键操作的情况下，敌机自行下落，为控制
敌机向下移动的速度，每隔 10 次循环才向下移动一次敌机。

（5）如果用户发射的激光子弹击中敌机，则敌机消失，同时
随机产生新的敌机，每击中一架敌机就给游戏者加 1 分，如果敌
机跑出游戏画面，则敌机消失，同时随机产生新的敌机，每跑出
游戏画面一架敌机就给游戏者减 1 分。

（6）如果我方飞机撞到敌机，则游戏结束。

【问题分析】按照自顶向下的模块化设计方法设计游戏，主要
包括数据的初始化模块 Initialize()、显示游戏画面模块 Show()、
与用户输入无关的更新模块 UpdateWithoutInput()、与用户输入有
关的更新模块 UpdateWithInput()，如图 3-7 所示。

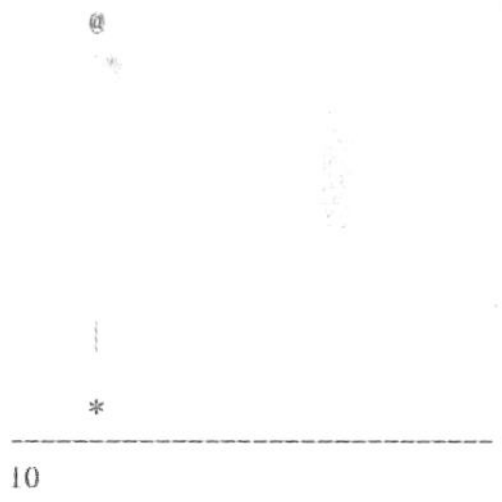

图 3-6 使用空格键发射激光子弹

图 3-7 飞机大战游戏的功能模块分解图

其中，数据的初始化模块 Initialize()，设定游戏池的宽和高，以及飞机、敌机和子弹的初始位置。
显示游戏画面模块 Show()，负责更新每一帧的游戏画面，在游戏窗口中显示我方飞机和敌机。

与用户输入无关的更新模块 UpdateWithoutInput()，负责在没有用户按键操作的情况下，让敌

机自行下落，为控制敌机向下移动的速度，每隔 10 次循环才向下移动一次敌机，同时判断子弹是否击中敌机。若子弹击中敌机，则敌机消失，给游戏者加 1 分，并在屏幕顶端随机产生新的敌机；若敌机跑出屏幕下边界，则给游戏者减 1 分，并在屏幕顶端随机产生新的敌机；若我方飞机撞上敌机，则游戏结束。

与用户输入有关的更新模块 UpdateWithInput()，负责检测是否有键盘输入，若有键盘输入，且用户输入的键是 w 或 s 或 a 或 d，则分别向上、向下、向左、向右移动飞机，若用户输入的是空格键，则发射子弹，发射子弹的初始位置在飞机的正上方。

注意：屏幕的坐标与数学上的坐标系是不一样的，屏幕坐标系的坐标原点位于屏幕的左上角点，对于屏幕上的任意一点(x,y)，其坐标 x 代表行的方向，即垂直方向，因此纵轴是 x，而坐标 y 代表列的方向，即水平方向，因此横轴是 y。这就意味着，向左移动是将 y 减去 1，向右移动是将 y 加上 1，向上移动是将 x 减去 1，向下移动是将 x 加上 1，屏幕坐标系的设置及其坐标值的变化如图 3-8 所示。

假设我方飞机当前位置坐标为(x,y)，则当用户按下 a 键表示左移，即 y 坐标减 1；按下 d 键表示右移，即 y 坐标加 1；按下 w 键表示上移，即 x 坐标减 1；按下 s 键表示下移，即 x 坐标加 1。

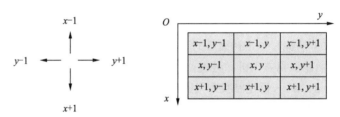

图 3-8　屏幕坐标系的设置及其坐标值的变化

在编写具有动画效果的游戏程序时，通常会用到清屏和延时操作，根据用户的键盘输入而改变屏幕上物体运动的位置或方向，在更新屏幕画面之前，需要清除原有的画面（即清屏），在显示新的画面时，为了降低屏幕图形快速变化而导致的闪烁现象，需要让图形在屏幕上停留几秒钟的时间，以保证影像消失后，人眼仍能继续保留其影像，从而使得相邻帧的静止图像在显示的时候能够产生连续运动的效果。

实现清屏操作需要使用 stdlib 标准库中定义的 system()函数，该函数的功能是发出一个 DOS 命令。例如，system("cls")就是向 DOS 发送清屏指令。必须在文件中包含 stdlib.h 才能使用该函数。

实现延时操作需要使用 Sleep()函数，该函数的功能是将进程挂起一段时间。例如：Sleep(200)表示延时 200ms，在 Windows 系统中使用这个函数需要包含头文件 windows.h。

注意：标准 C 语言中定义的这个函数的首字母是小写的，但在 Code::Blocks 和 Visual Studio 下是大写的。

根据以上分析，主函数在完成初始化操作后，需要循环执行如下操作：

```
while (1)
{
    system("cls");          //清屏
    Show();                 //显示游戏画面
    UpdateWithoutInput();   //与用户输入无关的更新
    UpdateWithInput();      //与用户输入有关的更新
    Sleep(10);              //防止闪烁，并控制画面更新速度
}
```

函数 UpdateWithInput()是与用户输入有关的更新，在这个函数中，需要检测用户是否有键盘输

入。检测键盘是否有键被按下的函数是 kbhit()，它在检测到用户有键盘输入时返回一个非 0 值，否则返回 0。因此，在没有检测到键盘输入时 if (kbhit())后面的语句（包括等待用户键盘输入的语句）不会被执行，这样就可以避免出现用户没有键盘输入时，游戏就暂停等待用户输入的情形产生。

用于暂停程序的运行以等待用户按键并获取用户键盘输入的函数是 getch()。不同于函数 getchar()，getch()是非缓冲输入函数，无需用户按 Enter 键即可获取用户的输入，即只要用户按下一个键，getch()就立刻返回用户输入的 ASCII 码值，并且输入的字符不会回显在屏幕上，这样可以避免屏幕被用户的输入打乱。使用 kbhit()和 getch()这两个函数时，都需要包含头文件 conio.h。

根据上述分析，得到该游戏的如下参考程序：

```
1    #include <stdio.h>
2    #include <stdlib.h>
3    #include <conio.h>
4    #include <time.h>
5    #include <windows.h>
6    #define INTERVAL 10      //敌机下落的时间间隔，用于控制敌机的下落速度
7    //全局变量
8    int high, width;         //游戏画面尺寸
9    int planeX, planeY;      //飞机位置
10   int bulletX, bulletY;    //子弹位置
11   int enemyX, enemyY;      //敌机位置
12   int score;               //游戏得分
13   void Initialize(void);
14   void Show(void);
15   void UpdateWithoutInput(void);
16   void UpdateWithInput(void);
17   //主函数
18   int main(void)
19   {
20       Initialize();//数据的初始化
21       while (1)
22       {
23           system("cls");            //清屏
24           Show();                   //显示游戏画面
25           UpdateWithoutInput();     //与用户输入无关的更新
26           UpdateWithInput();        //与用户输入有关的更新
27           Sleep(10);                //防止闪烁，并控制画面更新速度
28       }
29       return 0;
30   }
31   //函数功能：数据的初始化
32   void Initialize(void)
33   {
34       high = 20;               //游戏池的高度
35       width = 30;              //游戏池的宽度
36       planeX = high / 2;       //飞机的初始纵坐标位置
37       planeY = width / 2;      //飞机的初始横坐标位置
38       bulletX = 0;             //子弹的初始纵坐标位置
39       bulletY = planeY;        //子弹的初始横坐标位置
40       enemyX = 0;              //敌机的初始纵坐标位置
41       enemyY = 15;             //敌机的初始横坐标位置
42       score = 0;               //初始的得分
43   }
44   //函数功能：显示游戏画面
45   void Show(void)
```

```
46   {
47       for (int i=0; i<high; i++)
48       {
49           for (int j=0; j<width; j++)
50           {
51               if (i == planeX && j == planeY)
52               {
53                   printf("*");  //输出飞机
54               }
55               else if (i == enemyX && j == enemyY)
56               {
57                   printf("@");  //输出敌机
58               }
59               else if (i == bulletX && j == bulletY)
60               {
61                   printf("|");  //输出子弹
62               }
63               else
64               {
65                   printf(" ");  //输出空格
66               }
67           }
68           printf("\n");
69       }
70       printf("----------------------------\n");
71       printf("%d\n", score);
72   }
73   //函数功能：与用户输入无关的更新
74   void UpdateWithoutInput(void)
75   {
76       srand(time(NULL));
77       if (bulletX > -1)
78       {
79           bulletX--;        //子弹移动，超出屏幕上边界不显示
80       }
81       if (bulletX == enemyX && bulletY == enemyY) //子弹击中敌机
82       {
83           score++;          //击中敌机，则加1分
84           enemyX = -1;      //敌机消失，隔10帧后重新出现在屏幕顶端
85           enemyY = rand() % width;//水平位置随机生成
86           bulletX = -2;//击中敌机后，不再显示子弹，即令子弹无效
87       }
88       if (enemyX > high) //敌机跑出屏幕下边界时产生新的敌机
89       {
90           enemyX = 0;
91           enemyY = rand() % width;//水平位置随机生成
92           score--;                //敌机跑出屏幕下边界，则减1分
93       }
94       if (planeX == enemyX && planeY == enemyY) //撞上敌机则游戏结束
95       {
96           printf("Game over!\n");
97           system("pause");
98           exit(0);
99       }
100      //控制敌机向下移动的速度，每隔10次循环才移动一次敌机
101      static int speed = 0;  //静态局部变量，仅初始化1次
102      if (speed < INTERVAL)
```

```
103      {
104          speed++;    //记录 UpdateWithoutInput()执行的次数
105      }
106      else if (speed == INTERVAL)
107      {
108          enemyX++;  //每执行 10 次 UpdateWithoutInput()就让敌机自动下移 1 次
109          speed = 0; //重新开始计数
110      }
111  }
112  //函数功能：与用户输入有关的更新
113  void UpdateWithInput(void)
114  {
115      char input;
116      if (kbhit())              //检测是否有键盘输入
117      {
118          input = getch();      //根据用户的不同输入移动飞机, 不必输入回车符
119          if (input == 'a') planeY--;  //左移
120          if (input == 'd') planeY++;  //右移
121          if (input == 'w') planeX--;  //上移
122          if (input == 's') planeX++;  //下移
123          if (input == ' ')   //发射子弹
124          {
125              bulletX = planeX - 1; //发射子弹的初始位置在飞机的正上方
126              bulletY = planeY;
127          }
128      }
129  }
```

需要补充说明的是，在本例中，如下几个变量：

```
int high, width;      //游戏画面尺寸
int planeX, planeY;   //飞机位置
int bulletX, bulletY; //子弹位置
int enemyX, enemyY;   //敌机位置
int score;            //游戏得分
```

会频繁地被程序中多个函数调用，大多数地方是读取它们的值，只有有限的几个地方需要修改它们的值，为了提高数据交换的效率，本例将它们定义为了全局变量。当多个函数必须共享同一个变量或者少数几个函数必须共享大量变量时，通常使用全局变量，这样可以使函数间的数据交换更容易、更高效。

此外，第 101 行还定义了一个静态局部变量：

```
static int speed = 0;
```

这个变量用于控制敌机向下移动的速度。由于主函数每次循环调用一次函数 UpdateWithoutInput()就执行一次 speed 的计数，当 speed 的值达到"10"时，主函数调用 UpdateWithoutInput()达到 10 次后，表示经过了 10 帧，此时执行一次敌机下落的操作，即

```
enemyX++;
```

同时，重新将 speed 置为 0，开始重新计数。第 101 行的变量 speed 初始化操作仅需要在第一次进入函数时执行 1 次，因此，不能将其定义为自动变量，需要利用静态局部变量的记忆功能来实现对敌机移动速度的控制。

6.2　飞机大战游戏高级版

【实验任务和要求】请在 5.1 节中的飞机大战游戏初级版程序的基础上，编写飞机大战游戏的高级版。游戏设计要求如下。

（1）在游戏窗口中显示我方飞机和多架敌机，敌机的位置随机产生。

（2）用户使用 a、d、w、s 键控制我方飞机向左、向右、向上、向下移动。

（3）用户使用空格键发射激光子弹，如图 3-9 所示。

（4）在没有用户按键操作的情况下，敌机自行下落。

（5）如果用户发射的激光子弹击中敌机，则敌机消失，同时随机产生新的敌机，每击中一架敌机就给游戏者加 1 分；如果敌机跑出游戏画面，则敌机消失，同时随机产生新的敌机，每跑出游戏画面一架敌机就给游戏者减 1 分。

（6）当游戏者的积分达到一定值（例如是 5 的倍数）时，敌机下落速度变快。

（7）当游戏者的积分达到一定值（例如是 5 的倍数）时，我方飞机发射的子弹变厉害，单束激光子弹变成多束的闪弹，如图 3-10 所示。

（8）如果我方飞机撞到敌机，则游戏结束。

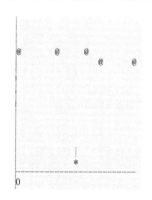

图 3-9　使用空格键发射激光子弹　　　图 3-10　单束激光子弹变成多束的闪弹

【问题分析】本例相对于 5.1 节飞机大战游戏初级版而言，划分的模块个数和每个模块的设计思路基本上没有变化，但是数据结构发生了变化，由于本例要产生多架敌机，因此引入了 enemy_x 和 enemy_y 两个一维数组，分别用于保存敌机的 x 坐标和 y 坐标。此外，还引入了一个二维数组 canvas，用于存储游戏画面中对应的元素，数组元素值为 0 时显示空格，数组元素值为 1 时显示我方飞机（用 * 表示），数组元素为 2 时显示子弹（用 | 表示），数组元素为 3 时显示敌机（用 @ 表示）。

此外，游戏达到一定积分后让敌机下落速度变快，是通过减小下落的时间间隔 EnemyMoveSpeed 来实现的。而达到一定积分后让子弹变厉害，则是通过增加子弹宽度 BulletWidth 来实现的。

用结构体实现的飞机大战游戏程序如下：

```
1   #include <stdio.h>
2   #include <stdlib.h>
3   #include <conio.h>
4   #include <time.h>
5   #include <windows.h>
6   #define High 15          //游戏画面尺寸
7   #define Width 25
8   #define EnemyNum 5       //敌机个数
9   typedef struct position
10  {
11      int x;
12      int y;
13  } POSITION;
14  //全局变量
```

```
15    POSITION planePos;//飞机位置
16    //int position_x,position_y;
17    POSITION enemyPos[EnemyNum];//EnemyNum 个敌机的位置
18    //int enemy_x[EnemyNum], enemy_y[EnemyNum]; //EnemyNum 个敌机的位置
19    //二维数组存储游戏画面中对应的元素,0 为空格,1 为飞机*,2 为子弹|,3 为敌机@
20    int canvas[High][Width] = {{0}};
21    int score;              //得分
22    int BulletWidth;        //子弹宽度
23    int EnemyMoveSpeed;     //敌机移动速度
24    void Initialize(void);
25    void Show(void);
26    void UpdateWithoutInput(void);
27    void UpdateWithInput(void);
28    int main(void)
29    {
30        Initialize();        //数据初始化
31        while (1)            //游戏循环执行
32        {
33            Show();          //显示画面
34            UpdateWithoutInput();   //与用户输入无关的更新
35            UpdateWithInput();      //与用户输入有关的更新
36        }
37        return 0;
38    }
39    //函数功能：数据初始化
40    void Initialize(void)
41    {
42        planePos.x = High-1;
43        planePos.y = Width/2;
44        //position_x = High-1;
45        //position_y = Width/2;
46        canvas[planePos.x][planePos.y] = 1;
47        for (int k=0; k<EnemyNum; k++)
48        {
49            enemyPos[k].x = rand() % 2;                    //取能被 2 整除的随机数
50            enemyPos[k].y = rand() % Width;
51            canvas[enemyPos[k].x][enemyPos[k].y] = 3;//存储游戏画面中敌机的元素
52        }
53        score = 0;
54        BulletWidth = 0;
55        EnemyMoveSpeed = 20;
56    }
57    //函数功能：显示游戏画面
58    void Show(void)
59    {
60        system("cls");
61        for (int i=0; i<High; i++)
62        {
63            for (int j=0; j<Width; j++)
64            {
65                if (canvas[i][j] == 0)
66                {
67                    printf(" "); //输出空格
68                }
69                else if (canvas[i][j] == 1)
```

```
70              {
71                  printf("*"); //输出飞机*
72              }
73              else if (canvas[i][j] == 2)
74              {
75                  printf("|"); //输出子弹|
76              }
77              else if (canvas[i][j] == 3)
78              {
79                  printf("@"); //输出敌机@
80              }
81          }
82          printf("\n");
83      }
84      printf("%d\n",score);
85      Sleep(20); //程序会停在那行20ms，然后继续
86  }
87  //函数功能：与用户输入无关的更新
88  void UpdateWithoutInput(void)
89  {
90      int i, j, k;
91      srand(time(NULL));
92      for (i=0; i<High; i++)
93      {
94          for (j=0; j<Width; j++)
95          {
96              if (canvas[i][j] == 2) //画面中某位置发现子弹
97              {
98                  for (k=0; k<EnemyNum; k++)
99                  {
100                     if ((i==enemyPos[k].x) && (j==enemyPos[k].y))//子弹击中敌机
101                     {
102                         score++;                  //分数加1
103                         if (score%5==0&&EnemyMoveSpeed>3)//达到一定积分后敌机变快
104                         {
105                             EnemyMoveSpeed--;     //减小下落的时间间隔让敌机下落速度变快
106                         }
107                         if (score%5 == 0)         //达到一定积分后，子弹变厉害
108                         {
109                             BulletWidth++;
110                         }
111                         canvas[enemyPos[k].x][enemyPos[k].y] = 0;//敌机消失
112                         enemyPos[k].x = rand() % 2;           //随机产生新的敌机
113                         enemyPos[k].y = rand() % Width;
114                         //记录新产生的敌机在画面中的位置
115                         canvas[enemyPos[k].x][enemyPos[k].y] = 3;
116                         canvas[i][j] = 0;   //子弹消失
117                     }
118                 }
119                 //子弹向上移动
120                 canvas[i][j] = 0;          //原位置上的子弹消失
121                 if (i > 0)
122                 {
123                     canvas[i-1][j] = 2;    //子弹向上移动到新的位置，记录子弹的位置
124                 }
125             }
```

```
126            }
127        }
128        static int speed = 0;//静态变量 speed, 初始值是 0
129        if (speed < EnemyMoveSpeed) //计数器小于阈值继续计数, 等于阈值才让敌机下落
130        {
131            speed++;
132        }
133        if (speed == EnemyMoveSpeed)
134        {
135            // 敌机下落
136            for (k=0; k<EnemyNum; k++)
137            {
138                canvas[enemyPos[k].x][enemyPos[k].y] = 0;//原位置上的敌机消失变为空格
139                enemyPos[k].x++; //敌机下落
140                speed = 0;      //计数器恢复为 0, 从新开始计数
141                canvas[enemyPos[k].x][enemyPos[k].y] = 3;//记录新产生的敌机的位置
142            }
143        }
144        //speed 相当于一个计数器, EnemyMoveSpeed 相当于一个阈值
145        //每隔 EnemyMoveSpeed 下落一次, EnemyMoveSpeed 越小下落的时间间隔越短, 相当于速度越快
146        for (k=0; k<EnemyNum; k++)
147        {
148            if ((planePos.x==enemyPos[k].x)&&(planePos.y==enemyPos[k].y))//撞到我机
149            {
150                printf("Game over!\n");
151                Sleep(3000);
152                system("pause");           //等待用户按一个键, 然后返回
153                exit(0);
154            }
155            if (enemyPos[k].x >= High)    //敌机跑出显示屏幕
156            {
157                enemyPos[k].x = rand() % 2;             //随机产生新的敌机
158                enemyPos[k].y = rand() % Width;
159                canvas[enemyPos[k].x][enemyPos[k].y] = 3; //记录新产生的敌机的位置
160                score--;  //减分
161            }
162        }
163    }
164    //函数功能: 与用户输入有关的更新
165    void UpdateWithInput(void)
166    {
167        if (kbhit())   //判断是否有输入
168        {
169            char input = getch();  //从键盘获取用户的输入
170            if (input == 'a' && planePos.y > 0)
171            {
172                canvas[planePos.x][planePos.y] = 0;
173                planePos.y--; //位置左移
174                canvas[planePos.x][planePos.y] = 1;
175            }
176            else if (input == 'd' && planePos.y < Width-1)
177            {
178                canvas[planePos.x][planePos.y] = 0;
179                planePos.y++; //位置右移
180                canvas[planePos.x][planePos.y] = 1;
181            }
182            else if (input == 'w')
183            {
184                canvas[planePos.x][planePos.y] = 0;
```

```
185             planePos.x--;  //位置上移
186             canvas[planePos.x][planePos.y] = 1;
187         }
188         else if (input == 's')
189         {
190             canvas[planePos.x][planePos.y] = 0;
191             planePos.x++;  //位置下移
192             canvas[planePos.x][planePos.y] = 1;
193         }
194         else if (input == ' ')   //发射子弹
195         {
196             int left = planePos.y - BulletWidth; //子弹增加，向左边扩展
197             int right = planePos.y + BulletWidth;//子弹增加，向右边扩展
198             if (left < 0)   //子弹左边界超出画面左边界
199             {
200                 left = 0;
201             }
202             if (right > Width-1)//子弹右边界超出画面右边界
203             {
204                 right = Width - 1;
205             }
206             for (int k=left; k<=right; k++)    //发射闪弹
207             {
208                 canvas[planePos.x-1][k] = 2;    //发射子弹的初始位置在飞机的正上方
209             }
210         }
211     }
212 }
```

7. 迷宫游戏

7.1 迷宫游戏初级版

迷宫游戏

请编程从文件中读取迷宫地图，先读取迷宫地图的行数和列数，然后读取指定行数和列数的迷宫地图，用二维数组保存该迷宫地图。其中，1代表该位置不可达（即障碍物、墙壁或者边界），0代表该位置可达（即路），2表示游戏者的初始位置。显示迷宫地图时，用*代表该位置不可达，用空格代表该位置可达，用 O 表示游戏者的初始位置。如图 3-11 所示，用户从键盘输入迷宫的入口（即游戏者的初始位置）和出口坐标位置，采用人机交互的方式走迷宫，即找到一条从入口到达出口的通路。

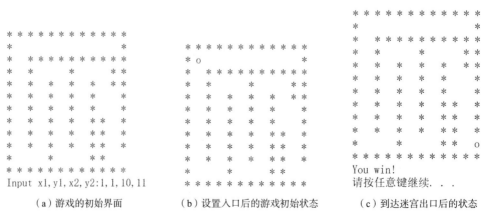

| （a）游戏的初始界面 | （b）设置入口后的游戏初始状态 | （c）到达迷宫出口后的状态 |

图 3-11　迷宫游戏示例

参考程序：

```
1    #include <stdio.h>
2    #include <conio.h>
3    #include <windows.h>
4    #define N 50
5    #define M 50
6    void ShowMap(int a[][M], int n, int m);
7    void UpdateWithInput(int a[][M], int n, int m, int x, int y,
8                                     int exitX, int exitY);
9    void ReadMazeFile(int a[][M], int *n, int *m);
10   int main(void)
11   {
12       int a[N][N];             //存储迷宫地图
13       int n, m;                //迷宫地图的行数和列数
14       int x1, y1, x2, y2;      //迷宫的入口坐标和出口坐标
15       ReadMazeFile(a, &n, &m);         //从文件读取迷宫地图
16       ShowMap(a, n, m);                //显示迷宫地图
17       printf("Input x1,y1,x2,y2:");
18       scanf("%d,%d,%d,%d", &x1, &y1, &x2, &y2);      //输入迷宫入口和出口
19       UpdateWithInput(a, n, m, x1, y1, x2, y2);      //更新迷宫地图
20       system("PAUSE");     //冻结屏幕，待看清楚输出结果后，按任意键结束
21       return 0;
22   }
23   //函数功能：显示 n 行 m 列的迷宫地图
24   void ShowMap(int a[][M], int n, int m)
25   {
26       for (int i=0; i<n; ++i)
27       {
28           for (int j=0; j<m; ++j)
29           {
30               if (a[i][j] == 0)
31               {
32                   printf("  ");
33               }
34               else if (a[i][j] == 1)
35               {
36                   printf("* ");
37               }
38               else if (a[i][j] == 2)
39               {
40                   printf("o ");
41               }
42           }
43           printf("\n");
44       }
45   }
46   //函数功能：根据用户的输入更新迷宫地图，并判断是否到达出口
47   void UpdateWithInput(int a[][M], int n, int m, int x, int y,
48                   int exitX, int exitY)
49   {
50       char input;
51       a[x][y] = 2;                 //设置初始位置
52       system("cls");               //清屏
53       ShowMap(a, n, m);            //显示迷宫地图
54       while (x != exitX || y != exitY)
55       {
```

```
56          input = getch();
57          if (input == 'a' && a[x][y-1] != 1) //左移
58          {
59              a[x][y] = 0;        //由2改成0
60              a[x][--y] = 2;      //由0改成2
61          }
62          if (input == 'd' && a[x][y+1] != 1) //右移
63          {
64              a[x][y] = 0;
65              a[x][++y] = 2;
66          }
67          if (input == 'w' && a[x-1][y] != 1) //上移
68          {
69              a[x][y] = 0;
70              a[--x][y] = 2;
71          }
72          if (input == 's' && a[x+1][y] != 1) //下移
73          {
74              a[x][y] = 0;
75              a[++x][y] = 2;
76          }
77          system("cls");          //清屏
78          ShowMap(a, n, m);       //显示更新后的迷宫地图
79          Sleep(100);             //延时100ms
80      }
81      printf("You win!\n");
82  }
83  //函数功能: 从文件读取迷宫地图
84  void ReadMazeFile(int a[][M], int *n, int *m)
85  {
86      FILE *fp = fopen("map.txt", "r");
87      if (fp == NULL)
88      {
89          printf("can not open the file\n");
90          exit (0);
91      }
92      fscanf(fp, "%d%d", n, m);
93      for (int i=0; i<*n; i++)
94      {
95          for (int j=0; j<*m; j++)
96          {
97              fscanf(fp, "%d", &a[i][j]);
98          }
99      }
100     fclose(fp);
101 }
```

7.2 迷宫游戏中级版

请编写一个自动走迷宫的游戏，由用户输入迷宫的入口和出口坐标。

【问题分析】采用深度优先搜索和回溯算法，依次尝试向上、向下、向右、向左是否有路（即是否为空格），如果在某个方向上有路可走，则继续走下一步，否则回溯到上一步尝试另外一个方向，使用递归函数来编程实现。

参考程序：

```
1   #include <stdio.h>
2   #include <stdlib.h>
```

```
3    #include <windows.h>
4    #define N 50 //迷宫地图的最大高度（行数）
5    #define M 50 //迷宫地图的宽度（列数）
6    int flag = 0;//flag用来标志是否到达出口，为0表示未到达出口，为1表示已到达出口
7    int a[N][N]; //保存迷宫地图
8    int high;      //迷宫地图的高（行数）
9    int width;     //迷宫地图的宽（列数）
10   void Show(int a[][M], int high, int width);
11   int Go(int x, int y, int exitX, int exitY);
12   void ReadMazeFile(int a[][N], int *high, int *width);
13   int main(void)
14   {
15       int x, y, exitX, exitY; //(x,y)为入口坐标，(exitX,exitY)为出口坐标
16       ReadMazeFile(a, &high, &width);       //从文件中读取迷宫地图数据
17       Show(a, high, width);                  //显示high行width列的迷宫
18       printf("Input x1,y1,x2,y2:");
19       scanf("%d,%d,%d,%d", &x, &y, &exitX, &exitY); //输入起点和终点
20       if (Go(x, y, exitX, exitY) == 0) //采用深度优先搜索和回溯法自动走迷宫
21       {
22           printf("没有路径! \n");
23       }
24       else
25       {
26           printf("恭喜走出迷宫! \n");
27       }
28       return 0;
29   }
30   //函数功能: 从文件中读取迷宫地图数据
31   void ReadMazeFile(int a[][M], int *high, int *width)
32   {
33       FILE *fp = fopen("file.txt", "r");
34       if (fp == NULL)
35       {
36           printf("can not open the file\n");
37           exit (0);
38       }
39       fscanf(fp, "%d%d", high, width);  //先从文件中读取迷宫地图的行数和列数
40       for (int i=0; i<*high; i++)
41       {
42           for (int j=0; j<*width; j++)
43           {
44               fscanf(fp, "%d", &a[i][j]);
45           }
46       }
47       fclose(fp);
48   }
49   //函数功能: 显示high行width列的迷宫地图
50   void Show(int a[][M], int high, int width)
51   {
52       printf("    中级版迷宫游戏\n");
53       for (int i=0; i<high; ++i) //显示high行width列迷宫地图数据
54       {
55           for (int j=0; j<width; ++j)
56           {
57               printf(" ");
58               if (a[i][j] == 0)         //显示路
59               {
60                   printf(" ");
61               }
```

```
62              else if (a[i][j] == 1)    //显示墙
63              {
64                  printf("*");
65              }
66              else if (a[i][j] == 2)    //显示游戏者走过的位置
67              {
68                  printf("o");
69              }
70          }
71          printf("\n");
72      }
73  }
74  //函数功能：采用深度优先搜索和回溯法自动走迷宫
75  int Go(int x, int y, int exitX, int exitY)
76  {
77      a[x][y] = 2;                //走过的位置都标记为2，不可以再走
78      system("cls");             //清屏
79      Show(a, high, width);      //显示更新后的迷宫地图
80      Sleep(200);                //延时200ms
81      if (x == exitX && y == exitY) //到达迷宫出口位置exitX,exitY，则递归结束
82      {
83          flag = 1;
84      }
85      if (flag != 1 && a[x][y-1] == 0)      //向左有路且未到达出口，则继续走
86      {
87          Go(x, y-1, exitX, exitY);
88      }
89      if (flag != 1 && a[x][y+1] == 0)      //向右有路且未到达出口，则继续走
90      {
91          Go(x, y+1, exitX, exitY);
92      }
93      if (flag != 1 && a[x-1][y] == 0)      //向上有路且未到达出口，则继续走
94      {
95          Go(x-1, y, exitX, exitY);
96      }
97      if (flag != 1 && a[x+1][y] == 0)      //向下有路且未到达出口，则继续走
98      {
99          Go(x+1, y, exitX, exitY);
100     }
101     if (flag != 1)      //若以上四个方向均不可行，即无路可走，则回溯试探其他方向
102     {
103         a[x][y] = 0;    //回溯，走过的位置恢复为空格
104     }
105     return flag;        //在主调函数中根据返回值判断是否走出迷宫
106 }
```

假如用户输入的起点和终点坐标分别为(1,1)和(10,11)，则最终程序运行结果为

```
            中级版迷宫游戏
        * * * * * * * * * * * *
        * o * * * * * * * * * *
        * o * o o o * o o o * *
        * o * o * o * o * o * *
        * o * o * o * o * o o *
        * o * o * o * o *   o *
        * o * o * o * o * * o *
        * o * o * o * o * * o *
        * o * o * o * o * * o *
        * o o o * o o o * * o o
        * * * * * * * * * * * *
            恭喜走出迷宫！
```

7.3　迷宫游戏高级版

请编写一个随机生成迷宫地图的程序，在此地图上进行自动走迷宫。

【问题分析】采用深度优先算法随机生成迷宫地图，其基本思路：首先假设自己是一只会挖路的"地鼠"，在自己所在的位置上随机向周围的 4 个方向不停地挖路，直到任何一块区域再挖就会挖穿了为止。基于唯一道路原则，当向某个方向挖一块新的区域时，要先判断该新区域是否有挖穿的可能，如果有可能被挖穿，则需要立即停止，换个方向再挖。在没有挖穿危险的情况下，采用递归方式继续挖。

参考程序：

```
1   #include <stdio.h>
2   #include <stdlib.h>
3   #include <windows.h>
4   #include <time.h>
5   #define N 50        //迷宫地图的最大高度（行数）
6   #define M 50        //迷宫地图的宽度（列数）
7   #define ROUTE 0     //标记路
8   #define WALL  1     //标记墙
9   #define PLAYER 2    //标记游戏者
10  void InitMap(int a[][M], int high, int width);
11  void CreateMaze(int x, int y);
12  void ShowMap(int a[][M], int high, int width);
13  void Maze(int a[][M], int high, int width);
14  int Go(int x, int y, int exitX, int exitY);
15  int flag = 0;//flag用来标志是否到达出口，为0表示未到达出口，为1表示已到达出口
16  int a[N][M]; //保存迷宫地图
17  int high;       //迷宫高度（行数）
18  int width;      //迷宫宽度（列数）
19  int main(void)
20  {
21      printf("输入迷宫的高度,宽度:");
22      scanf("%d,%d", &high, &width);
23      InitMap(a, high, width);    //创建 high*width 大小的迷宫
24      ShowMap(a, high, width);    //显示 high*width 大小的迷宫
25      Maze(a, high, width);       //自动走迷宫
26      return 0;
27  }
28  //函数功能：创建一个初始的没有路的迷宫地图
29  void InitMap(int a[][M], int high, int width)
30  {
31      srand((unsigned)time(NULL));
32      //创建 high*width 大小的没有路的初始迷宫地图
33      for (int i=0; i<high; i++)
34      {
35          for (int j=0; j<width; j++)
36          {
37              a[i][j] = WALL;
38          }
39      }
40      CreateMaze(1, 1);//利用深度优先算法生成有路的迷宫
41  }
42  //函数功能：利用深度优先算法生成有路的迷宫
43  void CreateMaze(int x, int y)
44  {
```

```
45    int dis = 0;    //控制挖的距离
46    a[x][y] = ROUTE;//设置一个起点开始挖路
47    //确保 4 个方向随机
48    int direction[4][2] = {{1, 0}, {-1, 0}, {0, 1}, {0, -1}};
49    for (int i = 0; i < 4; i++)
50    {
51        int r = rand() % 4;
52        int temp = direction[0][0];
53        direction[0][0] = direction[r][0];
54        direction[r][0] = temp;
55
56        temp = direction[0][1];
57        direction[0][1] = direction[r][1];
58        direction[r][1] = temp;
59    }
60    //向 4 个方向开挖
61    for (int i=0; i<4; i++)
62    {
63        int dx = x;
64        int dy = y;
65        //控制挖的距离，由 dis 来调整大小
66        int range = 1 + (dis == 0 ? 0 : rand() % dis);
67        while (range > 0)
68        {
69            dx += direction[i][0];
70            dy += direction[i][1];
71            //排除掉回头路
72            if (a[dx][dy] == ROUTE)
73            {
74                break;
75            }
76            //判断是否挖穿路径
77            int count = 0;
78            for (int j = dx - 1; j < dx + 2; j++)
79            {
80                for (int k = dy - 1; k < dy + 2; k++)
81                {
82                    //abs(j - dx) + abs(k - dy) == 1 确保只判断九宫格的 4 个特定位置
83                    if (abs(j - dx) + abs(k - dy) == 1 && a[j][k] == ROUTE)
84                    {
85                        count++;
86                    }
87                }
88            }
89            if (count > 1)
90            {
91                break;
92            }
93            //确保不会挖穿时，前进
94            --range;
95            a[dx][dy] = ROUTE;
96        }
97        //没有挖穿危险，以此为节点递归
98        if (range <= 0)
```

```
 99             {
100                 CreateMaze(dx, dy);
101             }
102         }
103  }
104  //函数功能：显示迷宫地图
105  void ShowMap(int a[][M], int high, int width)
106  {
107      printf("        高级版迷宫游戏\n");
108      for (int i=0; i<high; ++i)  //显示 high 行 width 列迷宫地图数据
109      {
110          for (int j=0; j<width; ++j)
111          {
112              printf(" ");
113              if (a[i][j] == ROUTE)
114              {
115                  printf(" ");
116              }
117              else if (a[i][j] == WALL)
118              {
119                  printf("*");
120              }
121              else if (a[i][j] == PLAYER)
122              {
123                  printf("o");
124              }
125          }
126          printf("\n");
127      }
128  }
129  void Maze(int a[][M], int high, int width)
130  {
131      int x, y;//迷宫入口坐标
132      int exitX, exitY;//迷宫出口坐标
133      int right = 0;//入口和出口输入是否正确的标志变量
134      do{
135          right = 1;
136          printf("输入迷宫入口和出口的纵坐标和横坐标x1,y1,x2,y2:");
137          scanf("%d,%d,%d,%d", &x, &y, &exitX, &exitY);
138          if (a[x][y] == WALL)
139          {
140              printf("请重新设置起点! \n");
141              right = 0;
142          }
143          if (a[exitX][exitY] == WALL)
144          {
145              printf("请重新设置终点! \n");
146              right = 0;
147          }
148      }while (!right);
149      if (Go(x, y, exitX, exitY) == 0)  //采用深度优先搜索和回溯法自动走迷宫
150      {
151          printf("没有路径! \n");
152      }
```

```
153        else
154        {
155            printf("恭喜走出迷宫! \n");
156        }
157   }
158   //函数功能：利用深度优先搜索算法自动走迷宫
159   int Go(int x, int y, int exitX, int exitY)
160   {
161        a[x][y] = PLAYER;              //走过的位置都标记为PLAYER即2，不可以再走
162        system("cls");                 //清屏
163        ShowMap(a, high, width);       //显示更新后的迷宫地图
164        Sleep(200);                    //延时200ms
165        if (x == exitX && y == exitY) //到达迷宫出口位置exitX,exitY，则递归结束
166        {
167            flag = 1;
168        }
169        if (flag != 1 && a[x][y-1] == ROUTE)      //向左有路且未到达出口，则继续走
170        {
171            Go(x, y-1, exitX, exitY);
172        }
173        if (flag != 1 && a[x][y+1] == ROUTE)      //向右有路且未到达出口，则继续走
174        {
175            Go(x, y+1, exitX, exitY);
176        }
177        if (flag != 1 && a[x-1][y] == ROUTE)      //向上有路且未到达出口，则继续走
178        {
179            Go(x-1, y, exitX, exitY);
180        }
181        if (flag != 1 && a[x+1][y] == ROUTE)      //向下有路且未到达出口，则继续走
182        {
183            Go(x+1, y, exitX, exitY);
184        }
185        if (flag != 1)                 //若以上4个方向均不可行，即无路可走，则回溯试探其他方向
186        {
187            a[x][y] = ROUTE;           //回溯，走过的位置恢复为空格
188        }
189        return flag;                   //在主调函数中根据返回值判断是否走出迷宫
190   }
```

由于涉及随机函数，因此不同次运行会有不同的迷宫地图生成，下面给出两次的运行结果。
程序运行结果示例1：

程序运行结果示例 2：

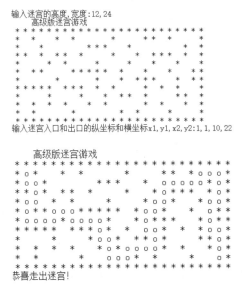

【思考题】深度优先算法生成的迷宫较为扭曲，且有一条较为明显的主路，随机 Prim 算法、递归分割算法是另外两种比较常见的迷宫地图生成算法，请读者通过查阅资料自己编写这两种算法的实现代码。

8. 贪吃蛇游戏

请编写一个图 3-12 所示的贪吃蛇游戏。游戏设计要求：

（1）游戏开始时，显示游戏窗口，窗口内的空白点用'.'表示，同时在窗口中显示贪吃蛇，蛇头用@表示，蛇身用'#'表示，游戏者按任意键开始游戏。

（2）用户使用键盘方向键↑、↓、←、→来控制蛇在游戏窗口内上、下、左、右移动。

（3）在没有用户按键操作的情况下，蛇自己沿着当前方向移动。

（4）在蛇所在的窗口内随机地显示贪吃蛇的食物，食物用'*'表示。

（5）实时更新显示蛇的长度和位置。

（6）当蛇的头部与食物在同一位置时，食物消失，蛇的长度增加一个字符'#'，即每吃到一个食物，蛇身长出一节。

（7）当蛇头撞到画面边界或蛇头撞到自己身体的任意部分时，游戏结束。

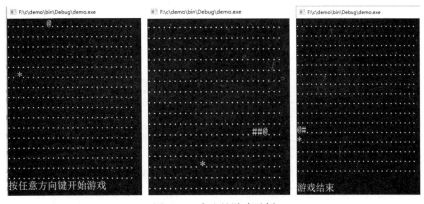

图 3-12　贪吃蛇游戏示例

【问题分析】首先设置游戏画面的高和宽分别为 H 和 L，并定义一个 $H \times L$ 大小的二维字符数组 gameMap，即

```
char gameMap[H][L];
```

使用这个二维字符数组存放游戏画面中的各元素，蛇头用@表示，蛇身用'#'表示，食物用'*'表示，空白点用'.'表示，蛇的初始长度为1。

为了保存蛇头和蛇身的数据，还要再定义一个包含蛇的位置和移动方向两个数据成员的结构体数组 Snake：

```
struct Snake
{
    int x, y; //蛇的坐标位置
    int now; //取值 0、1、2、3 分别对应左、右、上、下移动
} Snake[H*L];
```

根据题意，可以将程序划分为如下两大模块：

```
//函数功能：游戏初始化
void Initialize(void);
//函数功能：循环刷新游戏画面，直到游戏结束
void Refresh(void);
```

在循环刷新游戏画面的过程中，还需要调用以下三个模块：

```
//函数功能：检测键盘操作，接收用户键盘输入，并执行相应的操作和数据更新
void UpdateWithInput(void);
//函数功能：若用户按了方向键，则移动蛇的位置
int MoveSnake(void);
//函数功能：显示更新后的游戏画面
void ShowGameMap(void);
```

其中，在调用 MoveSnake() 的过程中，由于需要按照用户的键盘输入移动蛇的位置，这样就需要进行碰撞检测，包括检测蛇头是否撞到画面边界，或者蛇头是否撞到自己的身体，这两个碰撞检测分别由以下两个函数实现：

```
//函数功能：边界碰撞检测
int CheckBorder(void);
//函数功能：检测蛇头是否能吃掉食物或碰到自身
int CheckHead(int x, int y);
```

蛇在移动的过程中，主要分为以下两种情形：一是能够吃掉食物；二是吃不到食物，这两种情形分别对应图 3-13 的(a)和(b)。假设蛇头移动方向未右移，对于第一种情形，随着蛇头的不断右移，蛇头 Snake[0] 的位置坐标不断更新，蛇身长度不断向着移动的方向加长，原来的蛇头位置变为蛇身，注意蛇身的伸长方向朝着蛇头移动的方向。对于第二种情形，随着蛇头的不断右移，原来的蛇身也要不断右移，即用 Snake[i+1] 更新 Snake[i]，此外原来的蛇尾要恢复为背景，原来蛇头的位置要变为蛇身。

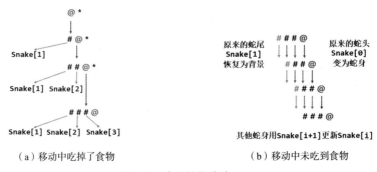

（a）移动中吃掉了食物　　　　　　　（b）移动中未吃到食物

图 3-13　贪吃蛇的移动

上述各个模块之间的函数调用关系如图 3-14 所示。

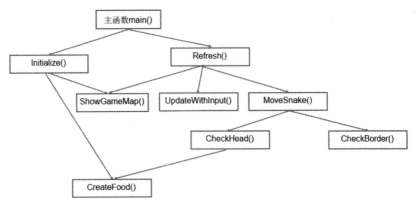

图 3-14　贪吃蛇游戏中的函数调用关系

参考程序：

```
1    #include <stdio.h>
2    #include <stdlib.h>
3    #include <conio.h>
4    #include <string.h>
5    #include <time.h>
6    #include <windows.h>
7    #define H 16   //游戏画面高度
8    #define L 26   //游戏画面宽度
9    const int  dx[4] = {0, 0, -1, 1};   //-1 和 1 对应上下移动, 距离为 1
10   const int  dy[4] = {-1, 1, 0, 0};   //-1 和 1 对应左右移动, 距离为 1
11   char gameMap[H][L];        //游戏画面数组
12       int  len = 1;          //蛇身的初始长度为 1
13   struct Snake
14   {
15       int x, y;  //蛇的坐标位置
16       int now;   //取值 0、1、2、3 分别对应左、右、上、下移动
17   } Snake[H*L];
18   void Initialize(void);
19   void CreateFood(void);
20   void Refresh(void);
21   void ShowGameMap(void);
22   void UpdateWithInput(void);
23   int MoveSnake(void);
24   int CheckBorder(void);
25   int CheckHead(int x, int y);
26   int main(void)
27   {
28       Initialize();
29       Refresh();
30       return 0;
31   }
32   //函数功能: 初始化
33   void Initialize(void)
34   {
35       memset(gameMap, '.', sizeof(gameMap));//初始化游戏画面数组为小圆点
36       system("cls");           //清屏
37       srand(time(NULL));       //设置随机数种子
38       int hx = rand() % H;     //随机生成蛇头位置的 x 坐标
39       int hy = rand() % L;     //随机生成蛇头位置的 y 坐标
```

```
40      gameMap[hx][hy] = '@';  //定位蛇头
41      Snake[0].x = hx;        //定位蛇头在画面上的垂直方向位置
42      Snake[0].y = hy;        //定位蛇头在画面上的水平方向位置
43      Snake[0].now = -1;      //蛇不动
44      CreateFood();           //随机生成食物
45      ShowGameMap();          //显示游戏画面
46      printf("按任意方向键开始游戏\n");
47      getch();
48  }
49  //函数功能：在游戏画面的空白位置随机生成食物
50  void CreateFood(void)
51  {
52      while (1)
53      {
54          int fx = rand() % H;    //随机生成食物位置的 x 坐标
55          int fy = rand() % L;    //随机生成食物位置的 y 坐标
56          if (gameMap[fx][fy] == '.')//空白位置的标记是'.'
57          {
58              gameMap[fx][fy] = '*';//将随机生成的坐标位置设置为食物
59              break;
60          }
61      }
62  }
63  //函数功能：循环刷新游戏画面，直到游戏结束
64  void Refresh(void)
65  {
66      int over = 0;//为 0 时继续运行程序，为 1 时结束程序的执行
67      while (!over)
68      {
69          Sleep(500);         //延时
70          UpdateWithInput();  //接收用户键盘输入，并执行相应的操作和数据更新
71          over = MoveSnake(); //在无用户输入时移动蛇的位置，并进行碰撞检测
72          system("cls");      //清屏
73          ShowGameMap();      //显示游戏地图
74      }
75      printf("\n游戏结束\n");
76      getchar();
77  }
78  //函数功能：显示游戏画面
79  void ShowGameMap(void)
80  {
81      for (int i=0; i<H; i++)
82      {
83          for (int j=0; j<L; j++)
84          {
85              printf("%c", gameMap[i][j]);
86          }
87          printf("\n");
88      }
89  }
90  //函数功能：检测键盘操作，接收用户键盘输入，并执行相应的操作和数据更新
91  void UpdateWithInput(void)
92  {
93      while (kbhit()) //检测到键盘输入
94      {
95          int key = getch(); //输入用户的按键
96          switch (key)
97          {
98          case 75:  //左方向键
```

```
99          Snake[0].now = 0;
100         break;
101     case 77:  //右方向键
102         Snake[0].now = 1;
103         break;
104     case 72:  //上方向键
105         Snake[0].now = 2;
106         break;
107     case 80:  //下方向键
108         Snake[0].now = 3;
109         break;
110     default:
111         Snake[0].now = -1;
112     }
113   }
114 }
115 //函数功能：若用户按了方向键，则移动蛇的位置，按其他键不移动
116 int MoveSnake(void)
117 {
118    if (Snake[0].now == -1)//没有键盘输入不操作
119    {
120        return 0;
121    }
122    int x = Snake[0].x;//保存原蛇头的x坐标
123    int y = Snake[0].y;//保存原蛇头的y坐标
124    gameMap[x][y] = '.';
125    Snake[0].x = Snake[0].x + dx[Snake[0].now];//更新蛇头的x坐标
126    Snake[0].y = Snake[0].y + dy[Snake[0].now];//更新蛇头的y坐标
127    if (CheckBorder()) return 1; //边界碰撞检测，碰到边界，则游戏结束
128    if (CheckHead(x, y)) return 1;//检测蛇头是否能吃掉食物或碰到自身
129    for (int i=1; i<len; i++)//从蛇身尾部开始遍历，移动蛇身
130    {
131        if (i == 1)  //先将蛇身尾部的标志恢复为背景，然后移动蛇身
132        {
133            gameMap[Snake[i].x][Snake[i].y] = '.';
134        }
135        if (i == len - 1)   //原来的蛇头位置变为新蛇身的起始位置
136        {
137            Snake[i].x = x;
138            Snake[i].y = y;
139            Snake[i].now = Snake[0].now;
140        }
141        else  //蛇身的位置向前移动
142        {
143            Snake[i].x = Snake[i+1].x;
144            Snake[i].y = Snake[i+1].y;
145            Snake[i].now = Snake[i+1].now;
146        }
147        gameMap[Snake[i].x][Snake[i].y] = '#';//移动后的蛇身位置标志为蛇身#
148    }
149    return 0;
150 }
151 //函数功能：边界碰撞检测
152 int CheckBorder(void)
153 {
154    int over = 0;
155    if (Snake[0].x<0 || Snake[0].x>=H || Snake[0].y<0 || Snake[0].y>=L)
156    {
157        over = 1;//碰到边界，则游戏结束
```

```
158        }
159        return over;
160 }
161 //函数功能：检测蛇头是否能吃掉食物或碰到自身
162 int CheckHead(int x, int y)
163 {
164     int over = 0;
165     if (gameMap[Snake[0].x][Snake[0].y] == '.')//碰到空白
166     {
167         gameMap[Snake[0].x][Snake[0].y] = '@';//更新蛇头位置
168     }
169     else if (gameMap[Snake[0].x][Snake[0].y] == '*')//碰到食物则吃掉食物
170     {
171         gameMap[Snake[0].x][Snake[0].y] = '@'; //原来食物的位置变为新的蛇头
172         Snake[len].x = x;//原蛇头位置变为新蛇身的起始位置
173         Snake[len].y = y;
174         Snake[len].now = Snake[0].now;
175         len++;          //蛇身变长，蛇向蛇头方向生长
176         CreateFood();   //产生新的食物
177     }
178     else //碰到自己，则游戏结束
179     {
180         over = 1;
181     }
182     return over;
183 }
```

【思考题】请修改程序，使其能在每吃到一个食物时，不仅蛇身长出一节，而且游戏者获得10分的积分，同时在画面下方显示游戏分数。

9. 菜单驱动的链表管理

【实验任务和要求】请编写一个菜单驱动的链表管理程序，显示以下菜单：

添加节点

删除节点

插入节点

```
Menu
1.Append record
2.Delete record
3.Insert record
4.Sort   record
5.List   record
0.Exit
Please Input your choice:
```

当用户选择 1 时，执行节点的添加操作；当用户选择 2 时，执行节点的删除操作；当用户选择 3 时，执行节点的插入操作（插入前先执行升序排序操作，然后插入节点后仍保持升序排序状态）；当用户选择 4 时，执行节点的升序排序操作；当用户选择 5 时，显示链表中的节点信息；当用户选择 0 时，退出程序的执行。

【问题分析】在前面实现的各种节点操作模块基础上，再增加一个链表节点释放模块 DeleteMemory()、链表节点显示模块 DisplyNode()、菜单显示模块 Menu()，以及主函数 main()，即可完成如下菜单驱动的链表节点管理程序：

```
1   #include <stdio.h>
2   #include <stdlib.h>
3   struct link *AppendNode(struct link *head, int nodeData);
4   struct link *DeleteNode(struct link *head, int nodeData);
5   struct link *InsertNode(struct link *head, int nodeData);
6   struct link *BubbleSortNode(struct link *head);
7   void DisplayNode(struct link *head);
8   void DeleteMemory(struct link *head);
```

```
9    char Menu(void);
10   struct link
11   {
12       int data;
13       struct link *next;
14   };
15   int main(void)
16   {
17       int nodeData;
18       struct link *head = NULL;              //链表头指针
19       while (1)
20       {
21           char ch = Menu();                  //显示菜单,并读取用户输入
22           switch (ch)
23           {
24           case'1':printf("Input node data you want to append:");
25                   scanf("%d", &nodeData);    //输入节点数据
26                   head = AppendNode(head, nodeData); //添加节点
27                   DisplyNode(head);          //显示当前链表中的各节点信息
28                   break;
29           case'2':printf("Input node data you want to delete:");
30                   scanf("%d", &nodeData);    //输入节点数据
31                   head = DeleteNode(head, nodeData); //删除节点
32                   DisplyNode(head);          //显示当前链表中的各节点信息
33                   break;
34           case'3':printf("Input node data you want to insert:");
35                   scanf("%d", &nodeData);    //输入节点数据
36                   head = BubbleSortNode(head);   //节点升序排序
37                   head = InsertNode(head, nodeData); //插入节点
38                   DisplyNode(head);          //显示当前链表中的各节点信息
39                   break;
40           case'4':head = BubbleSortNode(head);   //节点升序排序
41                   DisplyNode(head);          //显示当前链表中的各节点信息
42                   break;
43           case'5':DisplyNode(head);
44                   break;
45           case'0':printf("End of program!");
46                   DeleteMemory(head);        //释放所有节点的内存
47                   exit(0);                   //退出程序
48                   break;
49           default:printf("Input error!");
50           }
51       }
52   }
53   //函数功能:新建一个节点值为 nodeData 的节点并添加到链表末尾,返回链表的头指针
54   struct link *AppendNode(struct link *head, int nodeData)
55   {
56       struct link *newP = NULL, *p = NULL;
57       newP = (struct link *)malloc(sizeof(struct link)); //让 p 指向新建节点
58       if (newP == NULL)   //若为新建节点申请内存失败,则退出程序
59       {
60           printf("No enough memory to allocate!\n");
61           exit(0);
62       }
63       newP->data = nodeData;      //向新建节点的数据域赋值
64       newP->next = NULL;          //标记新建节点为表尾
65       if (head == NULL)           //若原链表为空表
```

```
66      {
67          head = newP;                //将新建节点置为头节点
68      }
69      else                            //若原链表为非空，则将新建节点添加到表尾
70      {
71          p = head;                   //p开始时指向头节点
72          while (p->next != NULL)      //若未到表尾，则移动pr直到pr指向表尾
73          {
74              p = p->next;            //让p指向后继节点
75          }
76          p->next = newP;             //让尾节点的指针域指向新建节点
77      }
78      return head;                    //返回添加节点后的链表的头指针
79  }
80  //函数功能：从head指向的链表中删除一个节点，返回删除节点后的链表的头指针
81  struct link *DeleteNode(struct link *head, int nodeData)
82  {
83      struct link *p = head, *pr = NULL;//p开始时指向头节点
84      if (head == NULL)               //若链表为空表，则退出程序
85      {
86          printf("Linked Table is empty!\n");
87          return head;
88      }
89      while (p->data != nodeData && p->next != NULL)// 未找到且未到表尾
90      {
91          pr = p;                     //在pr中保存当前节点的指针
92          p = p->next;                //p指向当前节点的后继节点
93      }
94      if (p->data == nodeData)        //若当前节点的节点值为nodeData，找到待删除节点
95      {
96          if (p == head)              //若待删除节点为头节点
97          {
98              head = p->next;         //让头指针指向待删除节点p的后继节点
99          }
100         else                        //若待删除节点不是头节点
101         {
102             pr->next = p->next;     //让前驱节点的指针域指向待删除节点的后继节点
103         }
104         free(p);                    //释放为已删除节点分配的内存
105     }
106     else                            //找到表尾仍未发现节点值为nodeData的节点
107     {
108         printf("This Node has not been found!\n");
109     }
110     return head;                    //返回删除节点后的链表头指针head的值
111 }
112 //函数功能：在已按升序排序的链表中插入一个节点，返回插入节点后的链表头指针
113 struct link *InsertNode(struct link *head, int nodeData)
114 {
115     struct link *p = NULL, *newP = NULL, *pr = NULL;
116     newP = (struct link *)malloc(sizeof(struct link));// 让p指向待插入节点
117     if (newP == NULL)               //若为新建节点申请内存失败，则退出程序
118     {
119         printf("No enough memory!\n");
120         exit(0);
121     }
122     newP->next = NULL;              //为待插入节点的指针域赋值为空指针
```

```
123        newP->data = nodeData;       //为待插入节点数据域赋值为 nodeData
124     if (head == NULL)               //若原链表为空表
125     {
126         head = newP;                //待插入节点作为头节点
127     }
128     else //若原链表为非空，则先查找待插入节点的位置
129     {
130         p = head;//p 开始时指向头节点
131         while (nodeData >= p->data && p->next != NULL)
132         {
133             pr = p;                 //在 pr 中保存当前节点的指针
134             p = p->next;            //p 指向当前节点的后继节点
135         }
136         if (nodeData <= p->data)
137         {
138             if (p == head)          //若在头节点前插入新建节点
139             {
140                 newP->next = head;  //将新建节点的指针域指向原链表的头节点
141                 head = newP;        //让 head 指向新建节点
142             }
143             else                    //若在链表中间插入新建节点
144             {
145                 newP->next = p;     //将新建节点的指针域指向后继节点
146                 pr->next = newP;    //让前驱节点的指针域指向新建节点
147             }
148         }
149         else                        //若在表尾插入新建节点
150         {
151             p->next = newP;         //让尾节点的指针域指向新建节点
152         }
153     }
154     return head;                    //返回插入新建节点后的链表头指针 head 的值
155 }
156 //函数功能：链表节点按节点数据值升序排序
157 struct link *BubbleSortNode(struct link *head)
158 {
159     int i, j, k, n, temp;
160     struct link *p = NULL, *pr = NULL;
161     //统计链表中的节点数
162     for (p=head, i=1; p->next!=NULL; i++)
163     {
164         p = p->next;
165     }
166     n = i;
167     //采用冒泡排序，按节点的 data 成员进行升序排序
168     for (j=1; j<n; j++)
169     {
170         pr = head;                  //pr 指向头节点
171         p = pr->next;               //p 指向头节点的后继节点
172         for (k=0; k<n-j; k++)
173         {
174             if (pr->data > p->data) //若后继节点的数据更大，则互换节点中的数据
175             {
176                 temp = pr->data;
177                 pr->data = p->data;
178                 p->data = temp;
179             }
```

```
180            p = p->next;      //p 指向后继节点
181            pr = pr->next;    //pr 指向后继节点
182        }
183    }
184    return head;              //返回头节点
185 }
186 //函数功能：显示链表中所有节点的节点号和节点数据
187 void DisplyNode(struct link *head)
188 {
189    struct link *p = head;      //p 开始时指向头节点
190    int   j = 1;
191    while (p != NULL)            //若不是表尾
192    {
193        printf("%5d%10d\n", j, p->data);//输出第 j 个节点的数据
194        p = p->next;             //让 p 指向后继节点
195        j++;
196    }
197 }
198 //函数功能：释放 head 指向的链表中所有节点占用的内存
199 void DeleteMemory(struct link *head)
200 {
201    struct link *p = head, *pr = NULL;//p 开始时指向头节点
202    while (p != NULL)            //若不是表尾
203    {
204        pr = p;                  //在 pr 中保存当前节点的指针
205        p = p->next;             //让 p 指向后继节点
206        free(pr);                //释放 pr 指向的内存
207    }
208 }
209 //函数功能：显示菜单并获得用户键盘输入的选项
210 char Menu(void)
211 {
212    char ch;
213    printf(" Menu\n");
214    printf(" 1.Append record\n");
215    printf(" 2.Delete record\n");
216    printf(" 3.Insert record\n");
217    printf(" 4.Sort   record\n");
218    printf(" 5.List   record\n");
219    printf(" 0.Exit\n");
220    printf("Please Input your choice:");
221    scanf(" %c", &ch);           //在%c 前面加一个空格，将存于缓冲区中的回车符读入
222    return ch;
223 }
```